寒区降水规律及其对农业生产的影响

李天霄　孟凡香　刘长荣　付　强　雷加欣　著

科学出版社

北京

内 容 简 介

随着全球气候变化及人类活动影响的加剧，水资源紧缺的状况愈加严重。降水作为陆地水资源的重要来源之一，其变化规律及演变特征对于高效利用水资源具有重要的参考价值。然而，由于降水自身的脉冲性和人类活动对资源的过度开发，不同区域降水的变化呈现出越来越多的非线性和不均匀性等特征，全球极端气候、旱涝、暴雨等气象灾害频发，严重影响了农业生产和社会经济的可持续发展。本书以我国重要的商品粮生产基地——黑龙江省为研究区，重点研究寒区气候变化特征及其与降水的关系，不同尺度降水量趋势、突变、周期等时空分布特征及复杂性特征，降水量的非均匀性特征、极端降水阈值及旱涝变化规律，定量分析寒区雨水资源化潜力及降水变化对农业生产的影响。

本书可供农业水土工程、水文水资源及水利工程、气象气候等领域硕士研究生、博士研究生及科研工作者、高等院校教师、政府决策部门的行政管理人员等参考使用。

审图号：黑 S（2024）16 号

图书在版编目（CIP）数据

寒区降水规律及其对农业生产的影响 / 李天霄等著. -- 北京：科学出版社，2024.6
　ISBN 978-7-03-077294-7

　Ⅰ.①寒… Ⅱ.①李… Ⅲ.①寒冷地区－降水－分布规律－影响－农业生产－研究 Ⅳ.①P426.61 ②S

中国国家版本馆 CIP 数据核字（2023）第 251980 号

责任编辑：孟莹莹 狄源硕 / 责任校对：韩 杨
责任印制：徐晓晨 / 封面设计：无极书装

科 学 出 版 社 出版
北京东黄城根北街 16 号
邮政编码：100717
http://www.sciencep.com
北京盛通数码印刷有限公司印刷
科学出版社发行 各地新华书店经销

*

2024 年 6 月第 一 版　开本：787×1092　1/16
2024 年 6 月第一次印刷　印张：15 1/4
字数：362 000

定价：138.00 元
（如有印装质量问题，我社负责调换）

前　言

　　降水是不同尺度天气系统与局地环境相结合的产物，降水系统是一个涉及地形地貌、气象变化等众多因素的复杂非线性系统。由于受各种因素的影响，降水的变化呈现出了貌似随机却非随机的特征，伴随着气候的变暖和下垫面的改变，降水的非线性、混沌、突变等特征越来越显著，产生了一系列干旱、洪涝等自然灾害，严重威胁人民的生命财产安全。黑龙江省作为我国重要的商品粮生产基地，在保障我国粮食安全方面具有重要的战略地位。但由于常年受温带大陆性季风气候的影响，降水年内分配不均，年际变幅比较大，汛期降水占全年降水的 70% 以上，且空间分布极不协调，西部半干旱区近几年年降水量不足 300mm，而伊春等地区年降水量达到了 700mm 以上。这在一定程度上影响了黑龙江省水资源的可持续利用和社会经济的可持续发展，给黑龙江省实施藏粮于地、藏粮于技战略和落实《黑龙江省农业强省规划（2019—2025 年）》带来了诸多不便。

　　本书以黑龙江省为研究区，以揭示降水时空演变规律为突破口，以提高农业雨水资源利用效率为目标，全面分析了黑龙江省降水在时间和空间上的演变规律及其对农业生产的影响。全书共 10 章，第 1 章为绪论，主要介绍本书研究的背景与科学意义、国内外相关研究现状及存在的问题和本书的主要研究内容。第 2 章主要介绍研究区黑龙江省的自然、水文气象、社会经济与水资源等概况以及本书主要的研究方法。第 3 章主要分析黑龙江省月气温和年气温的空间分布规律、气温带的偏移以及不同尺度气温与降水之间的关系。第 4 章主要分析松嫩平原年降水量、生育期和非生育期降水量、月降水量的空间分布特征，对比不同尺度降水量空间分布的差异和关系。第 5 章主要分析黑龙江省降水量统计参数的空间分布特征、不同尺度降水量变化规律一致性和相关性，采用改进的曼-肯德尔（Mann-Kendall, MK）检验法和小波理论分析不同尺度降水量的趋势、突变和周期特征，最后通过改进灰色自记忆模型和模型精度检验方法，对不同尺度降水量进行预报。第 6 章通过改进复合多尺度熵理论，建立黑龙江省不同尺度降水量复杂性诊断模型，并对其复杂性特征进行识别，最后以年降水量为例，分析年降水量的空间分布特征。第 7 章采用降水集中度和集中期对松嫩平原年尺度、生育期尺度和生育期月尺度的非均匀性特征进行研究，并对比分析不同尺度降水集中度和集中期的相关关系。第 8 章介绍极端降水事件、极端降水阈值及极端降水指数的变化规律，进而结合标准化降水指数，分析黑龙江省不同季节旱涝时空变化特征。第 9 章主要采用 SWAT 模型构建松嫩平原雨水资源化潜力计算理论，分析松嫩平原雨水资源化潜力空间分布特征。第 10 章主要介绍降水年型与作物产量年型之间的匹配关系、不同区域降水特征对作物产量的影响以及松嫩平原雨水资源高效利用策略。本书部分灰度图中各个线条或色块不易区分，读者可以扫描二维码查看对应的彩图。

本书由李天霄统稿,其中:第1章、第2章由李天霄、孟凡香、付强共同撰写,第3章、第4章由孟凡香撰写,第5章、第6章由刘长荣撰写,第7章由雷加欣撰写,第8章至第10章由李天霄、孟凡香和雷加欣共同撰写。同时,在本书的撰写过程中,作者参阅和借鉴了大量国内外学者的有关论著,吸收了同行辛勤的劳动成果,并从中得到了很大的启发,谨向各位学者表示衷心的感谢。另外在撰写和校稿过程中还得到了东北农业大学硕士研究生周照强、杨学晨、薛平、吕博、肖兆兴和庞博的大力协助,在此表示真诚的谢意。

本书的相关研究工作得到了国家自然科学基金项目(52179033、52109055、51709044)、中国博士后科学基金第65批面上项目(2019M651247)、黑龙江省优秀青年科学基金项目(YQ2020E002)、黑龙江省博士后基金面上项目(LBH-Z19003)、黑龙江大学杰出青年科学基金项目(自然科学)(JCL202105)、黑龙江省省属高等学校基本科研业务费(2020-KYYWF-1044)等的资助。

寒区降水变化规律涉及水资源安全和区域经济社会可持续发展,但限于目前对气候变化影响的认识水平和资料短缺问题,本书内容仅是作者在参考国内外大量研究成果的基础上,对寒区降水变化规律的一次探索研究,由于作者水平有限,书中不足之处在所难免,敬请读者提出宝贵意见。

作 者

2023年12月于哈尔滨

目　　录

第1章 绪　　论

1.1　研究背景与意义

1.1.1　研究背景

早在2007年,联合国政府间气候变化专门委员会(Intergovernmental Panel on Climate Change, IPCC)第四次评估报告就明确指出,过去100年温度的线性趋势为0.07℃/10a,预计未来20年将以0.2℃/10a的速度变暖,这将会增加干旱、热浪、强降水等一系列极端天气的发生频率和发生强度[1]。2013年9月,IPCC第36次全会上通过了第五次评估报告第一工作组报告《气候变化2013:自然科学基础》,报告详细阐述了气候变化的事实、归因和未来变化趋势,并明确指出[2,3]:1880~2012年,全球地表平均温度约上升0.85℃,1901~2010年,全球平均海平面升高速率为1.7mm/a,1993~2010年更是高达3.2mm/a,20世纪中叶以来极端气候事件发生的强度和频率变化明显,极冷事件减少,热浪和陆地区域强降水事件发生频率增加。2016年11月,世界气象组织发布2016年全球气候状况临时声明显示:2016年全球温度高出工业化时代之前水平约1.2℃,2016年1月至9月,全球温度高出标准参照期(1961~1990年)平均温度约0.88℃。2017年1月10日,中国气象局发布的《2016年中国气候公报》中也明确指出,2016年,受超强厄尔尼诺影响,我国气候异常,极端天气气候事件多,暴雨洪涝和台风灾害重,长江中下游出现严重汛情,气象灾害造成经济损失大,气候年景差。在气温方面,2016年,全国平均气温较常年偏高0.81℃,降水量达历史最多,较常年偏多16%。2018年8月,世界气象组织公布的数据显示,全球气候异常高温干燥,北极圈内气温已突破30℃,挪威和芬兰也分别出现了33.5℃和33.4℃高温;7月初,多个北非国家出现热浪,摩洛哥最高气温达43.4℃,阿尔及利亚的撒哈拉沙漠地区更是达到51.3℃。2019年1月,世界气象组织首次在联合国安理会部长级辩论会上就气候变化和相关灾害对国际和平与安全构成的风险发表讲话,气候变化减少了食物营养和供应,加剧了水资源冲突的可能性;2月,科技日报报道了2019年1月全球多国被极端气候席卷,美国中西部经历罕见风寒,澳大利亚遭受极端高温;3月,世界气象组织发布的《2018年全球气候状况声明》中指出:过去一年全球变暖仍在加速,2018年是史上第四热年份,全球平均海平面高度比2017年上升3.7mm,创历史新高。可见,气候异常和气候变暖已经成为全球毋庸置疑的事实,已经引起了社会各界的高度关注。

在全球气候变暖的大趋势下,气候系统在岩石圈、大气圈、水圈、生物圈、冰冻圈和人类圈六大圈的共同影响下日趋复杂,不仅使全球气温表现出升高的趋势,不同区域降水的变化也呈现出非线性不均匀性等特征[4,5]，降水量的大小在一定程度上影响着地球上水资源量的多少，而降水量的突变将直接导致全球极端气候、旱涝、暴雨等气象灾害的发生频率，严重影响了社会经济的可持续发展[6,7]。2014 年，我国南方出现大规模洪涝灾害，截至 5 月 11 日 20 时，此次过程造成江西、湖南、广东、广西、贵州 5 省（自治区）23 市 77 个县（市、区）121.6 万人受灾，3 人死亡，1500 余间房屋倒塌，9200 余间房屋受到不同程度损坏，农作物受灾面积 9.31 万 hm²，其中绝收 9000hm²，直接经济损失 9.3 亿元[8]。2015 年，我国 20 个省（自治区、直辖市）2079 万人受灾，暴雨洪水直接造成的经济损失达 353 亿元[9]。2016 年，我国有 2000 多个县（市）出现冰雹或龙卷风天气，1192 个县（市）因暴雨遭受洪灾，如 6～7 月，长江中下游沿江地区及江淮、西南东部等地出现入汛以来最强降雨过程，造成浙江、安徽、湖北、湖南、重庆、贵州 7 个省（直辖市）163 个县 687 万人受灾，因灾死亡 14 人、失踪 8 人，倒塌房屋 0.9 万间，农作物受灾面积 71 万 hm²，直接经济损失约 91 亿元。2018 年，我国局部地区降水量突破历史极值，全国共有 24 个省（自治区、直辖市）454 条河流发生超警以上洪水，金沙江、雅鲁藏布江发生 4 次堰塞湖险情，农作物受灾面积达 130 万 hm²，受灾人口 1520 万人，直接经济损失达 259 亿元；8 月，菲律宾洪灾致近 6 万人流离失所，超过 100 万人受灾，印度喀拉拉邦持续暴雨引发洪灾，造成至少 174 人丧生，超过 20 万人无家可归；10 月，加拿大的艾伯塔省南部卡尔加里经历了 60 年来最严重的初秋暴风雪。上述因气候变化引发的灾害事件不仅造成了巨大的经济损失和严重的人员伤亡，而且也严重影响了人民正常的生产和生活。

黑龙江省位于我国东北部，是我国重要的商品粮生产基地，辖区内的松嫩平原和三江平原是主要的粮食产地，其商品粮率达 80%以上，对保障我国粮食安全具有重要的战略意义[10,11]。2016 年，黑龙江省粮食总产量达 6058.6 万 t，位于全国第一[12]。伴随着全球气候变暖，大规模农业开发带来粮食高产的背后隐藏着诸多水资源问题，如水资源利用效率低下、水资源时空分布不均、"旱改水"大量抽取地下水所引起的地下水位下降等。据统计，2016 年 6 月，黑龙江省遭受洪涝风雹灾害，受灾人口达 6.8 万人，农作物受灾面积达 2.3 万 hm²，直接经济损失 7200 余万元。此种背景下，研究黑龙江省降水变化特征及其对农业生产的影响，揭示在气候变化条件下降水量的突变、趋势、非均匀性及特征参数的空间分布特征，分析降水量的变化对农业生产的影响，对缓解黑龙江省灌区水资源紧缺、水资源时空分布不均等诸多制约农业发展问题，促进黑龙江省"千亿斤粮食产能工程"和"两大平原"农业综合开发试验区建设具有重要的理论和实践意义。

1.1.2 研究意义

降水是指空气中的水汽遇冷凝结降落到地面的现象，对农业生产、社会经济活动、人类日常生活、水资源的管理和利用等均具有重要的影响，其异常变化往往能够造成巨大的社会经济损失和人员伤亡[13]。降水系统是一个涉及地形地貌、气象变化等众多因素的复杂非线性系统，由于其各影响因素自身的非线性、不确定性，降水的变化呈现出了貌似随机却非随机的特征，传统方法在研究降水时空演变规律时遇到了很大的困难[14]。尤其是近几十年来，人类改造自然的活动加剧，下垫面发生了较大的改变，引发气候变暖，导致降水的非线性、混沌、突变等特征越来越显著，区域尺度上降水的时空分布越来越不均，降水量和降水时间与作物生长需求匹配程度越来越低，引发了一系列干旱、洪涝等自然灾害。尤其是气候变化条件下，降水系统变得更加复杂化。因此，本书从气候变化入手，运用现代数据处理方法，研究黑龙江省降水量变化特征及其对农业生产的影响，以期为黑龙江省雨水资源高效利用提供理论支撑，具体意义如下。

（1）气候变化对水资源安全的影响已经成为国际上普遍关注的全球性问题，科学评价气候变化所带来的影响对于实现区域的可持续发展具有重要的指导意义。

气候资源包括降水、热量、辐射、风等物质和能量，是人类生存和发展不可缺少的物质成分之一。气候资源不仅为人类提供了发展所需的各种能量，而且对各种资源的分布，尤其是水资源的分布起着决定性的作用[15]。随着社会经济的快速发展，人口数量的激增、土地资源的退化等一系列导致环境恶化的问题受到了广泛关注，尤其是近几十年，气候变暖[16]、极冰融化[17]、紫外线强度增加[18]、臭氧浓度升高[19-21]等一系列气候问题的凸显，导致一系列自然灾害的发生，尤其是与水资源有关的灾害发生频率不断增加，如暴雨洪涝、泥石流、水污染等。这不仅在一定程度上影响了社会经济的可持续发展，也给人类的生命财产安全带来了隐患。2010 年，《自然》杂志刊登的一份研究报告中明确指出，在气候变化的大背景下，全球约 80%的人口面临水安全问题。2011 年 4 月，"气候变化与水问题国际研讨会"在南京成功召开，参会代表来自 14 个国家和地区。2012年 9 月，国际研究报告呼将全球水危机应列为首要安全问题。2014 年，中国社会科学院-中国气象局气候变化经济学模拟联合实验室发布了第六本气候变化绿皮书——《应对气候变化报告（2014）：科学认知与政治争锋》，其中明确指出了气候变化条件下的水资源与安全问题。可见，气候变化对水资源的影响引起了国内外学者的普遍关注，已经上升为全球性问题。因此，科学地评价气候变化所带来的影响，对于解决由此带来的诸多环境安全、水安全问题，实现区域社会的可持续发展和资源的高效利用具有重要的指导意义。

（2）降水是气候变化中重要的因素之一，研究其时空分布和演变规律，对于揭示未来气候发展趋势和正确评估气候变化对水文水资源的影响具有重要的理论价值。

水是生命的源泉，是人类赖以生存和发展不可缺少的重要的物质资源之一[22-24]。降水作为水循环过程中最基本的环节，是水量平衡方程中的基本参数，是地表水资源的重要来源和地下水资源的重要补给源，可以通过水文循环、大气环流等将季风活动、火山爆发、土地利用等因素联结在一起，集中表现为洪涝灾害、突发性暴雨、酸雨等一系列降水事件[25-28]。这些因素在变化环境条件下，多表现出几个星期、季节、年、年代、世纪甚至千年的自然变异，使得降水的时空变化也表现出诸多紊乱的、不规则的特征[29-32]，这在一定程度上影响着区域的水安全[33-36]，给水文水资源领域的研究带来了诸多挑战。同时，随着气候变暖的日益加剧，降水的变化在一定程度上反映了气候变化的特征，作为气候变化的重要因素之一，其时空演变规律不仅反映了区域生态景观和水文气候特征，而且也影响着区域人类活动、产汇流过程和水资源安全。因此，正确认识降水变化的趋势、周期、突变等特征，揭示气候变化条件下降水的时空演变规律，是科学评估气候变化对水文水资源的影响以及预测未来气候变化的重要基础。

（3）降水作为补充土壤水的重要途径之一，可为作物生长提供充足的水分，研究雨水资源化潜力对干旱区制定高效灌溉制度、节约农业水资源、提高水资源利用效率具有重要的实践意义。

土壤水是土壤中可以直接被作物利用而难以人工开发的重要水资源，是位于包气带上部土壤层中的结合水和毛细水，是地表水与地下水相互转化的重要纽带[37]。降水作为补充土壤水的重要途径之一，降水量和降水强度的不同对土壤水分的影响也是不同的，已有研究表明：当降水量少于 20mm 时，对 10cm 以下深度土壤几乎没有补给[38]。可见，并非所有雨水均可被利用。对作物而言，不同的作物生育期需水量也不同，如水稻分蘖期灌水下限控制在饱和含水量的 50%～60%，而拔节孕穗期灌水下限则控制在饱和含水量的 80%[39]。将降水的变化与作物灌溉制度更加有效地结合，充分利用天然降水资源，保障作物生长是解决农业水资源紧缺的一种有效途径。目前，我国已有多个省份建立了雨水蓄积工程，如西北地区甘肃省推出的"121"雨水集流工程、陕西省实施的"甘露工程"[40,41]，充分开发和利用了当地的雨水资源，发挥了当地的雨水资源化潜力，有效地缓解了干旱对农业生产造成的影响。雨水资源化利用已经成为一种高能低耗的供水方式，研究其资源化潜力，不仅可以弥补干旱地区农业水资源的不足，提高农业水资源的利用效率，而且对制定作物高效灌溉制度、提高农田水资源管理水平具有重要的实践意义。

（4）降水在空间分布上的不均匀性与时间变化上的不稳定性是引起洪涝旱灾的直接原因，集中体现了区域水资源的变化规律，研究其变化特征对于预防水旱灾害，提高水资源管理水平具有重要的实践意义。

随着人类社会的快速发展和世界人口的不断增加，人类社会对水资源的需求日益增大，变化环境对区域水资源供应的影响引起了相关学者的广泛关注，已经成为当前研究的一个热点[42-45]。已有研究表明，气候变化对区域乃至全球水资源的影响主要取决于气候变化对降水时空演变特征的影响，且当前全球环境的变化已经改变了水循环变化特征，因此降水的变化集中体现了区域水资源的变化规律[46,47]。同时，降水在空间分布上的不均匀性与时间变化上的不稳定性引发了一系列极端水文事件，如 1991 年的江淮地区洪水[48]，1994 年和 1998 年的珠江流域暴雨洪水[49]，1998 年的长江、松花江和闽江大洪水[50-52]，2016 年的长江中下游及江淮、西南等地区的大洪水[53]。伴随着洪水的发生，我国的平均干旱面积也在进一步扩大。2016 年，内蒙古自治区农作物受旱面积达 296 万 hm²，吉林省农作物受灾面积达 3.4 万 hm²，黑龙江省农作物受灾面积达 156.96 万 hm²[54]，不仅造成了严重的经济损失，而且给人民的生产、生活和水资源管理带来了诸多不便。因此，准确分析降水的空间分布规律和时间演变特征，揭示降水的空间分布不均匀性和时间不稳定性特征，对于准确预测水旱灾害，提高水资源管理能力具有重要的实践意义。

（5）缓解黑龙江省水资源紧缺、水资源时空分布不均、局部地区地下水超采等诸多制约农业发展问题，促进黑龙江省"两大平原"农业综合开发试验区建设，满足粮食产能提升的战略的需要。

黑龙江省位于我国的东北部，是我国重要的商品粮生产基地[10,11]。2016 年，黑龙江省水田面积达 6300 万亩（1 亩≈666.7m²）以上，旱田面积达 1 亿亩以上，对保障我国国家粮食安全具有重要的战略地位。但多年来，在经济利益的驱动下，局部地区种植结构单一，过度开采地下水灌溉，产生了湿地生态用水减少、地下水位下降等一系列生态环境问题，同时，由于黑龙江省地域面积广阔，南北跨 10 个纬度、2 个热量带，东西跨 14 个经度、3 个湿润区。常年受温带大陆性季风气候影响，降水年内分配不均，年际变幅比较大，汛期降水占全年降水的 70%以上，且空间分布极不协调，西部半干旱区近几年降水量不足 300mm，而伊春等地区降水量达到了 700mm[55-58]。特别是近几年来，人类活动对自然界改造的加剧，下垫面的性质和气候变化不断改变，产生了一系列极端气候事件，如短期暴雨等，这在一定程度上影响了黑龙江省水资源的可持续利用和社会经济的可持续发展，为黑龙江省"两大平原"农业综合开发试验区建设和实施藏粮于地、藏粮于技战略带来了诸多不便。因此，研究变化环境条件下黑龙江省降水量的时空分布特征以及降水变化对农业生产的影响，进而有效利用雨水资源，科学合理地开发地表水资源，对于缓解黑龙江省存在的诸多水资源问题具有重要的理论和实践意义。

1.2 降水规律国内外研究进展

随着工业化和经济的高速发展，城市化进程加快，空气中 CO_2 浓度不断增加，近百年来全球气温升高。IPCC 第四次和第五次评估报告中都明确指出了全球气温具有线性升高的趋势，预计到 2100 年，全球平均气温将上升 1.1～6.4℃[59-63]。2024 年 1 月，世界气象组织发布新闻公告，正式确认 2023 年为自 1880 年人类有气象记录以来"最热的一年"，较上一个高温纪录年（2016 年）偏高 0.14℃。气候的变暖将会引发一系列极端气候事件，尤其是降水的变化，而降水的时空演变特征在一定程度上影响着水资源的变化，因此，气候变化条件下的降水变化规律研究引起了国内外学者的广泛关注。

1.2.1 降水时空变化规律研究

1. 国内研究现状

我国对于降水的研究早在 20 世纪 30 年代就已经开始，主要以记录大雨、暴雨等数据为主[64,65]，缺少分析。1942 年，朱岗昆[66]率先将变异分析法应用到降水的分析中，开启了我国对降水研究的先河。随后 50 年代，杨鉴初等[67]、朱炳海[68]、谢义炳[69,70]、章淹[71]分别对我国不同地区和季节降水的变化趋势和特点进行了初步的探索，为我国农业基本建设与生产提供了一定的保障。进入 60 年代后，相关学者逐步将数学方法融入降水的分析中，如乐毓俊等[72]采用降水型相互转变概率预测了华中地区农业生长季节的降水变化趋势，史久恩等[73]采用数理统计法中时间序列概念对长江流域中下游五站 5～8 月的降水进行了预测。70 年代和 80 年代，我国在降水方面的研究与 60 年代相似，主要侧重于对不同时段降水的预报[74-80]，且出现了马氏链[81]预报、组合预报[82]、模糊集理论[83]、灰色系统理论[84]等降水预报新方法。

　　20 世纪 90 年代，国内相关学者开始从不同的角度对不同区域、不同时间尺度降水展开研究。对于华北地区的降水，相关学者分别研究了夏季降水的年代际和年际变化规律[85]、夏季降水的数值模拟[86]、降水特征及趋势估计[87]。比较有代表性的研究有：黄荣辉等[88]采用全国 336 个站点 1951～1994 年的夏季降水数据重点研究了我国华北地区夏季降水的年代际变化规律及干旱化趋势，严中伟[89]采用小波理论研究了华北地区近百年降水的振荡特征。对于长江流域降水，相关学者研究了降水异常变化特征以及与其他因素的关系[90-93]，比较有代表性的研究有：王叶红等[93]采用 160 个站点 1951～1998 年的逐月降水数据，分析了长江中下游降水异常的特征，提出了 6～7 月降水异常程度最大；柳艳菊等[92]利用 48 个测站 1950～1991 年降水资料研究了汛期降水的异常变化。关于黄河流域降水比较有代表性的研究有：康玲玲等[94]利用 1955 年以来的降水资料，分析了河龙区间降水的空间分布规律和变化特征。关于西北地区降水比较有代表性的研究有：赵庆云等[95]采用我国西北五省（自治区）1960～1990 年 90 个测站的逐月降水资料，利用经验正交函数（empirical orthogonal function, EOF）分析法、旋转经验正交函数（rotated empirical orthogonal function, REOF）和波谱分析等方法研究了年降水的时空分布特征。关于东部地区降水比较有代表性的研究有：施晓晖等[96]提出了一个具有门限的非线性随机-动力气候模式，并将其应用于降水年际变化的诊断中。

　　2000 年以后，随着科学技术的进步，计算机科学得到了迅猛的发展，使新方法和新理论涉及的大型编程和计算成为可能，对降水变化规律的研究得到进一步深入，主要代表性成果有：周倩等[97]为了研究短期降水预报的精度，提出了一种基于逼近理想解排序（technique for order preference by similarity to ideal solution, TOPSIS）法的多属性决策模型，通过最优化参数方案筛选实现了对不同方案降水精度的评价；贺成民等[98]基于嘉陵江流域 1961～2018 年 9 个气象站点的降水数据，采用 Morlet 小波分析方法和 Mann-kendall 非参数检验法，结合地理信息系统（geographic information system, GIS）空间分析技术，研究了嘉陵江流域 58 年降水的年际变化特征、周期和空间分布特征；李华宏等[99]采用昆明市 1981～2015 年逐时降水及短时强降水的探空、雷达、地面观测等资料，研究了昆明市雨季短期强降水的时间分布特征；刘洁等[100]基于我国北方半干旱区 41 个气象站点 1960～2016 年的降水资料，通过经验正交函数分解研究了盛夏降水量的时空分布特征；周晋红等[101]基于太原 7 个国家级气象站 1980～2015 年 6～9 月的小时降水数据和 63 个区域站点的小时降水数据，采用趋势分析和显著性检验等方法研究了太原市汛期短时强降水的时空分布规律；李娟等[102]针对水文学和气象学研究中的难点之一——中长期降水预报问题，通过聚类分析和规范化各阶自相关系数，提出了滑动平均马尔可夫降水预报模型，预测精度较高，为降水预测探索了一条新的途径；刘东等[31,32,103-105]针对三江平原降水量预测和周期识别问题，将小波理论与其他方法相耦合，分别提出了小波最近邻抽样回归模型、小波随机耦合模型、小波消噪模型等多种耦合降水分析模型，为降水变化规律研究提供了新思路；詹丰兴等[106]基于我国东南部 354 个站点 1961～2008 年的逐日降水数据，采用经验正交函数、双时间序列展开和小波分析等方法研究了江南雨季降水的年际、年代际和季内变化特征；潘欣等[107]、陈迪等[108]和时光训等[109]分别从不同的角度研究了长江流域极端降水过程的时空变化规律，均得出了主要极端降水指数呈现增加趋势的结论。

2. 国外研究现状

国外对降水时空变化规律研究起步也比较早，早在 19 世纪初相关学者已经关注降水的研究，但限于科学技术水平，相关成果较少，且成果比较单一[110]。相关学者从 20 世纪 60 年代开始，全面展开关于降水变化规律的研究工作。60 年代比较有代表性的成果有：Hastings 等[111]采用墨西哥境内 62 个站点 15 年的降水数据，研究了整个墨西哥年降水量和四季降水量的时空分布特征；Tucker[112]根据各种天气发生的概率，提出了一种基于概率预报的降水预测新方法。70 年代比较有代表性的成果有：Markham[113]针对美国不同地区的月降水数据，提出了季节性降水指数的概念，并将其应用于描述美国不同地区季节降水的差异；Todorovic 等[114]提出了一种基于马尔可夫链的 N 日降水随机预报模型，他们通过假定日降水量分布函数为指数函数，推导了总降水量分布函数的解析表达式，并从理论上证明了该模型的可行性；Katz[115]在 Todorovic 研究的基础上，通过计算日最大降水量和总降水量的分布，提出了一种基于马尔可夫链的日降水概率预报模型。80 年代比较有代表性的成果有：Richardson[116]提出了一种日降水随机生成的马尔可夫链指数模型，并通过计算变量的平均值和标准差验证了降水预测的精度；Diaz 等[117]采用线性回归和伽马分布分析了近百年全球陆地月降水的时空分布规律；Wigley 等[118]采用主成分分析法分析了英国 1861～1970 年降水的时空变化格局。

20 世纪 90 年代以来，随着气候变化的加剧，《联合国气候变化框架公约》（United Nations Framework Convention on Climate Change, UNFCCC）逐渐发展和成型，气候变化引起了广泛关注和研究，已经成为全球性环境问题。降水作为反映气候变化最核心的要素，引起了国外不同领域学者和政府管理部门的高度重视，并取得了一大批研究成果。比较有代表性的成果有：Karl 等[119]基于美国境内 6 种日降水数据集，对比分析了不同数据集美国年降水量和四季降水量的变化规律；Cayan 等[120]基于全球 5°×5° 月降水网格数据集，研究了北美西部十年降水的变异频率、变化规律和季节性特征；Hennessy 等[121]对比分析了英国哈德利气候预测与研究中心（United Kingdom at the Hadley Centre for Climate Prediction and Research）研发的 UKHI 模型和澳大利亚大气研究中心 CSIRO9（澳大利亚联邦科学与工业研究组织，Commonwealth Scientific and Industrial Research Organisation）模型日降水的模拟结果，两种模型模拟结果均表明中纬度地区降水呈现减少趋势，高纬度地区呈现增加趋势；Kunkel 等[122]基于美国国家气象中心 TD-3200 降水数据集、美国历史气象数据网络日降水数据集、美国中西部九个州 246 个站点日降水数据和加拿大 63 个站点日降水数据，研究了美国和加拿大 1～7 日极端降水事件的变化趋势；Rodriguez-Puebla 等[123]基于伊比利亚半岛 51 个站点 1949～1995 年的数据，采用 MK 检验法、经验正交函数和谱分析法研究了 47 年年降水的时空演变规律；Rajagopalan 等[124]基于多元马尔可夫理论，通过理论推导提出了一种 k 近邻日降水模拟模型，并对比分析了不同日降水模拟模型之间的差异，验证了该模型的可行性；Esteban-Parra 等[125]基于西班牙境内覆盖伊比利亚半岛地区和巴利阿里群岛 40 个站点的 1880～1992 年降水数据，采用主成分分析（principal component analysis, PCA）和经验正交函数（EOF）研究了年降水和季节降水的时空变化规律。

2000 年以后，随着 IPCC 第四次评估报告的公布，全球极端气候事件（如大范围的干旱、极端高温、极端降水等）发生的频率进一步增加，给人民的生命财产带来了极大的危害，有关降水变化规律研究的主题已经成为国际共识，其研究成果也更加实用，准确性和可靠性更高。比较有代表性的成果有：Donat 等[126]采用全球 2.5°×3.75° 网格降水 HadEX2 数据集研究了全球极端降水的变化规律；Maussion 等[127]基于青藏高原 31 个气象站点的降水数据，分析了 2001~2011 年月尺度和年尺度降水的变化特征，结果表明，青藏高原年降水的周期与西部冬季降水、北部和南部春季降水、其他地区的夏季降水相一致；Bibi 等[128]基于 0.5°×0.5° 分辨率的网格化降水数据，采用线性回归和自回归移动平均（autoregressive integrated moving average, ARIMA）模型研究了尼日利亚东北部 1980~2006 年月降水量和频率的时空变异性及趋势；Fathian 等[129]基于伊朗奥鲁米耶湖流域 42 个站点 1950~2017 年的降水数据，采用 MK 检验法、前置趋势去白噪声（trend free pre-whitening, TFPW）自相关分析法和 GIS 空间分析技术研究了年降水和月降水的时空分布规律；Javari[130]采用探索性验证方法和季节时间序列模型、时间趋势、季节最小二乘法和空间方法研究了伊朗 1975~2014 年降水的变化趋势和空间分布规律；Ayugi 等[131]基于肯尼亚 26 个气象站 1971~2010 年的降水数据，研究了不同尺度降水的时空变化规律。

1.2.2　降水不均匀性特征研究

1. 国内研究现状

早期，相关学者并未关注降水的不均匀性特征，20 世纪 90 年代以来，气候变化的加剧增加了降水的不确定性，进而引起了相关学者对降水不均匀性研究的关注，比较有代表性的成果有：焦菊英等[132]和王万忠等[133]基于黄土高原 13 个中小流域的 448 场暴雨，通过计算离差系数、不均匀系数和最大点与最小点的比值系数等参数研究了不同类型暴雨空间分布的不均匀性；丁裕国[134]应用概率论中的多项分布，结合物理学观点证明了降水量频数分布的最佳模式为伽马分布，且持续多日的降水过程并非完全独立，往往具有自相关性，若仅以一次降水的总降水量或以候、旬等尺度降水量为研究对象则难以反映降水过程的不均匀性特征；张学文等[135]从熵极大原理出发，提出了一组描述一次降水不均匀分布的时程方程：

$$t = T \times \exp\left(-\frac{I - I_0}{\overline{I} - I_0}\right) \tag{1-1}$$

$$\frac{r}{R} = \frac{t}{T}\left[1 - \left(1 - \frac{I_0}{\overline{I}}\right)\ln\frac{t}{T}\right] \tag{1-2}$$

式中，R 为过程总降水量，mm；I 为降水强度，mm/h；I_0 为降水强度的某一下限值，mm/h；$\overline{I}$ 为降水过程平均降水量，mm/h；T 为降水过程总历时，h；t 为降水强度 $I > I_0$ 时的时间合计值。

2000 年以后，相关学者对降水不均匀性的研究进一步深入，比较有代表性的成果有：张继国等[136,137]针对水文水资源系统中的大量不确定性，从基本概念和模型评价入手，提出了降水量空间分布不均匀性的信息熵分析模型；汪成博等[138]采用汉江流域 63 个气象站点逐日降水数据，通过超阈值抽样和 MK 检验法，研究了旬、月和季节尺度极端降水集中度和集中期的时空变化特征；朱艳欣等[139]采用青藏高原 80 个气象站点的月降水数据，通过计算相关系数、相对误差和均方根误差定量识别了不同源数据的质量，进而采用集中度和集中期分析了不同源降水过程的季节分配特征；张文等[140]基于东北 81 个站点 1959～2004 年逐日降水资料，分析了我国东北降水年集中度和年集中期的时空分布特征和变化规律；戴廷仁等[141]基于辽宁省 1960～2005 年 25 个站点的逐候降水数据，采用集中度和集中期研究了辽宁省近 46 年降水的不均匀性特征；姜爱军等[142]基于日降水资料序列提出了一种度量不同强度降水过程时空集中程度的指标。

近几年来，随着人口的增多和经济水平的快速发展，耗水量急剧增加，各地降水变化引发的灾害逐渐加剧，如 2019 年 6 月，全国 14 个区域出现强降水过程，累计降水量达 163mm，洪涝受灾人口达 675 万人。降水不均匀性变化规律已经成为当今研究的热点。袁瑞强等[143]基于山西省 1957～2014 年 14 个站点的逐日降水数据，通过计算年尺度和多年尺度降水集中指数（concentration index, CI）研究了山西降水的集中度的时空变化及其影响因素。王晓等[144]在原有集中度计算方法的基础上，引入信息熵的概念，提出了新的降水集中度计算公式：

$$Q_i = 1 + \sum_{j=1}^{N} \frac{1}{\ln N} \left(P_{i,j} \times \ln P_{i,j} \right) \tag{1-3}$$

式中，N 为总降水日数；$P_{i,j}$ 为逐日降水贡献率，其计算公式为

$$P_{i,j} = \frac{I_{i,j}}{I_i} \tag{1-4}$$

其中，$I_{i,j}$ 为第 i 年夏季第 j 天的降水量，mm；I_i 为第 i 年夏季总降水量，mm。

郑炎辉等[145]基于珠江流域 1960～2012 年 43 个气象站点的逐日降水数据，通过计算各个站点降水集中度和集中期，采用 MK 检验法、反距离权重插值法和随机森林（random forest, RF）算法等分析了珠江流域降水的不均匀性特征。张然等[146]基于我国 36°N 以南 3～7 月无缺测的 918 个站点 1961～2012 年的逐日降水数据，采用 REOF 方法识别了我国南方春夏两季降水的集中期。张波等[147]基于贵州省 1961～2015 年 81 个站点的逐日降水数据，采用线性趋势、MK 检验、RS 分析和空间分析等方法，分析了贵州省降水集中度（precipitation concentration degree, PCD）和降水集中期（precipitation concentration period, PCP）的时空变化特征。刘占明等[148]基于广东北江流域 1965～2009 年 18 个站点的逐日降水数据，研究了各站点降水集中度和集中期的时空分布特征。

2. 国外研究现状

国外在降水不均匀性研究方面最早开始于 20 世纪 70 年代，美国弗雷斯诺州立学院地理系 Markham[113]提出了一种描述降水季节性特征的方法，他认为：降水的季节性特征应该反映出一个地区降水在哪些月份或季节降水多，在其他月份或季节降水少，即降水的集中程度和集中时间。为此，他假定月平均降水时间序列为具有大小和方向的矢量，以圆周 360°为基础，首次界定了月降水集中度和集中期的概念，并采用美国、加拿大、

墨西哥和加勒比地区 1951～1960 年 625 个站点的降水数据分析了季节降水的不均匀性特征。但 Markham 仅从绘图的角度给出了降水集中度和集中期的计算方法，并未给出详细的计算公式。直到 1980 年，印第安纳州立大学 Oliver 教授[149]在分析月降水不均匀性特征时，借鉴工业中衡量行业就业多样化的方法，提出了月降水集中度指标的计算公式，具体如下：

$$\text{PCI} = \frac{\sum P^2}{\left(\sum P\right)^2} = \left[C_v \times \overline{P}\right]^2 + \frac{1}{n} \tag{1-5}$$

式中，P 为月降水量，mm；C_v 为月降水量的变差系数；n 为降水时间序列长度；$\overline{P}$ 为月平均降水量，mm。基于上述公式，Oliver 教授采用非洲 230 个降水站点数据，分析了月降水集中度在空间上的分布规律，验证了该指数在理论和实际应用中的可行性。随后，比利时国家州立大学土壤物理系教授 Michiels 在式（1-5）的基础上，进一步推求和计算，得出如下月降水集中度的计算公式：

$$\text{PCI} = \frac{100}{12} \times \left[1 + \left(\frac{C_v}{100}\right)^2\right] \tag{1-6}$$

基于上述公式，Michiels 教授通过假定不同的降水时间序列，从理论的角度计算了 PCI 的最大值和最小值。Luis 等[150]在 Michiels 和 Oliver 的基础上，基于西班牙地区 1946～2005 年 2670 个完整且连续的月降水时间序列，分别给出了年降水、季节降水和跨季节尺度降水的集中度计算公式：

$$\text{PCI}_{\text{annual}} = \frac{\sum\limits_{i=1}^{12} P_i^2}{\left(\sum\limits_{i=1}^{12} P_i\right)^2} \times 100 \tag{1-7}$$

$$\text{PCI}_{\text{seasonal}} = \frac{\sum\limits_{i=1}^{3} P_i^2}{\left(\sum\limits_{i=1}^{3} P_i\right)^2} \times 25 \tag{1-8}$$

$$\text{PCI}_{\text{supra-seasonal}} = \frac{\sum\limits_{i=1}^{12} P_i^2}{\left(\sum\limits_{i=1}^{12} P_i\right)^2} \times 100 \tag{1-9}$$

式中，$\text{PCI}_{\text{annual}}$ 为年降水集中度，P_i 为第 i 月降水量（i=1,2,3,…,12）；$\text{PCI}_{\text{seasonal}}$ 为季节降水集中度，春季时 P_i 为第 i 月降水量（i=3,4,5），夏季时 P_i 为第 i 月降水量（i=6,7,8），秋季时 P_i 为第 i 月降水量（i=9,10,11），冬季时 P_i 为第 i 月降水量（i=12,1,2）；$\text{PCI}_{\text{supra-seasonal}}$ 为跨季节尺度降水集中度，丰水期时 P_i 为第 i 月降水量（i=10,11,12,1,2,3），枯水期时 P_i 为第 i 月降水量（i=4,5,6,7,8,9）。

随着人们对降水变化规律认识的深入，相关学者指出[151]，在极端降水事件频发的条件下，单纯从年尺度或季节尺度上分析降水的集中程度，不利于正确认识短历时高强度降水,容易使人们对降水变化规律产生错误的认识。为此,Cortesi 等[152]以欧洲 1971~2010 年 530 个日降水时间序列为基础,采用日降水集中指数对欧洲各国日降水的统计结构特征进行了研究。Monjo 等[153]采用全球 66409 日降水数据集,计算了基尼系数、泰尔指数和集中指数三种描述降水不均匀性程度指标,结果表明:三个指标之间具有很强的联系性,它们之间的相关系数达到了 0.98。Zamani 等[154]基于 1971~2011 年的降水资料,通过计算降水集中指数,研究了印度恰尔肯德邦日、季节和年三个尺度降水的不均匀性特征。Serrano-Notivoli 等[155]根据 1950~2012 年 5km×5km 的网格日降水数据,研究了西班牙地区日降水集中指数的时空变异性。

1.2.3 极端降水事件

早期,由于人类活动对自然界干预相对较少,气候变化不够明显,对极端降水事件的关注也较少。随着全球变暖趋势进一步加剧,极端降水事件频繁发生,开始逐步引起相关学者的关注,尤其是 1988 年 IPCC 建立以后,极端降水事件方面的研究成果越来越多。

1. 国内研究现状

我国从 20 世纪 90 年代开始关注极端降水事件。1999 年,国家气象中心刘小宁[156]利用我国东部 25 个测站 45 年的大一暴雨日数、暴雨日数和 1 天最大降水量数据,分析了我国东部暴雨极端事件的时空分布特征。同年,南京气象学院与日本气象研究所合作,对比研究了中国和日本气候极端降水的变化特征[157]。

进入 21 世纪以后,随着人类活动的进一步加剧,气候变暖趋势更加明显,极端降水事件发生频率不断加大,我国学者开始大范围地研究极端降水事件。代表性成果有:杨莲梅[158]采用 MK 法研究了新疆 1961~2000 年极端降水事件的发展趋势、空间分布和突变特征,得出新疆极端降水强度无明显变化,但极端降水频次呈现出明显增加趋势,这与李佳秀等[159]、张延伟等[160]的研究结果相一致。2007 年,翟盘茂等[161]结合全球气候变化特点,在回顾气候变化背景下极端降水事件变化的主要进展的同时,重点探讨了我国极端降水事件的变化规律。同年,孙凤华等[162]利用我国东北地区 93 个站 1951~2002 年的逐日降水数据,系统分析了东北地区不同强度降水事件的时空演变规律。陈峪等[163]以我国十大河流流域为研究区,采用全国 591 个站点 1956~2008 年的逐日降水量资料,全面分析了我国主要河流流域极端降水的变化特征。李志等[164,165]、任玉玉等[166]、陆虹等[167]、刘学锋等[168]、李玲萍等[169]、赵勇等[170]分别从不同的角度,采用类似的极端降水指标对黄土高原、江西省、华南地区夏季、泾河流域、海河流域、河西走廊东部、天山地区夏季的极端降水事件进行了深入研究,其研究结果与陈峪等的成果具有较好的一致性。

2010 年以后,人们对极端降水事件的研究进一步深入,比较有代表性的成果有:姜创业等[171]采用陕西省 1962~2009 年 78 个气象站的逐日降水数据,分析了该地区极端强降水事件的时空演变规律,得出:陕西省极端强降水阈值为 18.7~39.5mm/d。王兴梅等[172]、张强等[173]、李斌等[174]、佘敦先等[175]分别采用不同的方法,从不同的尺度对甘肃省黄土高原区夏季、新疆、澜沧江流域和淮河流域的极端降水事件进行了深入研究。荣艳淑等[176]采用概率极值分布理论,选取淮河流域 25 个气象站点 1951~2007 年的逐日降水量数据，分析了极端日降水量、极端最大过程降水量和最大持续降水日数 3 个极端降水指标的时空分布特征。李小亚等[177]采用气候线性趋势、MK 检验、小波理论、反距离加权法和重标极差分析法等理论，基于甘肃省河东地区 13 个气象站点 1960～2011 年的逐日降水量数据，研究了甘肃省河东地区 1960～2011 年极端降水的时空分布特征。任正果等[178]以中国东部季风区南部为例，采用国家气象信息中心气象资料室建立的 0.5°×0.5° 的地面降水日值数据，研究了我国南方地区极端降水事件的变化规律。李双双等[179]基于中国 2474 个国家级地面气象站月降水量观测数据，采用 16 个极端降水指数，研究了秦岭—淮河南北 1960～2013 年极端降水量的时空变化规律。

2. 国外研究现状

1995 年，IPCC 第二次评估报告中明确指出，在全球气候变暖的大背景下，极端气候事件发生的频率和强度及其对区域的影响不断增强；第四次评估报告中提到，未来气候变暖条件下，洪涝灾害、干旱、强降水等极端气候发生概率将进一步增大，但存在一定的区域差异[180,181]；第五次评估报告中再次指出，与部分降水量减少的区域相比，全球将有更多的陆地区域出现强降水事件，且数量将呈现增加趋势[3]。国外学者在这方面研究与国内学者研究比较同步，也是自 IPCC 第二次评估报告以后才开始进行多方面的研究工作。早期比较有代表性的研究有：Kothavala[182]研究了美国中西部极端降水事件及其对洪涝灾害的响应；Gellens[183]研究了比利时默兹河流域冬季极端降水事件的持续时间和变化规律；Arnbjerg-Nielsen 等[184]采用最小二乘回归理论研究了丹麦极端降水产生的原因；Madsen 等[185]估算了丹麦极端降水的频率分析曲线参数；Katz[186]提出了气候变化敏感性分析的降水极值分析理论。

Osborn 等[187]利用英国 110 个气象站 1961～1995 年的逐日降水数据，通过界定不同强度等级的降水量，研究了 21 世纪之前几十年英国不同强度降水的变化规律；Frich 等[188]基于 1999 年编译的全球逐日极端气候数据集，选取了 10 个表征极端降水事件的指标，研究了 1946～1999 年全球极端降水事件的空间变化规律；Kunkel 等[189]采用 1895～2000 年逐日降水数据，通过分析 1 天、5 天、10 天、30 天持续时间降水事件和 1 天、5 天和 20 天重现期的降水事件，研究了美国极端降水事件的时空分布规律；2008 年，Sanchez-Gomez 等[190]采用多频奇异谱分析（multivariate singular spectrum analysis, MSSA）方法、K 均值聚类算法、主成分分析等方法，研究了欧洲地中海地区不同气候分区的季节极端降水事件的变化规律；Päädam 等[191]基于爱沙尼亚 40 个测站 1961～2008 年的逐日降水数据，采用 MK 检验法研究了年和季节两个尺度极端降水的变化规律。

Karagiannidis 等[192]利用欧洲 280 个站 1958～2000 年的气象数据，并将其分为 3 个气象分区（希腊区、阿尔卑斯山区和伊比利亚半岛区），界定了不同气象分区的极端降水事件阈值，分析了不同分区极端降水事件年际和年代际的趋势变化特征。Gajić-Čapka[193]等基于克罗地亚地区稠密的雨量站网络 1961～2000 年的逐日降水数据，利用 25 百分位、75 百分位把研究区降水分为小雨（<25 百分位）、中雨（25 百分位～75 百分位）、大雨（>75 百分位）三类不同强度的降水事件，采用 10 个极端降水指标评价了研究区极端降水事件发生的频率和强度，研究结果表明，克罗地亚地区不同强度等级降水量具有明显的区域差异性和时间（季节）差异性。Croitoru 等[194]指出罗马尼亚地区

1961~2013 年极端降水事件呈现出了一定的下降趋势,而其他频率的极端降水事件具有明显的上升趋势。Erler 等[195]基于高分辨率的区域气候模拟数据,采用天气研究与预报(weather research and forecasting, WRF)气候模型中的两种模式研究了加拿大西部极端降水事件的变化规律,结果表明,极端降水事件具有明显的季节性和区域性变化规律。在 21 世纪末期,两种气候模式的模拟结果均显示出:冬季极端降水事件发生的频率比秋季增大了约 30%;而夏季两种气候模式的模拟结果具有一定的差异,一个具有明显的上升趋势,一个上升趋势不显著。Tabari 等[196]研究了不同气候模式对极端降水事件模拟结果的差异性。Siswanto 等[197]研究了印度尼西亚首都雅加达市 1866~2010 年极端降水事件的变化规律。

1.2.4 雨水资源化潜力研究

1. 国内研究现状

相关学者指出:雨水资源化的内涵包括狭义和广义两个方面[198]。狭义方面仅指雨水的蓄存、收集及农业利用,即降水被人们开发利用转化为资源,为农业生产提供服务,进而产生价值的过程。广义方面不仅指雨水被农业利用,还包括人工降水以及采用各种管理技术或手段促进其转化,成为各种赋存水的有效利用过程。实际上,雨水利用并不是一种新的想法和技术,它已经有两千多年的历史了。得益于集水技术和新型材料的出现,我国从 20 世纪 90 年代开始逐步对雨水资源化利用的理论与应用等方面进行研究。

2000 年以前的研究主要侧重于从雨水资源化的内涵入手,从定性角度进行研究和分析;2000 年以后,随着水文理论研究的不断深入,雨水资源化潜力的研究逐步由定性分析转变为定量研究。比较有代表性的成果有:徐学选等[199]以我国山西部分的黄土高原为研究对象,基于 145 个雨量观测站点的 30 年逐月降水数据,分析了黄土高原雨水资源的时空分布规律,初步估算了黄土高原(陕北、渭北)农田的雨水资源化潜力,若采取集流保墒措施,年可减少蒸发损失约为 6.4 亿 m^3,可增加粮食 12.8 亿 kg;冯浩等[200]以小流域为研究单位,从理论潜力、可实现潜力和现实潜力三个角度详细分析了小流域雨水资源化潜力,推求出了不同雨水利用方式下的潜力计算公式;赵西宁等[201]针对黄土高原水资源短缺和生态环境恶化问题,以小流域为研究单位,提出了 4 类小流域雨水资源化潜力(理论潜力、可利用潜力、可供社会经济发展利用潜力、实际利用潜力)计算公式,进而建立了小流域雨水资源可持续利用判别模式,为保护黄土高原生态环境提供了科学依据;蔡进军等[202]以宁夏南部半干旱退化山区为研究对象,提出了坡耕地雨水资源化的途径,从径流和降水再分配的角度,分析和计算了坡耕地的雨水资源化潜力;杨启良等[203]在分析黄土高原水资源现状的基础上,提出了多种雨水农业资源化利用技术,并以甘肃省定西地区为例,计算了雨水资源化的综合效益;赵西宁等[204]从雨水、地表水、土壤水和地下水转化的概念图入手,构架了区域雨水资源化潜力多因素分析模型,并以 GIS 技术为手段提取数据,确定了模型中的参数,实现对区域雨水资源化可实现潜力的预测。

近年来,随着气候变化加剧,极端降水事件激增,短历时暴雨引发的城市内涝、农业灾害更加引起有关学者的关注,从雨水资源化的角度有效利用降水和提高降水的利用效率，减少短历时暴雨对农业及其他领域产生的影响，成为研究热点，其研究成果的实用性也逐渐增强。比较有代表性的成果有：吴普特等[205]在总结黄土高原雨水资源化潜力概念的基础上，提出了基于可变下渗能力（variable infiltration capacity, VIC）模型的黄土高原雨水资源化潜力计算新方法，公式为

$$
Q_{\mathrm{d}} = \begin{cases} P + W_0 - W_0^{\max}, & I_0 + P \geqslant I_{\mathrm{m}} \\ P + W_0 - W_0^{\max} \left[1 - \left(1 - \dfrac{I_0 + P}{I_{\mathrm{m}}} \right)^{1+B} \right], & I_0 + P < I_{\mathrm{m}} \end{cases} \tag{1-10}
$$

$$
Q_{\mathrm{b}} = \begin{cases} \dfrac{D_{\mathrm{s}} \times D_{\mathrm{m}}}{W_{\mathrm{s}} \times W_2^{\mathrm{c}}} \times W_2^-, & 0 \leqslant W_2^- \leqslant W_{\mathrm{s}} \times W_2^{\mathrm{c}} \\ \dfrac{D_{\mathrm{s}} \times D_{\mathrm{m}}}{W_{\mathrm{s}} \times W_2^{\mathrm{c}}} \times W_2^- + \left(D_{\mathrm{m}} - \dfrac{D_{\mathrm{s}} \times D_{\mathrm{m}}}{W_{\mathrm{s}}} \right) \times \left(\dfrac{W_2^- - W_{\mathrm{s}} \times W_2^{\mathrm{c}}}{W_2^{\mathrm{c}} - W_{\mathrm{s}} \times W_2^{\mathrm{c}}} \right)^2, & W_2^- > W_{\mathrm{s}} \times W_2^{\mathrm{c}} \end{cases} \tag{1-11}
$$

式中，P 为降水量，mm；Q_{d} 为地表径流量，mm；Q_{b} 为基流量，mm；$W_0^{\max}$ 为上层土壤饱和含水量，mm；W_0 为上层土壤初始含水量，mm；I_{m} 为饱和土壤入渗速率，mm/s；I_0 为土壤入渗速率，mm/s；D_{m} 为最大日基流量，mm；D_{s} 为非线性流占 D_{m} 的百分比，%；B 为可变下渗曲线参数，无量纲；W_2^{c} 为下层土壤饱和含水量，mm；W_2^- 为下层土壤含水量初始值，mm；W_{s} 为非线性流占 W_2^{c} 的百分比，%。

2. 国外研究现状

雨水资源化是一项古老的技术，无论是降水稀少的内盖夫沙漠地带（降水量仅为100mm），还是西太平洋诸岛（年降水量在 4000mm 以上），早在公元前五六千年前就出现了雨水收集装置。如玛雅文化中人们利用雨水灌溉农业，哥伦比亚等地的居民修筑台地种植玉米、沟底种植水稻，埃及人利用集流槽收集雨水等。近些年来，雨水资源化利用再次引起学者的广泛关注，主要是由于：一方面水资源的开发规模和能力无法满足当前快速增长的经济需求，跨流域调水虽然在一定程度上缓解了水资源危机，但也引发了环境污染和生态破坏等一系列社会问题；另一方面雨水作为一种天然资源，可以直接被作物吸收，且具有利用技术简单易行，投资规模小等优势，使得雨水资源化利用迅速被更多的人所接受。

随着全球水资源危机的进一步加剧，水资源紧缺问题已经成为研究热点，进一步开源、提高雨水资源利用效率成为解决水资源危机的重要途径，相关学者开展了广泛研究。如 Aladenola 等[206]认为雨水资源化利用是弥补地表水和地下水资源不足的重要途径，他们以尼日利亚西南部奥贡州最大的城市阿贝奥库塔市为例，在分析年降水变异特性的基础上提出：提高 9 月和 10 月雨水资源的利用效率对于缓解干旱月份水资源紧缺具有重要的意义。Handia 等[207]基于非洲金融服务管理局资助的科研项目"赞比亚城市雨水收集潜力"，研究了赞比亚雨水资源利用的潜力和适用性，提出了赞比亚部分农村地区雨水资源利用具有一定的局限性。Imteaz 等[208]采用降水数据、降雨损失系数、可用需水容量等参数建立了一个简单的基于电子表格的日水量平衡模型。Sharma 等[209]研究了印度 604 个地区 225 个主要降雨区在作物生长期的气候水量平衡关系，得出：研究区雨水

资源潜力约为 1140 亿 m^3，传统灌溉模式下可提高作物产量 12%，控制灌溉条件下可提高作物产量 50%。Kahinda 等[210]认为干旱增加了降水时空的变异特征，导致雨养农业地区作物减产，为此他们以南非为例，设计了雨水收集装置，并对装置的经济性和雨水收集效率进行了评估。Nnaji 等[211]采用水量平衡法评估了尼日利亚 26 个生态区降水量对需水量的满足程度，并提出雨水资源化潜力是降水变异系数的幂函数。Islam 等[212]研究了孟加拉国吉大港山区雨水资源化潜力及对农业生产的影响。Ghimire 等[213]为了进一步分析雨水收集装置与美国传统供水基础设施节水潜力之间的差异，提出了一种进行生活雨水收集和农业雨水收集生命周期评估的方法。Baipusi 等[214]评价了博茨瓦纳地区草皮覆盖、翻耕、自然地表等五种耕作条件下雨水资源的收集潜力。

1.2.5　降水对农业生产的影响

1. 国内研究现状

农业生产是人类利用社会资源和自然资源创造价值满足自身需求的一种活动。从资源性质的角度，社会资源在一定时期内是固定不变或者规律性变化的，而自然资源（主要指降水）则是不确定的，具有较大的随机性，这在一定程度上影响了农业生产活动的有序进行。因此，开展降水对农业生产的影响研究不仅可以提高降水的利用效率，同时对于促进农业结构调整具有重要的意义。我国早在 20 世纪 50 年代就已经开展了相关研究，但主要侧重于降水对土壤含水量的影响[215]。

20 世纪 90 年代以来，相关学者开始逐步关注降水对农业生产的贡献，提出了应该利用降水资源发展旱田的建议，如白肇烨等[216]从旱作农业的涵义和分布入手，在甘肃省提出了利用降水资源发展旱作农业。北京农业大学龚绍先等[217]从农艺措施和优化种植结构的角度入手，提出了提高旱作农业降水利用效率的措施，经过计算，降水利用效率可由 0.14～0.15kg/(mm·亩)提高到 0.25～0.30kg/(mm·亩)。姚盛华等[218]分析了桂西北冬季降水量时空分布对冬作物生长发育和产量的影响，得出冬季降水量与冬作物产量成正比关系，但时间上与冬作物生育期不够匹配，进而建立了冬种区域水分适宜度隶属函数，提出了桂西北冬种适宜区划。

21 世纪以来，随着气候变化的加剧，极端气候事件频发，旱涝灾害对农业生产的影响越来越大，造成的社会经济损失也越来越多。如 2005 年，洪涝灾害造成华南和江南农作物受灾面积达 114 万 hm^2，导致海南直接经济损失达 35 亿元；2010 年，我国因洪涝灾害导致农作物受灾面积达 2029.4 万 hm^2。降水对农业生产的影响引起了国内学者的广泛关注。王声锋等[219]在分析焦作广利灌区 30 年降水分布规律的基础上，采用蒙特卡罗方法模拟了 500 年的旬降水数据，进而计算了广利灌区冬小麦不同生育期的灌水概率；姜纪峰等[220]基于 1961～2010 年的气象资料，从气候变化的角度入手，研究了上海市青浦区降水变化对农业生产的影响，并提出了适应气候变化的农业生产发展措施；孙瑞英等[221]基于对聊城 2011 年全年和季节降水的评价，分析了降水变化对农业生产的影响；潘仕梅等[222]选取烟台市 10 个地面观测站降水资料，研究了烟台 1961～2008 年降水变化对农业的影响；瞿汶等[223]基于甘肃省 63 个地面测站降水量数据，研究了降水变化对冬小麦生长的影响；杨轩等[224]结合大田试验，建立了农业生产系统模拟模型，分析了 5 个降水变化梯度和气温变化梯度对 3 种作物产量的影响；韩秀君等[225]基于辽宁西部 16 个气象站点 1961~2012 年逐日降水数据，采用趋势分析、小波理论和距平百分率等方法研究了作物生育期降水变化对玉米生长的影响；姜丽霞等[226]基于黑龙江省 77 个站点 1961~2013 年 6~8 月的逐日降水数据，研究了黑龙江省主汛期降水异常特征对作物产量的影响；杨璐等[227]通过大田试验研究了锦州市降水总量和降水频率对玉米产量的影响。

2. 国外研究现状

早期由于气候变化不够明显，降水变化对农业生产的影响较小，并未引起国外相关学者的关注，其研究主要侧重于降水对作物虫害的影响[228]、降水对小麦产量的影响[229-231]、土壤含水量与降水之间的关系[232-234]、降水中硫对作物产量的影响[235]、降水对动物种群的影响[236]以及采用降水量预测作物产量[237]等内容，但研究成果不够深入，其实用性相对较低。进入 20 世纪 90 年代以后，随着 IPCC 气候变化评估报告的发布，才逐步有学者开始深入关注降水变化对农业生产的影响。如 Riha 等[238]在不改变气候变化平均值的前提下，构建了一个合成天气发生器，模拟了不同温度和降水条件下作物产量的变化；Mearns[239]研究降水与小麦产量之间的关系时发现：平均降水量的增加能够使作物减产的概率降低 1%，降水量变异的增加能够使作物减产的概率增加 7%。

2000 年以后，气候变化加剧，极端降水对农业生产的影响越来越引起国外学者的广泛关注。比较有代表性的成果有：Nicol 等[240]研究了南澳大利亚地中海气候区夏季降水对作物产量的影响，指出高效利用冬春季和夏季的降水资源可以有效增加大豆产量（0.45~0.82t/ha），可以有效增加农民收入（7.7%~10.3%）；Rosenzweig 等[241]指出美国玉米产量受强降水的影响最大，在未来 30 年内其产量可能会降低 50%，造成的经济损失将达 30 亿美元；Pirttioja 等[242]认为作物产量随着降水量的增加而增加，随着气温的升高而降低，产量对温度的敏感性高于降水；Fishman[243]认为气候变化增加了降水量空间分布的不均匀性，为农业生产带来了负面影响；Halder 等[244]指出，印度西孟加拉邦南部克勒格布尔市持续降水和持续干燥的概率分别为 40%~70% 和 50%~90%，在季风周内，10~40mm 降水发生的概率超过 50%，为防止农业干旱应加大农业灌溉；Prasanna[245]基于印度 306 个气象站点 1966~2010 年的降水和作物产量数据，研究了印度秋收作物（kharif）和早春作物（rabi）两类粮食作物产量与夏季季风期降水量之间的关系。

1.2.6　存在问题及发展趋势

纵观国内外研究现状，降水的时空变化规律、降水的不均匀性、极端降水、雨水资源化潜力及降水对农业生产的影响等方面研究正在一步步深入，其研究方法和理论逐步由定性分析向定量研究转变，其研究深度渐趋复杂化和系统化，研究成果的实用性和可操作性也逐步提高。然而地形、下垫面、气候变化、人类活动等不确定性因素和方法，在一定程度上限制了相关研究人员的研究进程，导致研究成果在理论和实践上还存在诸多不足，存在的主要问题归纳为以下几点。

（1）在降水时空变化规律方面，以大尺度、经济发达区域研究为主，而对中小尺度区域研究的则较少，导致研究成果在实际应用时缺少针对性。由于受局部小气候的影响，中小尺度区域降水变化规律的非线性、不确定性和不可预见性等特征越来越突出，尤其是预报模型的精度检验问题，为降水演变规律的分析带来了新的挑战。

（2）在降水不均匀性方面，以往研究侧重于不均匀性指标的选取、相关参数概念的界定等方面，在不同区域的应用研究已经发展得比较成熟，但由于降水尺度效应的存在，不同尺度降水的不均匀性特征也存在一定的差异。因此，下一步研究应该加强识别不同尺度降水不均匀性的差异特征及其尺度效应。

（3）在极端降水事件方面，大多数是利用绝对阈值（固定阈值）把降水划分为不同等级的降水事件，而不同的地区地形、下垫面、人类活动不同，采用统一的固定日降水量值进行划分，忽略了地区间降水的差异，会导致研究成果的实用性不高。

（4）在雨水资源化潜力方面，现有研究多侧重于黄土高原、甘肃和宁夏等干旱半干旱水土流失比较严重的区域，而对于黑龙江省松嫩平原鲜有报道。黑龙江省松嫩平原也是水土流失比较严重的区域，尤其是黑土流失，由于在地理地质条件上与黄土高原等区域存在较大的差异，其雨水资源化潜力计算理论也不尽相同。因此，下一步研究应该结合区域特点，在现有研究成果的基础上提出适合寒区的雨水资源化潜力计算方法。

（5）在降水对农业生产的影响方面，现有研究多是分析降水量对不同作物产量和土壤墒情的影响，缺少对雨水资源化潜力、降水不均匀性与农业生产之间的关系分析，因此，下一步研究应该在雨水资源化潜力研究的基础上，对比分析降水量、降水不均匀性和雨水资源化潜力对农业生产的影响，进而为雨水资源的高效利用提供理论支撑。

1.3　本书的主要研究内容

本书以典型寒区黑龙江省为研究区域，采用小波理论、MK 检验法、多尺度熵理论等现代数据处理手段，研究降水时间序列在 1951～2015 年气候变化大背景下的特征参数、周期、趋势和复杂性特征、不均匀性特征以及极端降水事件的变化规律，进而计算雨水资源化潜力，揭示寒区降水变化对农业生产的影响，以期为寒区水资源高效利用和粮食生产提供理论支撑，本书的主要研究内容包括以下几方面。

（1）气候变化特征及降水时空演变规律研究。采用 ArcGIS 空间分析技术、小波理论、MK 检验法等方法，提取寒区不同尺度气温和降水的时空演变特征，通过对比分析，揭示不同尺度降水与气温之间的关系以及不同尺度时空分布特征的差异。

（2）不同尺度降水量复杂性特征、非均匀性、极端降水及旱涝变化规律研究。采用多尺度熵理论、小波信息量系数、符号动力学等方法，分析寒区不同时间和空间尺度降水量的复杂性特征、集中度和集中期的特征，建立寒区极端降水阈值，揭示寒区旱涝时空变化规律。

（3）雨水资源化潜力及降水对农业生产的影响研究。基于 SWAT 模型，建立寒区雨水资源化潜力计算模型，分析寒区雨水资源化的潜力。根据前期降水变化规律的分析，识别降水年型与作物产量的匹配关系，揭示不同降水参数对作物产量的影响。

本书重点解决的技术问题包括：①寒区不同尺度降水量时空演变特征识别技术；②寒区雨水资源化潜力模型构建技术；③降水变化对农业生产影响的定量化评价。

第2章　研究区概况及方法

2.1　自 然 概 况

2.1.1　地理位置

黑龙江省位于我国东北部，是我国位置最北、纬度最高的省份，介于东经 121°11′～135°05′，北纬 43°26′～53°33′（图 2-1），东西跨 14 个经度，南北跨 10 个纬度。东

注：1、本书上中国国界线是按照中国地图出版社1989年出版的1:400万《中华人民共和国地形图》绘制

2、黑龙江省大兴安岭地区行政公署驻加格达奇区

图 2-1　黑龙江省地理位置示意图

部和北部与俄罗斯隔江相望，以乌苏里江、黑龙江为界河，与俄罗斯的水陆边界长约3045km，南部与吉林省接壤，西部与内蒙古自治区相邻，南北长约 1120km，东西宽约930km，全省土地总面积 47.3 万 km^2（含加格达奇和松岭区），居全国第 6 位，约占全国土地总面积的 4.9%，边境线长 2981.26km，是我国沿边开放的重要窗口，是亚洲与太平洋地区陆路通往俄罗斯和欧洲大陆的重要通道。

"五山一水一草三分田"是黑龙江省地貌的主要特征，包括山地、台地、平原和水面四部分，地势大致是东北、西南部低，西北、北部和东南部高，其中：山地平均海拔多在 300～1000m，约占全省总面积的 58%；台地平均海拔高度在 200～350m，约占全省总面积的 14%；平原平均海拔在 50～200m，约占全省总面积的 28%。北部为大兴安岭和小兴安岭山地，东南部为张广才岭、老爷岭、完达山脉，兴安山地与东部山地的山前为台地，东部为三江平原（包括兴凯湖平原），西部是松嫩平原。

2.1.2　行政区划

黑龙江省现辖 1 个副省级城市，行政区包括 12 个地级市、1 个地区行署，125 个县（市、区），其中：副省级城市为省会哈尔滨市，剩余 11 个地级市包括齐齐哈尔市、牡丹江市、佳木斯市、大庆市、鸡西市、双鸭山市、伊春市、七台河市、鹤岗市、黑河市、绥化市，1 个地区行署为大兴安岭地区。具体见表 2-1 和图 2-1。

表 2-1　黑龙江省行政区划表

分类	行政区	县（市、区）	土地面积/km^2	占比/%
地级市	哈尔滨市	道里区、南岗区、道外区、香坊区、平房区、呼兰区、松北区、阿城区、双城区、依兰县、方正县、宾县、巴彦县、木兰县、通河县、延寿县、尚志市、五常市	53076	11.73
	齐齐哈尔市	龙沙区、建华区、铁锋区、昂昂溪区、富拉尔基区、碾子山区、梅里斯达斡尔族区、龙江县、依安县、泰来县、甘南县、富裕县、克山县、克东县、拜泉县、讷河市	42255	9.34
	牡丹江市	东安区、阳明区、爱民区、西安区、东宁市、林口县、绥芬河市、海林市、宁安市、杜尔伯特蒙古族自治县（穆棱市）	38827	8.58
	佳木斯市	向阳区、前进区、东风区、郊区、桦南县、桦川县、汤原县、抚远市、同江市、富锦市	32470	7.18
	大庆市	萨尔图区、龙凤区、让胡路区、红岗区、大同区、肇州县、肇源县、林甸县、杜尔伯特蒙古族自治县（杜蒙县）	21205	4.69
	鸡西市	鸡冠区、恒山区、滴道区、梨树区、城子河区、麻山区、鸡东县、虎林市、密山市	22494	4.97
	双鸭山市	尖山区、岭东区、四方台区、宝山区、集贤县、友谊县、宝清县、饶河县	22051	4.87
	伊春市	铁力市、嘉荫县、汤旺县、丰林县、南岔县、大箐山县、伊美区、乌翠区、友好区、金林区	32800	7.25
	七台河市	新兴区、桃山区、茄子河区、勃利县	6190	1.37
	鹤岗市	向阳区、工农区、南山区、兴安区、东山区、兴山区、萝北县、绥滨县	14665	3.24
	黑河市	爱辉区、嫩江市、逊克县、孙吴县、北安市、五大连池市	66862	14.77
	绥化市	北林区、望奎县、兰西县、青冈县、庆安县、明水县、绥棱县、安达市、肇东市、海伦市	34873	7.71
地区行署	大兴安岭地区	呼玛县、塔河县、漠河市、加格达奇区、松岭区、新林区、呼中区	64768	14.31

2.2　水文气象概况

2.2.1　河流水系

黑龙江省境内江河纵横、湖泊众多、沼泽广布，主要有黑龙江、松花江、乌苏里江和绥芬河四大水系（图 2-2）。流域面积在 50km² 及以上的河流有 2881 条，总长度为 9.21 万 km，流域面积在 10000km² 以上的河流有 22 条，5000km² 以上的河流有 27 条。有兴凯湖、莲花湖、镜泊湖、连环湖和五大连池等大小湖泊 640 余个，水面面积约 6000km²。常年水面面积在 1km² 及以上的湖泊有 253 个，其中淡水湖 241 个，咸水湖 12 个。

1. 黑龙江水系

黑龙江是流经蒙古国、中国、俄罗斯的亚洲大河之一，是世界上重要的国界河流之一，以南源额尔古纳河为河源，全长约 4363km，流域总面积 184.3 万 km²，其中中国境内长度约为 1850km，流域面积大于 50km² 的河流有 668 条。在我国黑龙江流经抚远、嘉荫、孙吴、塔河、漠河、绥滨、同江等地区，与乌苏里江在抚远地区汇合流入俄罗斯境内，最终流入俄罗斯尼古拉耶夫斯克（庙街）的鄂霍次克海峡。黑龙江水系在我国黑龙江省境内的主要支流包括呼玛河、松花江、逊别拉河和额木尔河等，流域水量丰富，年径流量约 3465 亿 m³，春季占 10%～27%，夏季占 50%，秋季占 20%～30%，冬季占 4% 以下。

2. 松花江水系

松花江是黑龙江省境内最大的河流，也是黑龙江右岸最大的支流，流域总面积 55.72 万 km²，共有两个源头：北源嫩江发源于大兴安岭，位于黑龙江省境内，总长度约为 2309km；南源西流松花江发源于长白山天池，位于吉林省境内，总长度约为 1927km。主要支流包括嫩江、卧都河、门鲁河、泥鳅河、科洛河、沐河、讷谟尔河等。松花江流向为从西南到东北，南北两源在三岔河汇合至通河，经肇源、松原市宁江区、双城、哈尔滨、阿城、木兰、通河、方正、佳木斯、富锦、同江等地，最后注入黑龙江。年径流量约 762 亿 m³，其中 4～5 月占 15%～30%，6～9 月占 55%～80%。

3. 乌苏里江水系

乌苏里江位于黑龙江省东北部，是中国与俄罗斯边境上一条重要的界河，上游由乌拉河和道比河汇合而成，均发源于锡霍特山脉西南坡，东北流到哈巴罗夫斯克（伯力）与黑龙江汇合，流经密山、虎林、饶河、抚远等县（市），沿途汇集了大小支流 174 条，全长约 909km，流域面积 18.7 万 km²。主要支流有七虎林河、松阿察河、阿布沁河、穆棱河、挠力河等。乌苏里江河道平均宽度 500m，平均水深 2～5m，下游饶河站多年平均径流量 232.9 亿 m³，河口处多年平均径流量 623.5 亿 m³。

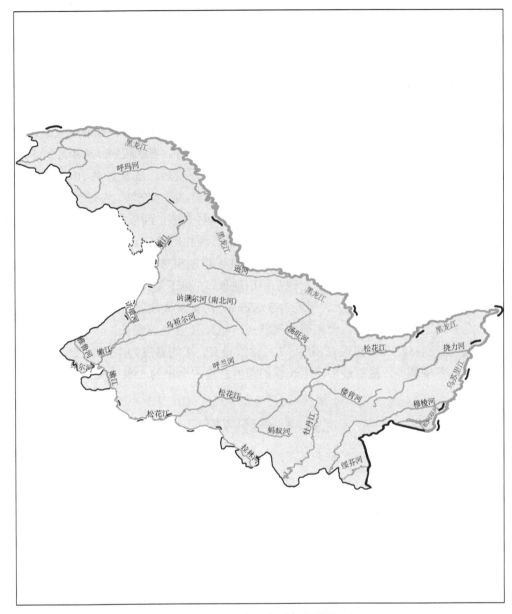

图 2-2　黑龙江省四大水系图

4. 绥芬河水系

绥芬河位于黑龙江省的东南部,全长约 443km,其中在中国境内长度为 258km,在俄罗斯境内长度为 185km。流域面积 1.73 万 km²,其中在中国境内面积为 1.00 万 km²。绥芬河有南北两源,北源为小绥芬河,发源于东宁市太平岭,南源为大绥芬河,发源于吉林省汪清县境内老爷岭,两源于东宁市中部小地营北汇合,东流至东宁镇进入平原地区,继而流入俄罗斯境内,折向南注入日本海。河流沿途汇集了大小支流 48 条,主要有小绥芬河、瑚布图河等。

2.2.2　气象条件

黑龙江省位于中国的东北部，在太平洋西岸、欧亚大陆的东部，属于寒温带与温带大陆性季风气候。全省从南向北，根据温度依次可分为中温带和寒温带，全省从东向西，根据降水依次可分为湿润区、半湿润区和半干旱区。全省主要气候特征为春季低温干旱，夏季温热多雨，秋季易涝早霜，冬季寒冷漫长，无霜期短，气候地域性差异大。

黑龙江省四季分明，冬季漫长寒冷，夏季短而日照充分。春季较短，从 4 月到 5 月，为两个月；夏季适中，从 6 月到 8 月，为 3 个月；秋季较短，从 9 月到 10 月，为两个月。降水具有明显的季风特征。夏季受东南季风的影响，降水充沛，冬季受干冷西北风控制，干燥少雨。年降水量为 400～650mm，中部山区最多，西部和北部较少。5～9 月生长季降水为全年降水总量的 83%～94%。降水资源相对稳定。常年积温 18000～28000℃，无霜期一般为 100～150d，东部和南部无霜期相对较长，平均为 140～150d，一般从 9 月下旬开始部分地区将会出现初霜冻现象，5 月下旬终霜冻结束。全年平均风速 2～4m/s，其中春季风速最大，平均为 3～5m/s，历史最大风速可达 40m/s，夏季风速最小，冬季风速略大于秋季。全年平均气温-6～4℃，1 月气温最低，为-32～-17℃，历史最低气温达-52.3℃，出现在漠河，7 月温度最高，平均温度为 16～23℃。太阳辐射南多北少，冬季最少，夏季最多，生长季的辐射总量占全年的 55%～60%。

2.3　社会经济概况

2.3.1　历史沿革

历代以来，黑龙江省主要围绕大小兴安岭、张广才岭和三江流域发展演变，没有发生大的变动。直到近代，才呈现出"国界后移"、"省界变迁"和"区划演变"三个特点。

大约四五万年前，古人类就已生息活动在黑龙江地区。早在先秦时代，肃慎、东胡、秽貊三大族系的部分先民就已定居在黑龙江地区。秦朝以后，先后有挹娄人、鲜卑人和靺鞨人等在黑龙江地区生活。隋唐时期，在河北道的统辖之下，黑龙江地区先后设立了渤海、黑水、室韦 3 个都督府。元朝时，东北地区隶属于辽阳行中书省管辖。明朝时期，东北地区实行了具有军事戍守特点的都司、卫、所制。1683 年 12 月，为抗击沙俄入侵，清朝设镇守黑龙江等处地方将军，划出宁古塔将军所辖之西北地区，归黑龙江将军统辖，形成盛京、宁古塔、黑龙江三将军并立，"自是东北三分，吉江并列"。1862 年起，黑龙江将军辖区内取消副都统，相继设立道、府、厅、州、县等地方行政建置。1907 年 4 月，清廷裁撤奉天、吉林、黑龙江将军，设立奉天、吉林、黑龙江三省。中华民国成立后，黑龙江省名称和行政区划沿袭旧制不变。1945 年，国民党政府颁布收复《东北各省处理办法纲要》，重新划分东北行政区划，划分为松江、合江、黑龙江、嫩江 4 省。1949 年 4 月，东北行政委员会发布《重划东北行政区划令》，决定黑龙江地区的合江、松江、黑龙江、嫩江 4 省和哈尔滨市合并为松江、黑龙江 2 省。1954 年 6 月，中央人民政府撤销松江省建制，与黑龙江省合并为黑龙江省，1954 年 8 月两省正式合并，哈尔滨市为省会。随后，于 1967 年、1969 年、1979 年和 1985 年等年份行政区划发生了相应的调整，直至今日，黑龙江全省共辖 12 个地级市、1 个地区行署。

2.3.2　经济发展

新中国成立以后，黑龙江省的人口逐年增加，由 1952 年的 1110.5 万人增长到 2020 年的 3171.0 万人，约占全国总人口的 2.26%。随着各项建设事业的发展，转业军人、农民、知识青年等一大批人进入黑龙江，进行大规模的垦殖，创建了一大批国营农场，使北大荒变为北大仓。外来人口大量涌入，民族构成也愈加复杂。主要民族为汉族，相关人口来自山东与河北等省。少数民族共有 55 个，人口总数近 112 万，占总人口的 3.52% 左右，其中世居黑龙江省的有满族、朝鲜族、蒙古族、回族、达斡尔族、锡伯族、赫哲族、鄂伦春族、鄂温克族和柯尔克孜族等十余个少数民族。2020 年，黑龙江省粮食总产量达到了 7540.8 万 t，比上年增长 0.50%；实现农林牧渔业增加值 6460.0 亿元，比上年增长 7.1%；货物进出口总值 1995.0 亿元，比上年增长 29.6%；实现社会消费品零售总额 5542.9 亿元，同比增长 8.8%；固定资产投资完成额比上年增长 6.4%。

黑龙江省 2020 年各行政区社会经济统计数据见图 2-3～图 2-5 和表 2-2。由图 2-3～图 2-5 和表 2-2 可知，黑龙江省 2020 年地区生产总值为 13698.5 亿元，占同期国内生产总值的 1.35%。三产业中第三产业产值占地区生产总值比重最大，达到了 51.37%，第一、第二产业比例分别为 24.08% 和 24.55%。

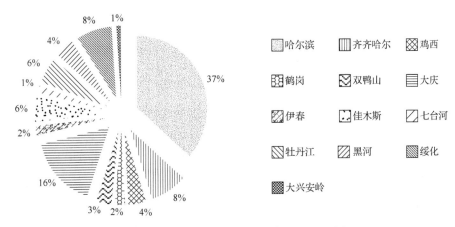

图 2-3　2020 年黑龙江省各行政区 GDP 比例

从地区组成来看：省会哈尔滨市的 GDP 最大，达到了 5183.8 亿元，占同期黑龙江省 GDP 的 37%；大兴安岭的 GDP 最小，仅为 141.9 亿元，占同期黑龙江省 GDP 的 1.00%。

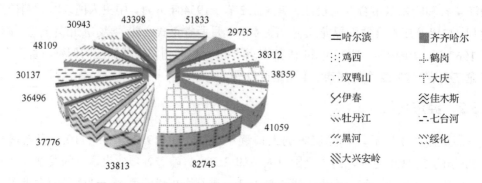

图 2-4　2020 年黑龙江省各行政区人均 GDP（单位：元）

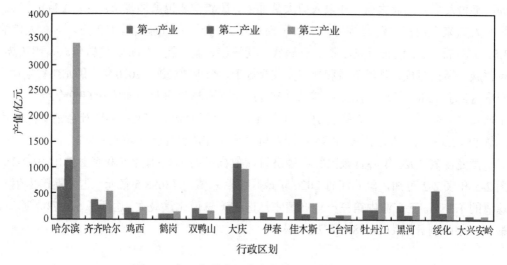

图 2-5　2020 年黑龙江省各行政区三大产业产值

从人均 GDP 来看，虽然省会哈尔滨的 GDP 最大，但由于人口较多，其人均 GDP 排名为第二位，为 51833 元；而 GDP 排名第二的大庆市，由于人口较少，其人均 GDP 排名为第一位，达到了 82743 元；第三为黑河市，人均 GDP 为 48109 元；人均 GDP 最少的为齐齐哈尔市，仅为 29735 元，仅为全省平均值的 71.22%。

从三产业的组成来看，哈尔滨市、齐齐哈尔市、牡丹江市和大兴安岭地区等行政区主要以第三产业为主，其第三产业产值占 GDP 的比例均超过了 45%，尤其是哈尔滨市，其第三产业产值占 GDP 的比例达到了 66.04%，大庆市以石油为主，其第二产业产值占 GDP 的比例达到了 46.73%。双鸭山市、黑河市、绥化市和佳木斯市等行政区主要以第一产业为主，其第一产业产值占 GDP 的比例均超过了 40%，尤其是绥化市，其第一产业产值占 GDP 的比例达到了 48.71%。

由此可见，虽然黑龙江省为农业大省，但农业产值占 GDP 的比例并不高，主要以第三产业为主。

表 2-2　2020 年黑龙江省社会经济统计

地区	人口/万人	男/万人	女/万人	GDP/亿元	三次产业构成/亿元			人均 GDP/元
					第一产业	第二产业	第三产业	
哈尔滨市	1000.1	500.3	50.0	5183.8	615.8	1144.5	3423.6	51833
齐齐哈尔市	403.7	202.9	50.3	1200.4	381.0	268.9	550.5	29735
鸡西市	149.4	75.3	50.4	572.4	215.2	133.2	223.9	38312
鹤岗市	88.7	44.4	50.0	340.2	103.9	99.5	136.8	38359
双鸭山市	120.3	60.5	50.3	493.9	210.1	111.3	172.6	41059
大庆市	278.1	137.9	49.6	2301.1	244.3	1075.2	981.5	82743
伊春市	87.3	43.5	49.8	295.2	116.4	51.2	127.6	33813
佳木斯市	214.9	107.6	50.1	811.8	393.5	104.7	313.6	37776
七台河市	68.5	34.6	50.6	206.4	36.0	79.2	91.2	30137
牡丹江市	227.9	113.5	49.8	831.7	197.3	178.1	456.3	36496
黑河市	127.7	64.1	50.2	614.4	275.7	78.1	260.5	48109
绥化市	371.7	187.2	50.4	1150.2	560.3	130.2	459.7	30943
大兴安岭地区	32.7	16.5	50.4	141.9	55.9	17.8	68.1	43398
合计	3171	1588.2	651.7	14143.4	3405.4	3472.0	7266.0	41747

注：数据来源于《黑龙江统计年鉴 2021》。

2.4　水资源情况

黑龙江省多年平均地表水资源量为 686.08 亿 m^3，多年平均地下水资源量为 286.87 亿 m^3，扣除两者之间重复计算水资源量 162.62 亿 m^3，全省多年平均水资源总量为 810.33 亿 m^3。根据黑龙江省 2020 年水资源公报可知，2020 年全省平均降水量为 723.1mm，折合水量为 3276.43 亿 m^3，比多年平均值多 35.6%，位居 1956 年以来的第 2 位，属丰水年份。水资源总量为 1419.94 亿 m^3，其中地表水资源量为 1221.43 亿 m^3，地下水资源量为 406.49 亿 m^3，地表水与地下水重复计算水资源量为 207.98 亿 m^3。

2.4.1　地表水资源

2020 年，全省地表水资源分布不均，年径流深等值线为 75～900mm。高值区主要分布在张广才岭和老爷岭山地，年径流深等值线为 600～900mm；低值区主要分布在松嫩平原和三江平原，其中松嫩平原部分地区和三江平原部分地区年径流深等值线低于100mm。从自然地理分区看，与上年地表水资源比较，西部区减少 13.6%，中部区增加2.4%，东部区增加 13.2%。与多年平均比较，各区地表水资源量均有不同程度增加。其中，西部区增加 111.7%，中部区增加 44.0%，东部区增加 160.2%。从行政分区看，全省 13 个市（地区）与上年比较，大兴安岭地区、大庆市、牡丹江市不同程度地增加，增加幅度分别为 37.9%、18.6%、3.3%，其他市均不同程度地减少，减幅为 0.5%～32.3%，其中，减少最多的是伊春市，减幅为 32.3%。与多年平均比较，所有市（地区）均不同程度地增加，增幅为 7%～217.8%，其中增加最多的是齐齐哈尔市，增幅为 217.8%。

2.4.2　地下水资源

2020 年全省浅层地下水资源量为 406.49 亿 m³，比上年减少 7.07 亿 m³。其中，平原区地下水资源量为 268.55 亿 m²，山丘区地下水资源量为 147.43 亿 m³，山丘区与平原区地下水资源重复计算量为 9.49 亿 m³。从自然地理分区看，与上年相比，西部区地下水资源量增加 0.2%、中部区减少 2.0%、东部区减少 3.8%。与多年平均相比，各分区地下水资源量均有不同程度的增加，其中，西部区增加 44.7%，中部区增加 42.2%，东部区增加 37.4%。从行政分区看，全省 13 个市（地区）与上年比较，伊春市、鹤岗市、佳木斯市、哈尔滨市、黑河市、绥化市、双鸭山市地下水资源量不同程度地减少，其中伊春市减少最多，减幅为 24.2%。其他市（地区）均不同程度地增加，增幅在 1.4%～30.8%，其中，增加最多是大兴安岭地区，增幅为 30.8%。与多年平均比较，各市（地区）均不同程度地增加，增幅在 21.6%～78.6%，其中，增加最多的是哈尔滨市，增幅为 78.6%。黑龙江省 2020 年地下水资源量各部分组成如图 2-6 所示。

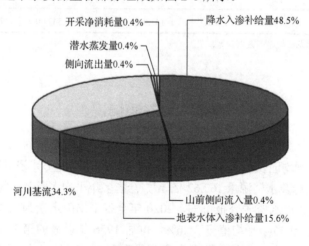

图 2-6　黑龙江省 2020 年地下水资源量各部分组成

2.4.3　水资源总量

2020 年全省水资源总量为 1419.94 亿 m³，比上年减少 91.48 亿 m³，比多年平均增加了 609.61 亿 m³。全省水资源总量占降水总量的 43.3%，单位面积产水量为 31.34 万 m³/km²。2020 年全省自然地理分区及行政区水资源总量如表 2-3 和表 2-4 所示。

表 2-3 2020 年黑龙江省自然地理分区水资源量

地理分区	面积 /km²	地表水资源量 /亿 m³	地下水资源量 /亿 m³	水资源总量 /亿 m³	产水系数
西部	165600	327.78	161.00	433.62	0.373
中部	181899	591.80	123.17	620.17	0.477
东部	105600	301.85	122.32	366.15	0.451
合计	453099	1221.43	406.49	1419.94	0.433

表 2-4 2020 年黑龙江省各行政区水资源量

行政区	面积 /km²	地表水资源量 /亿 m³	地下水资源量 /亿 m³	水资源总量 /亿 m³	产水系数
哈尔滨市	53068	218.15	64.85	247.24	0.537
齐齐哈尔市	42469	62.87	45.93	95.64	0.343
鸡西市	22488	75.41	28.17	90.28	0.490
鹤岗市	14680	50.66	19.97	60.04	0.527
双鸭山市	22036	64.66	20.25	74.97	0.462
大庆市	21219	9.77	23.28	27.85	0.204
伊春市	32760	120.80	24.54	124.65	0.533
佳木斯市	32704	71.97	44.47	99.79	0.405
七台河市	6222	19.49	4.66	20.75	0.399
牡丹江市	38865	138.06	32.57	142.53	0.463
黑河市	66802	197.51	42.52	215.01	0.450
绥化市	34964	60.84	29.64	83.98	0.316
大兴安岭地区	64822	131.24	25.64	137.21	0.386
全省	453099	1221.43	406.49	1419.94	0.433

2.4.4 水资源开发利用

2020 年全省供水总量为 314.13 亿 m³，其中，地表水供水量为 182.89 亿 m³，占供水总量的 58.2%，地下水供水量为 129.42 亿 m³，占供水总量的 41.2%，其他水源供水量为 1.82 亿 m³，仅占供水总量的 0.6%。供水量中，含佳木斯以下国际河流区 132.75 亿 m³。在地表水供水量中，蓄水工程供水量为 39.91 亿 m³，占地表水总供水量的 21.8%，引水工程供水量为 66.50 亿 m³，占地表水总供水量的 36.4%。

2020 年，全省各业实际用水量与供水量相当，在各业用水量中，农田灌溉用水量最大，为 271.48 亿 m³，占全省总用水量的 86.4%。其中，地表水为 158.42 亿 m³，地下水为 113.06 亿 m³。林牧渔畜用水量为 6.89 亿 m³，占全省总用水量的 2.2%。其中，地表水为 3.05 亿 m³，地下水为 3.84 亿 m³。工业用水量为 18.53 亿 m³，占全省总用水量的 5.9%。其中，地表水为 12.79 亿 m³，地下水为 3.92 亿 m³，其他水源为 1.82 亿 m³。城镇公共用水量为 2.46 亿 m³，占全省总用水量的 0.8%。其中，地表水为 1.38 亿 m³，地下水为 1.08 亿 m³。居民生活用水量为 12.45 亿 m³，占全省总用水量的 4.0%。其中，地表水为 5.06 亿 m³，地下水为 7.39 亿 m³。生态与环境补水用水量为 2.32 亿 m³，占全省总用水量的 0.7%。其中，地表水为 2.21 亿 m³，地下水为 0.115 亿 m³。

由此可以计算，2020 年黑龙江省地表水资源利用率为 26.65%、地下水资源利用率为 45.11%，水资源利用率为 38.77%。与国际公认的河流的开发利用不能超过其水资源量 40% 的警示线相比[246]，黑龙江省地表水资源利用率偏低，而地下水资源利用率偏高，因此应该加大对地表水的开采力度，采用地表水回灌地下水，进而实现地下水的采补平衡，保证生态安全。同时，根据 2020 年黑龙江省水资源公报，2020 年黑龙江省年降水资源量为 3276.43 亿 m³，而转化为地表水资源的仅有 1221.43 亿 m³，产水系数不足 0.38，且用水大户为农业灌溉，达到了总用水量的 86.4%。可见，充分发挥黑龙江省大农业的优势，加大农业生产与降水关系分析的科研投入力度，进而提高农业降水资源的利用效率，对于改变地表水利用效率低下的现状、缓解地下水开采过多等问题具有重要的理论和实践意义。

2.5 主要研究方法

2.5.1 ArcGIS 空间分析技术

ArcGIS 地理信息系统是由美国环境系统研究所（Environmental Systems Research Institute, ESRI）公司推出的具有集数据录入、编辑处理、查询分析、制图输出于一体的平台，具有功能强大的二次开发能力，是所有通用性 GIS 软件产品中技术理念较先进、功能最强的软件。其所具有的 ArcGIS Geostatistical Analyst 模块是 ArcGIS 桌面工具的一个扩展模块，它为空间数据探测、确定异常数据、评价预测的不确定性和生成数据面等工作提供各种各样的工具。该模块主要用于研究数据可变性、检查数据的整体变化趋势、查找不合理数据、计算大于某一阈值的概率和分位图绘制等工作，可以实现空间数据预处理、等高线分析、地统计分析和后期处理等功能[247,248]。目前，ArcGIS 空间分析技术在遥感、国土资源管理、气象、水利、疾病控制等领域都有广泛的应用[249-252]。根据以往经验，本书中主要采用 ArcGIS 中重要的空间分析工具之一普通克里金方法进行空间插值。普通克里金方法运用广泛，优点在于它在考虑到各样本点的空间相关性的同时，能够给出待插值点的估算值以及表示估算精度的方差，进而便于分析气温和降水的空间分布特征。

2.5.2 MK 检验法

1. 趋势检验

与参数统计方法相比，非参数趋势检验方法对特异值点的敏感性较弱，其计算结果的可靠性相对较高。而 MK 检验法作为一种非参数的趋势检验方法，不需要待测数据序列满足平稳性和正态性等要求，因此，被广泛应用于水文序列趋势的检验中[253-256]。

假定某水文时间序列为 x，序列长度为 n，统计量 S 的计算公式如下[257]：

$$S = \sum_{i<j} a_{ij} = \sum_{i<j} \mathrm{sgn}\left(x_j - x_i\right) \tag{2-1}$$

式中，sgn 为符号函数，当 $n \geq 10$ 时，S 近似服从正态分布，均值为

$$E(S) = 0 \tag{2-2}$$

方差为

$$\mathrm{var}(S) = \frac{n(n-1)(2n+5)}{18} \tag{2-3}$$

构造标准化检验统计量 $Z = \dfrac{S}{\sqrt{\mathrm{var}(S)}}$，在给定的显著水平下，如果 $|Z| > Z_\alpha$，则表明水文时间序列具有明显的上升或下降的趋势。当 $Z > 0$ 时，水文时间序列表明具有上升的趋势，反之则具有下降的趋势。

已有研究表明，MK 检验法的检验结果易受到时间序列自相关性的影响。因此，相关学者提出了改进的 MK 检验法[258]，即

$$V^*(S) = \mathrm{var}(S) * \mathrm{Cor} \tag{2-4}$$

$$\mathrm{Cor} = 1 + \frac{2}{n(n-1)(n-2)} \sum_{i=1}^{n-1} (n-1)(n-i-1)(n-i-2)\rho_s(i) \tag{2-5}$$

式中，$V^*(S)$ 为统计量 S 修正后的方差；Cor 为方差修正系数；$\rho_s(i)$ 为统计量 S 在显著水平为 0.05 条件下的第 i 阶自相关系数。

由于引入了自相关系数，彻底消除了水文时间序列各阶自相关性对趋势检验的影响。同时，Hamed 等[258]从理论上对改进后的 MK 检验法的鲁棒性进行了证明。通常情况下，选取显著水平 $P = 5\%$，当 $|Z| > Z_{0.05} = 1.96$，则表明水文时间序列具有明显的增大或减小的趋势，否则，趋势不明显。

2. 突变检验

在 MK 突变检验中，对于拥有 n 个样本的时间序列 x_i，构造一秩序列：

$$S_k = \sum_{i=1}^{k} r_i \tag{2-6}$$

式中，

$$r_i = \begin{cases} 1, & x_j > x_i \quad (j = 1, 2, \cdots, i) \\ 0, & \text{其他} \end{cases}$$

在时间序列随机独立的假定下，定义统计量：

$$\mathrm{UF}_k = \frac{S_k - E(S_k)}{\sqrt{\mathrm{var}(S_k)}}, \qquad k = 1, 2, 3, \cdots, n \tag{2-7}$$

式中，$\mathrm{UF}_1 = 0$；$E(S_k)$、$\mathrm{var}(S_k)$ 分别为 S_k 的均值和方差，可按式（2-8）、式（2-9）计算：

$$E(S_k) = \frac{n(n-1)}{4} \tag{2-8}$$

$$\mathrm{var}(S_k) = \frac{n(n-1)(2n+5)}{72}$$

（2-9）

UF_k 为标准正态分布，给定显著水平 a，查正态分布表，若 $|\mathrm{UF}_i| > U_\alpha$，则表明序列存在明显的趋势变化。按照时间序列 x_i 逆序重复上述过程，同时使 $\mathrm{UB}_k = -\mathrm{UF}_k$，$k = n, n-1, \cdots, -1$，$\mathrm{UB}_1 = 0$。将 UB_k 和 UF_k 两个统计量序列与 $U_{0.05} = \pm 1.96$ 两条直线绘制在一张图上，若 $\mathrm{UF}_k > 0$ 表明序列呈上升趋势，否则呈下降趋势。当两曲线超过临界直线时，表明上升或下降趋势显著。如果有交点且位于临界线之间，说明交点对应时刻便是突变开始时间。

2.5.3　线性趋势分析法

设一气候指标为 x，本书中为降水和气温，样本容量为 n，时间为 t，建立气候指标 x 和时间 t 之间的线性方程：

$$\hat{x} = a + bt, \qquad t = 1, 2, 3, \cdots, n$$

（2-10）

式中，a 和 b 均为参数，a 为常数项，b 为趋势系数（或斜率），当 $b > 0$ 时，表明 x 为上升趋势，反之为下降趋势，b 的绝对值越大，表明其上升或下降的速率越大，$10b$ 表示气候要素的线性倾向率。

判断线性趋势是否显著，可采用相关系数法，公式为

$$r = \sqrt{\frac{\sum (\hat{x}_i - \bar{x})^2}{\sum (x_i - \bar{x})^2}}$$

（2-11）

r 越大，表明线性关系越好。但对于一个具体问题，只有当 r 大到一定程度时，才认为 x 和 t 具有线性相关关系，此时可采用相关系数检验表进行检验，给定显著水平 a，当 $r > r_a$ 时，才可认为 x 和 t 之间具有线性相关关系。若 t 换为其他变量，则表明这两个变量之间具有线性相关关系。

2.5.4　相关系数法

19 世纪 80 年代，为了度量两个变量之间的相关程度，统计学家卡尔·皮尔逊在弗朗西斯·高尔顿的基础上，提出了矩相关系数的概念，简称为相关系数或皮尔逊相关系数（Pearson correlation coefficient），用字母 r 来表示，其定义为两个变量之间的协方差和标准差的商，具体计算公式如下[259,260]：

$$\rho_{xy} = \frac{\mathrm{cov}(x, y)}{\sigma_x \sigma_y} = \frac{E\big[(x - \mu_x)(y - \mu_y)\big]}{\sigma_x \sigma_y}$$

（2-12）

式中，ρ_{xy} 为总体的相关系数；$\mathrm{cov}(x, y)$ 为两个尺度降水量之间的协方差；σ_x、σ_y 分别为两个尺度降水量的方差。估算样本的协方差和标准差就可以得到样本的相关系数，即

$$r_{xy} = \frac{\sum_{i=1}^{n}(x_i - \overline{x})(y_i - \overline{y})}{\sqrt{\sum_{i=1}^{n}(x_i - \overline{x})^2}\sqrt{\sum_{i=1}^{n}(y_i - \overline{y})^2}} \qquad (2\text{-}13)$$

式中，x_i 和 y_i 为不同尺度降水量序列；$\overline{x}$ 和 $\overline{y}$ 为不同尺度降水量序列的平均值。r 的值介于-1 和 1 之间，其绝对值越大，表明两个尺度降水量之间的关系越密切。当 $r<0$ 时，表示两个尺度降水量呈负相关；当 $r>0$ 时，表示两个尺度降水量呈正相关。

第3章 黑龙江省气候变化特征及其与降水关系分析

全球气候的变暖增加了极端天气发生的频率和强度，打破了长期以来人类社会与生态环境系统之间相互适应、相互协调的稳态，这不仅对人类的生产和生活造成了巨大的负面影响，也对社会的发展和进步产生了巨大的阻力。而气候变暖更多地反映在不同尺度气温的变化[261]，因此，本章主要研究不同尺度上平均气温、平均最高气温、平均最低气温、极端最高气温、极端最低气温等温度参数的时空变化特征，揭示气温与降水之间的关系，以期为研究区科学合理地制定相关管理策略，进而为规避由于气候变化所产生的各种灾害和风险提供理论依据和实践支撑。

3.1 黑龙江省月气温空间分布规律

3.1.1 多年月平均气温空间分布规律

计算黑龙江省1951~2015年各个月份多年月平均气温，采用ArcGIS绘制黑龙江省各个月份多年平均气温空间分布图，如图3-1所示。由图3-1可得如下结论。

（1）1~4月多年月平均气温在空间上具有相似的分布规律，大致呈现出"东南高、西北低，由东南向西北逐渐降低"的趋势。其中，1月最高多年月平均气温达到了-16.67℃，位于绥芬河站，与最低多年月平均气温-29.65℃（漠河站）相比，相差12.98℃；2月最高多年月平均气温为-12.42℃，位于泰来站，最低多年月平均气温为-24.71℃，位于漠河站，最低值最高值相差12.29℃；3月最高多年月平均气温为-2.76℃，位于肇州站，最低多年月平均气温为-13.73℃，位于漠河站，最低值最高值相差10.97℃；4月最高多年月平均气温为7.59℃，位于肇州站，最低多年月平均气温为-0.12℃，位于漠河站，最低值最高值相差7.71℃。由此可见，随着月份的递增，气温逐渐回暖，全省各地区之间的温差也在逐渐缩小，且温差缩小的趋势越来越大。

（2）5~10月多年月平均气温在空间上具有相似的分布规律，但与1月、2月、3月和4月的温度分布不同，除大兴安岭地区外，大致呈现出"西南高、东北低，由西南向东北逐渐降低"的趋势。其中，5月最高多年月平均气温为15.61℃，位于肇州站，最低多年月平均气温为9.03℃，位于漠河站，最低值最高值相差6.58℃；6月最高多年月平均气温为21.47℃，位于肇州站，最低多年月平均气温为15.60℃，位于新林站，最低值最高值相差5.87℃；7月最高多年月平均气温为23.46℃，位于泰来站，最低多年月平均气温为18.08℃，位于新林站，最低值最高值相差5.38℃；8月最高多年月平均气温为21.80℃，位于泰来站，最低多年月平均气温为15.40℃，位于新林站，最低值最高值相差 6.40℃；9 月最高多年月平均气温为 15.24℃，位于肇州站，最低多年月平均气温为 7.75℃，位于漠河站，最低值最高值相差 7.49℃；10 月最高多年月平均气温为 6.69℃，位于肇州站，最低多年月平均气温为-2.81℃，位于漠河站，最低值最高值相差 9.51℃。由此可见，随着月份的递增，全省各地区之间的温差也在逐渐缩小，在夏季气温最高月份 7 月温差达到最小值，随后温差逐渐变大。

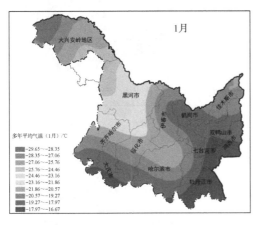

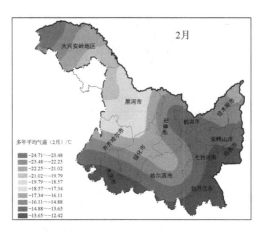

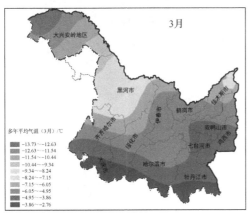

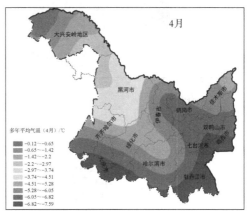

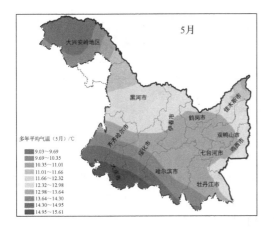

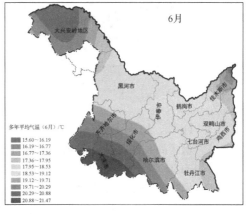

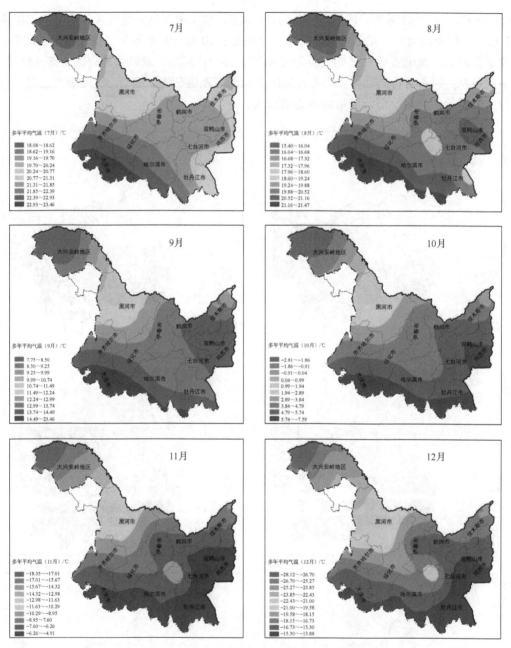

图 3-1　黑龙江省多年月平均气温变化规律

特殊地区专题资料暂缺，余同

（3）11 月、12 月与 1～4 月多年月平均气温在空间上具有相似的分布规律，也大致呈现出"东南高、西北低，由东南向西北逐渐降低"的趋势。其中，11 月最高多年月平均气温为-4.91℃，位于牡丹江站，最低多年月平均气温为-18.35℃，位于漠河站，最低值最高值相差 13.44℃；12 月最高多年月平均气温为-13.88℃，位于绥芬河站，最低多年月平均气温为-28.12℃，位于漠河站，最低值最高值相差 14.24℃。由此可见，随着月份的递增，气温逐渐下降，全省各地区的温差也在逐步增大。

为了进一步揭示全省多年月平均气温温差随月份的变化规律，绘制全省各月最高最低多年月平均气温温差变化趋势，如图 3-2 所示。由图 3-2 可知，全省全年温差曲线大致表现为开口向下的抛物线，7 月份温差最小，12 月份温差最大，可见，空间上气温越高温差越小，气温越低温差越大。

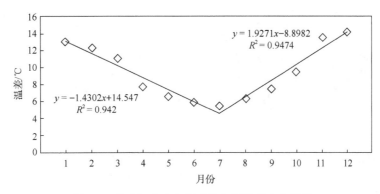

图 3-2　黑龙江省多年月平均气温温差变化规律

3.1.2　多年月平均最高气温空间分布规律

计算黑龙江省 1951～2015 年各个月份多年月平均最高气温，采用 ArcGIS 绘制黑龙江省各个月份多年月平均最高气温空间分布图（图 3-3）。由图 3-3 可得如下结论。

（1）2～8 月的多年月平均最高气温在空间上具有相似的分布规律，大致呈现出"南高、西北和东北低，由南向北逐渐降低"的趋势。其中，2 月、3 月和 4 月的最低多年月平均最高气温均出现在漠河站，其温度分别为-13.07℃、-2.90℃和 7.71℃，其对应的最高多年月平均最高气温分别出现在泰来站、肇州站和肇州站，温差分别为 7.52℃、6.58℃和 6.39℃。5 月最高多年月平均最高气温为 21.97℃，出现在泰来站，最低多年月平均最高气温为 17.10℃，出现在新林站，最低值最高值相差 4.87℃。6 月最高多年月平均最高气温为 27.04℃，出现在肇州站，最低多年月平均最高气温为 21.91℃，出现在绥芬河站，最低值最高值相差 5.13℃。7 月最高多年月平均最高气温为 28.50℃，出现在泰来站，最低多年月平均最高气温为 24.58℃，出现在绥芬河站，最低值最高值相差 3.92℃。8 月最高多年月平均最高气温为 27.13℃，出现在泰来站，最低多年月平均最高气温为 22.94℃，出现在新林站，最低值最高值相差 4.19℃。

（2）1 月、9～12 月的多年月平均最高气温在空间上具有相似的分布规律，大致呈现出"东南高、西北低，由东南向西北逐渐降低"的趋势。其中，五个月中的最低多年月平均最高气温均出现在漠河站，分别为-20.98℃、16.44℃、5.45℃、-10.28℃和-20.96℃，最高气温分别出现在泰来站（1 月）、肇州站（9 月）和牡丹江站（10～12 月），其温差分别为 10.12℃、5.28℃、7.58℃、11.47℃和 12.67℃。

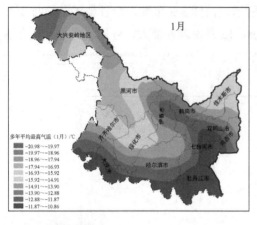

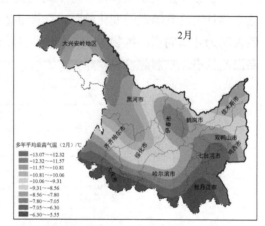

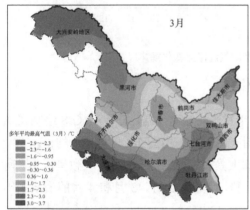

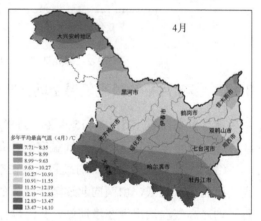

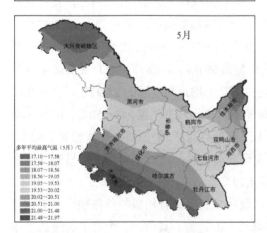

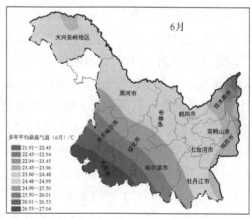

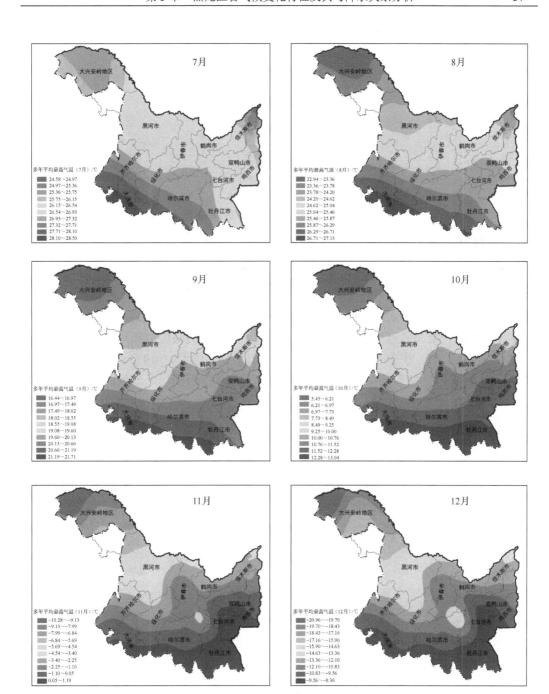

图 3-3　黑龙江省多年月平均最高气温变化规律

为了进一步揭示全省多年月平均最高气温温差随月份的变化规律，绘制全省各月最高最低多年月平均最高气温温差变化趋势，如图 3-4 所示。由图 3-4 可知，与多年月平均气温相似，随着月份的递增，在 7 月温差达到最小值，而后随着月份的增加，温差逐渐变大。但上半年下降趋势线的相关系数比多年月平均气温有所下降，而下半年上升趋势线的相关系数比多年月平均气温有所上升。

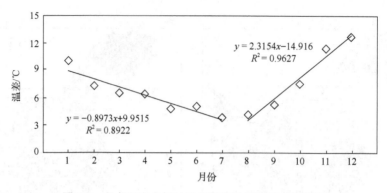

图 3-4　黑龙江省多年月平均最高气温温差变化规律

3.1.3　多年月平均最低气温空间分布规律

　　计算黑龙江省 1951～2015 年各个月份多年月平均最低气温,采用 ArcGIS 绘制黑龙江省各个月份多年月平均最低气温空间分布图,如图 3-5 所示。由图 3-5 可知,各个月份多年月平均最低气温均呈现出"东南高、西北低,由东南向西北逐渐降低"的趋势。与多年月平均气温和多年月平均最高气温不同,1～12 月的最低多年月平均最低气温均出现在漠河站,分别为-36.26℃、-33.40℃、-23.85℃、-7.94℃、0.19℃、7.21℃、11.48℃、9.19℃、1.04℃、-9.58℃、-24.94℃和-34.00℃;最高多年月平均最低气温有七个月出现

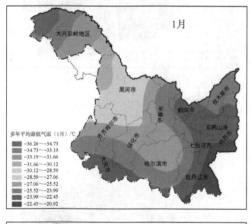

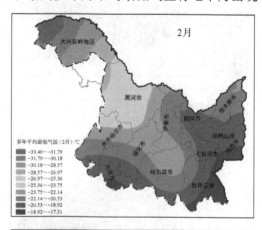

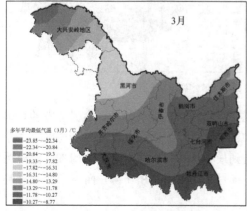

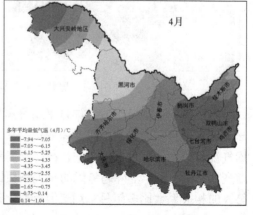

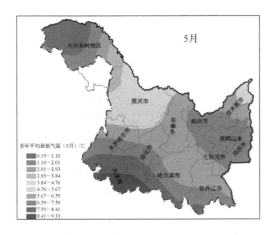

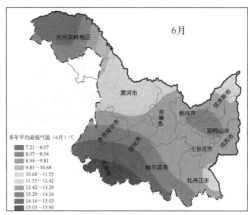

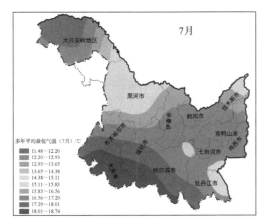

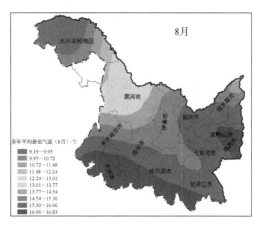

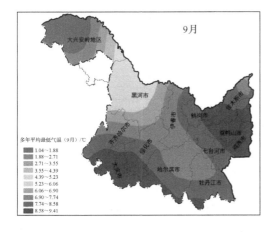

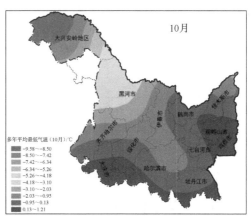

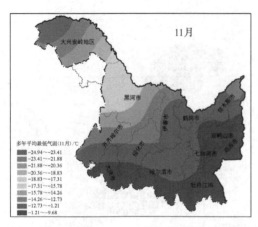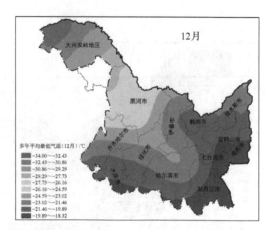

图 3-5　黑龙江省多年月平均最低气温变化规律

在肇州站（3～8 月、10 月）、有两个月出现在鹤岗站（1 月、2 月）、其他三个月（9 月、11 月和 12 月）分别出现在虎林站、鸡西站和绥芬河站。各个月份最高最低多年月平均最低气温的差值分别为 15.34℃、16.09℃、15.09℃、8.99℃、9.14℃、8.69℃、7.26℃、7.64℃、8.37℃、10.79℃、15.25℃和 15.68℃。

与多年月平均气温和多年月平均最高气温在相应月份的最高最低气温温差相比，多年月平均最低气温的温差要大得多，尤其是与多年月平均气温相比，平均每个月均大 4℃ 左右。但总体变化趋势一致，1～7 月的下降趋势和 8～12 月的上升趋势的相关系数均比较大，且在 7 月达到最小值，12 月达到最大值，呈现出抛物线型变化规律。具体变化曲线见图 3-6。

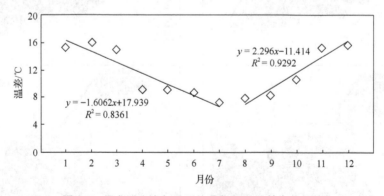

图 3-6　黑龙江省多年月平均最低气温温差变化规律

3.1.4　多年月极端气温空间分布规律

计算黑龙江省 1951～2015 年各个月份多年月极端最高气温和多年月极端最低气温，采用 ArcGIS 绘制黑龙江省各个月份多年月极端最高气温和多年月极端最低气温空间分布图，如图 3-7 和图 3-8 所示。由图可知，多年月极端最高气温和多年月极端最低气温在不同月份呈现出的变化规律均不相同，尤其是多年月极端最高气温，各个月份的空间分布差异较大。具体分析如下。

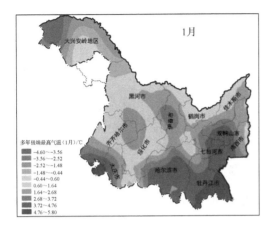

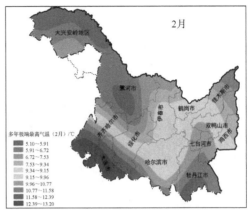

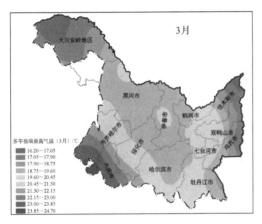

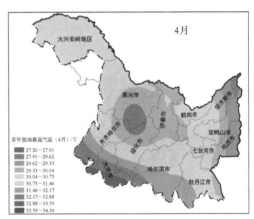

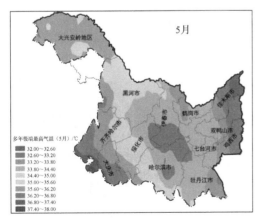

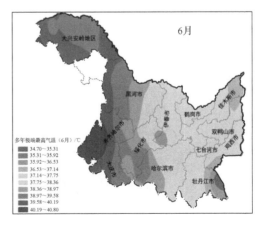

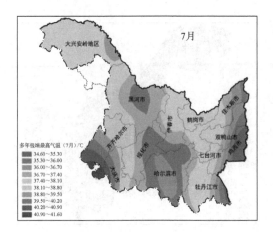

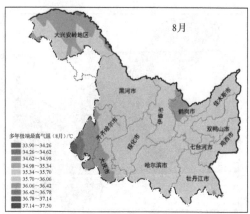

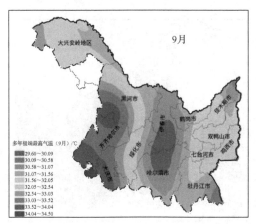

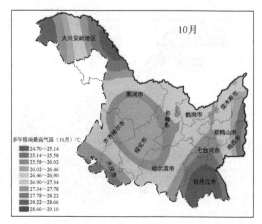

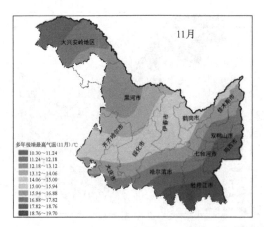

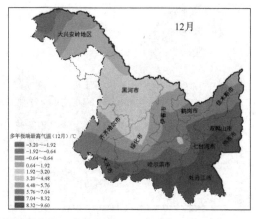

图 3-7　黑龙江省多年月极端最高气温变化规律

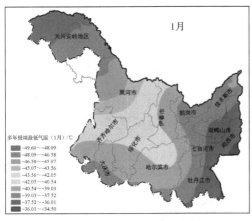

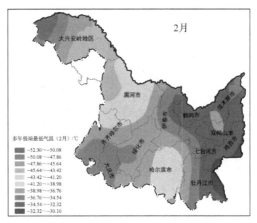

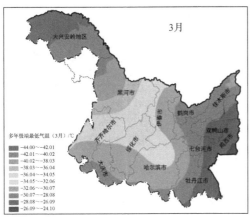

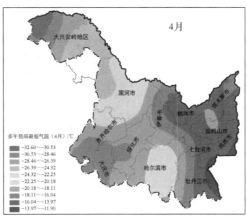

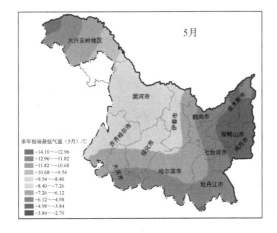

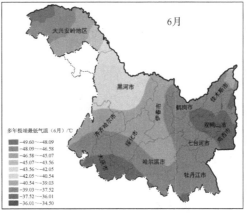

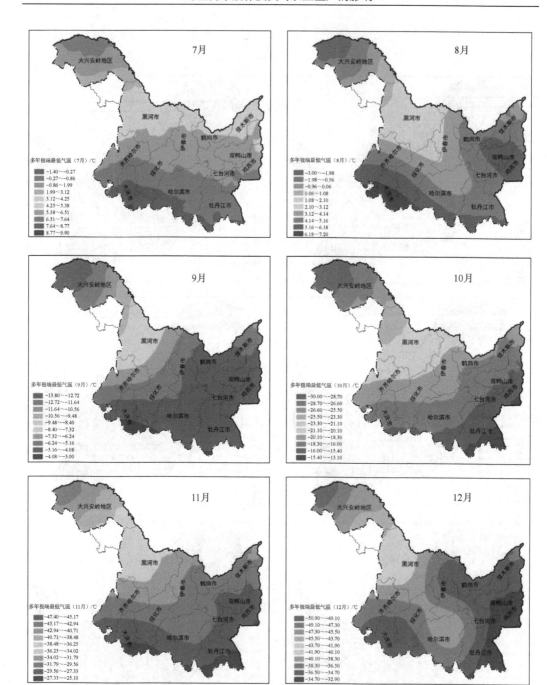

图 3-8　黑龙江省多年月极端最低气温变化规律

（1）对于多年月极端最高气温：1 月、11 月和 12 月具有相似的变化规律，呈现出"东南高、西北低，由东南向西北递减"的趋势；2 月和 3 月具有相似的变化规律，呈现出"西南高、东北和西北低，由南向北递减"的趋势；4 月、5 月、7 月和 9 月具有相似的变化规律，呈现出"中部和东北部高、西南和西北低，由西北向东南递增"的趋势；6 月与 1 月、11 月和 12 月的变化规律截然相反，呈现出"东南部低、西北部高、由东

南向西北递增的趋势"；8 月呈现出"空间分布均匀"的趋势，最高值和最低值相差仅
3.6℃；10 月分布相对比较凌乱，由东南向西北依次呈现出"高—低—高—低"的趋势。
各个月最高多年月极端最高气温分布在六个站点，其中，有七个月（1～3 月、5 月、7～9
月）出现在泰来站，4 月、6 月、10 月、11 月和 12 月分别出现在肇州站、齐齐哈尔站、
牡丹江站、尚志站和鸡西站。各个月最低多年月极端最高气温分布在五个站点，其中，
一个月（2 月）出现在呼玛站，三个月（4 月、5 月和 7 月）出现在虎林站，四个月（1
月、3 月、11 月和 12 月）出现在漠河站，两个月（6 月和 9 月）出现在绥芬河站，一个
月（7 月）出现在肇州站。

（2）对于多年月极端最低气温：1～3 月、5 月、6 月、9～12 月大致呈现出"东南
高、西北低，由东南向西北逐渐递减"的趋势；4 月和 8 月大致呈现出"东北和西南高，
由东南向西北逐渐递减"的趋势；7 月大致呈现出"南部高、北部和东北低"的趋势。
各个月最低多年月极端最低气温分布在两个站点，其中，9 月在新林站，其余十一个月
份均在漠河站。各个月最高多年月极端最低气温分布在六个站点，其中，一个月（6 月）
出现在哈尔滨站，五个月（1～3 月、9 月和 11 月）出现在鹤岗站，一个月（10 月）出
现在鸡西站，两个月（7 月和 8 月）出现在齐齐哈尔站，一个月（12 月）出现在伊春站，
两个月（4 月和 5 月）出现在肇州站。

各个月最高最低多年月极端气温温差的变化规律如图 3-9 所示。由图 3-9 可知，与
前述多年月平均气温、多年月平均最高气温和多年月平均最低气温不同，多年月极端最
低气温和多年月极端最高气温的温差变化曲线没有明显的变化规律。多年月极端最低气
温温差最大值出现在 11 月，为 22.3℃，最小值出现在 6 月，为 10.1℃；多年月极端最
高气温温差最大值出现在 12 月，为 12.8℃，最小值出现在 8 月，为 3.6℃。

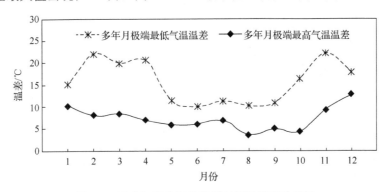

图 3-9　黑龙江省多年月极端气温温差变化规律

3.2　黑龙江省年气温变化规律

3.2.1　年气温空间分布规律

计算黑龙江省多年平均气温、多年平均最高气温、多年平均最低气温、多年极端最
高气温、多年极端最低气温，采用 ArcGIS 绘制黑龙江省气温空间分布图，如图 3-10 所

示。由图 3-10 可得如下结论。

（1）多年平均气温空间分布大致呈现出"南高北低，由南向北逐渐降低"的趋势。其中，大兴安岭地区的多年平均气温最低，最低值达到了 -4.17℃，出现在漠河站；大庆、哈尔滨、齐齐哈尔和牡丹江的部分地区，尤其是黑龙江省西部半干旱区的齐齐哈尔南部和大庆大部分地区，多年平均气温最高，最高值达到了 4.82℃，出现在泰来站。最高最低气温温差达 8.99℃。

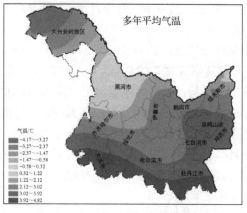

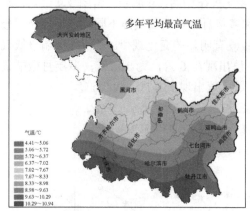

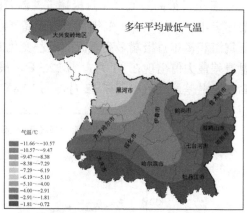

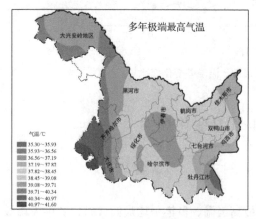

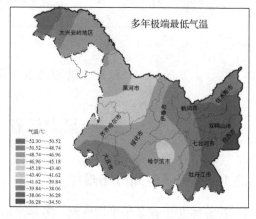

图 3-10　黑龙江省多年气温变化规律

（2）多年平均最高气温空间分布与多年平均气温空间分布比较相似，但温度高区面积比多年平均气温要少，而温度低区面积更多，即牡丹江的部分地区和三江平原西北部抚远地区的温度有所变动，其余在空间上变动不大。多年平均最高气温的最低值出现在漠河站，为 4.41℃，最高值出现在泰来站，为 10.94℃，最高最低气温温差达 6.53℃。

（3）多年平均最低气温空间分布大致呈现出"西南高东北低，由西南向东北逐渐降低"的趋势。与多年平均气温相比，高值区面积有所增加，覆盖了鸡西大部分地区和双鸭山南部的部分地区，低值区变动不大。多年平均最低气温的最低值出现在漠河站，为 −11.66℃，最高值出现在肇州站，为 −0.72℃，最高最低气温温差达 10.94℃。

（4）多年极端最高气温空间分布呈现出"东低西高，由东向西逐渐升高"的趋势。多年极端最高气温的最低值出现在绥芬河站，为 35.3℃，最高值出现在泰来站，为 41.6℃，最高最低气温温差达 6.3℃。

（5）与多年极端最高气温正好相反，多年极端最低气温空间分布呈现出"东高西低，由东向西逐渐降低"的趋势。多年极端最低气温的最低值出现在漠河站，为 −52.3℃，最高值出现在鹤岗站，为 −34.5℃，最高最低气温温差达 17.8℃。

由此可见，黑龙江省年气温的不同参数在空间分布上具有较大的差异，尤其是多年极端最高气温，出现了大兴安岭地区的最低值比西南部和中部地区还高的现象。同时，气温越低，空间分布上的温差越大。

3.2.2　年气温变化趋势

根据前述数据，采用 MK 检验法计算黑龙江省多年平均气温、多年平均最高气温、多年平均最低气温、多年极端最高气温和多年极端最低气温的 Z 值，绘制黑龙江省各气象站点年气温 Z 值变化曲线，如图 3-11 所示。

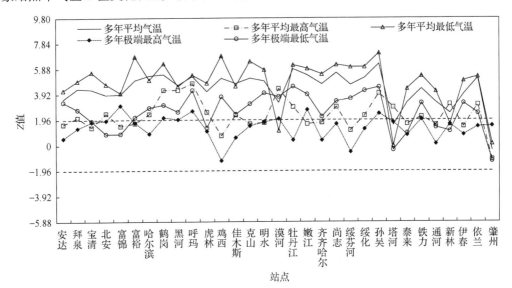

图 3-11　黑龙江各气象站点年气温 Z 值变化曲线

由图 3-11 可知：除塔河站和肇州站以外，其他各个站点的多年平均气温 Z 值均超过了 1.96，表明全省多年平均气温 60 余年上升趋势明显；除肇州站外，多年平均最高气温 Z 值均为正值，且有 17 个站的 Z 值超过了 1.96，表明全省多年平均最高气温也具有一定的上升趋势，但空间上没有多年平均气温明显；除漠河站、塔河站、新林站和肇州站以外，其他各个站点的多年平均最低气温 Z 值均超过了 1.96，表明全省多年平均最低气温也具有明显的上升趋势；除鸡西站和绥芬河站外，其他各个站点的多年极端最高气温 Z 值均为正值，但仅有 6 个站点的 Z 值超过了 1.96，具有显著的上升趋势，其他各个站点的上升趋势不够明显；除塔河站和肇州站外，其他各个站点的多年极端最低气温 Z 值均为正值，且仅有 7 个站点的 Z 值小于 1.96，其他均大于 1.96，表明全省多年极端最低气温具有明显的上升趋势。总之，黑龙江省年气温的各个参数均呈现出上升趋势。但多年平均最高气温和多年平均最低气温、多年极端最高气温和多年极端最低气温由于上升趋势的显著性不同，其温差在缩小，即低温具有显著上升趋势，但高温上升趋势不显著。

为了进一步分析黑龙江省年气温变化规律，建立气温和时间之间的线性趋势关系，计算黑龙江省 31 个站点不同气温参数的气候变化倾向率，具体结果如表 3-1 和表 3-2 所示。通过显著性检验，各个站点的多年平均气温（肇州站除外）、多年平均最低气温（漠河站、塔河站和肇州站除外）和多年极端最低气温（北安站、富锦站、塔河站、泰来站、通河站、新林站和肇州站除外）的趋势线在 0.05 水平下均具有显著性，且呈上升趋势，多年平均最高气温和多年极端最高气温的上升趋势在多数站点均不够显著，这与 MK 检验法的分析结果一致。

表 3-1　黑龙江省各气象站点气温与时间趋势线

站点	多年平均气温	多年平均最高气温	多年平均最低气温	多年极端最高气温	多年极端最低气温
安达	$y=3.07+0.023x$	$y=9.62+0.01x$	$y=-2.73+0.029x$	$y=34.78+0.006x$	$y=-34.26+0.071x$
拜泉	$y=1.19+0.026x$	$y=7.25+0.013x$	$y=-4.24+0.032x$	$y=32.83+0.018x$	$y=-35.89+0.052x$
宝清	$y=3.35+0.025x$	$y=9.52+0.0051x$	$y=-2.45+0.039x$	$y=33.50+0.025x$	$y=-32.97+0.047x$
北安	$y=-0.098+0.030x$	$y=6.40+0.020x$	$y=-6.04+0.038x$	$y=32.12+0.037x$	$y=-37.25+0.024x$
富锦	$y=2.27+0.022x$	$y=8.12+0.0093x$	$y=-2.83+0.026x$	$y=32.76+0.036x$	$y=-32.59+0.023x$
富裕	$y=0.82+0.057x$	$y=7.74+0.034x$	$y=-5.63+0.081x$	$y=33.00+0.041x$	$y=-35.85+0.070x$
哈尔滨	$y=3.16+0.035x$	$y=9.62+0.015x$	$y=-2.44+0.039x$	$y=33.89+0.012x$	$y=-34.46+0.067x$
鹤岗	$y=1.36+0.066x$	$y=6.55+0.060x$	$y=-3.25+0.071x$	$y=30.21+0.092x$	$y=-30.34+0.073x$
黑河	$y=-0.63+0.039x$	$y=5.45+0.039x$	$y=-6.11+0.039x$	$y=33.13+0.028x$	$y=-38.12+0.066x$
呼玛	$y=-2.39+0.043x$	$y=4.53+0.039x$	$y=-8.69+0.050x$	$y=33.30+0.042x$	$y=-44.33+0.103x$
虎林	$y=2.81+0.022x$	$y=8.38+0.014x$	$y=-2.30+0.030x$	$y=31.54+0.019x$	$y=-31.99+0.033x$
鸡西	$y=3.24+0.025x$	$y=9.84+0.0043x$	$y=-2.49+0.041x$	$y=34.31-0.0073x$	$y=-30.89+0.070x$
佳木斯	$y=2.57+0.027x$	$y=8.89+0.015x$	$y=-3.09+0.029x$	$y=33.52+0.011x$	$y=-35.07+0.058x$
克山	$y=0.61+0.034x$	$y=7.35+0.010x$	$y=-5.33+0.048x$	$y=33.31+0.0172x$	$y=-37.59+0.069x$
明水	$y=1.68+0.033x$	$y=7.94+0.012x$	$y=-3.83+0.045x$	$y=33.11+0.020x$	$y=-35.07+0.087x$
漠河	$y=-4.84+0.023x$	$y=3.25+0.039x$	$y=-11.92+0.009x$	$y=33.02+0.029x$	$y=-47.03+0.066x$
牡丹江	$y=3.07+0.033x$	$y=10.12+0.017x$	$y=-2.84+0.043x$	$y=34.06+0.008x$	$y=-34.12+0.101x$
嫩江	$y=-0.97+0.038x$	$y=6.77+0.011x$	$y=-7.65+0.046x$	$y=32.70+0.044x$	$y=-42.74+0.095x$

站点	多年平均气温	多年平均最高气温	多年平均最低气温	多年极端最高气温	多年极端最低气温
齐齐哈尔	$y=2.76+0.032x$	$y=9.44+0.013x$	$y=-2.98+0.040x$	$y=34.87+0.006x$	$y=-33.01+0.049x$
尚志	$y=1.77+0.035x$	$y=9.09+0.019x$	$y=-4.57+0.044x$	$y=32.17+0.018x$	$y=-37.66+0.059x$
绥芬河	$y=2.07+0.022x$	$y=8.58+0.005x$	$y=-3.70+0.036x$	$y=31.92-0.002x$	$y=-31.83+0.071x$
绥化	$y=1.76+0.035x$	$y=8.39+0.014x$	$y=-4.17+0.049x$	$y=33.15+0.020x$	$y=-37.48+0.099x$
孙吴	$y=-2.07+0.052x$	$y=6.14+0.027x$	$y=-10.00+0.083x$	$y=31.87+0.038x$	$y=-43.00+0.11x$
塔河	$y=-4.61+0.078x$	$y=2.79+0.097x$	$y=-11.31+0.0636x$	$y=29.42+0.142x$	$y=-41.13-0.0001x$
泰来	$y=4.23+0.020x$	$y=10.61+0.011x$	$y=-1.92+0.033x$	$y=35.79+0.011x$	$y=-30.30+0.014x$
铁力	$y=-0.345+0.062x$	$y=6.63+0.045x$	$y=-6.75+0.078x$	$y=29.64+0.075x$	$y=-39.35+0.068x$
通河	$y=2.10+0.017x$	$y=8.80+0.009x$	$y=-4.01+0.023x$	$y=32.97+0.005x$	$y=-36.28+0.024x$
新林	$y=-3.18+0.030x$	$y=4.84+0.038x$	$y=-10.16+0.026x$	$y=32.34+0.048x$	$y=-42.13+0.051x$
伊春	$y=2.99+0.023x$	$y=9.13+0.012x$	$y=-2.78+0.037x$	$y=33.21+0.014x$	$y=-33.38+0.086x$
依兰	$y=-0.36+0.044x$	$y=7.19+0.032x$	$y=-6.87+0.049x$	$y=31.54+0.040x$	$y=-38.92+0.042x$
肇州	$y=5.01-0.014x$	$y=11.23-0.032x$	$y=-0.61-0.007x$	$y=34.06+0.065x$	$y=-29.53-0.102x$

表 3-2　黑龙江省各气象站点气温气候变化倾向率　　　　单位：℃/10a

站点	多年平均气温	多年平均最高气温	多年平均最低气温	多年极端最高气温	多年极端最低气温
安达	0.23	0.10	0.29	0.06	0.71
拜泉	0.26	0.13	0.32	0.18	0.52
宝清	0.25	0.05	0.39	0.25	0.47
北安	0.30	0.21	0.38	0.37	0.24
富锦	0.22	0.09	0.26	0.36	0.23
富裕	0.57	0.34	0.81	0.41	0.70
哈尔滨	0.35	0.15	0.39	0.12	0.67
鹤岗	0.66	0.60	0.71	0.92	0.73
黑河	0.39	0.39	0.39	0.28	0.66
呼玛	0.43	0.39	0.50	0.42	1.03
虎林	0.22	0.14	0.30	0.19	0.33
鸡西	0.25	0.04	0.41	-0.07	0.70
佳木斯	0.27	0.15	0.29	0.11	0.58
克山	0.34	0.10	0.48	0.17	0.69
明水	0.33	0.12	0.45	0.20	0.87
漠河	0.23	0.39	0.09	0.29	0.66
牡丹江	0.33	0.17	0.43	0.08	1.01
嫩江	0.38	0.11	0.46	0.44	0.95
齐齐哈尔	0.32	0.13	0.40	0.06	0.49
尚志	0.35	0.19	0.44	0.18	0.59
绥芬河	0.22	0.05	0.36	-0.02	0.71
绥化	0.35	0.14	0.49	0.20	0.99
孙吴	0.52	0.27	0.83	0.38	1.13
塔河	0.78	0.97	0.63	1.42	0.00
泰来	0.20	0.11	0.33	0.11	0.14

站点	多年平均气温	多年平均最高气温	多年平均最低气温	多年极端最高气温	多年极端最低气温
铁力	0.62	0.45	0.78	0.75	0.68
通河	0.17	0.09	0.23	0.05	0.24
新林	0.30	0.38	0.26	0.48	0.51
伊春	0.23	0.12	0.37	0.13	0.86
依兰	0.44	0.32	0.49	0.40	0.42
肇州	-0.14	-0.32	-0.07	0.65	-1.02
平均	0.33	0.21	0.42	0.31	0.56

　　根据表 3-2，计算黑龙江省 1951～2015 年多年平均气温每 10 年升高 0.33℃，多年平均最高气温每 10 年升高 0.21℃，多年平均最低气温每 10 年升高 0.42℃，多年极端最高气温每 10 年升高 0.31℃，多年极端最低气温每 10 年升高 0.56℃。与 1959 年相比，黑龙江省多年平均气温、多年平均最高气温、多年平均最低气温、多年极端最高气温和多年极端最低气温分别升高 3.3℃、2.1℃、4.2℃、3.1℃和 5.6℃。

3.3　黑龙江省气温带的偏移变化

　　为了更好地分析黑龙江省气温的变化规律，将研究分为 6 个阶段，从物理或动力学基础确定暖化的空间方向，研究基于十年尺度的纬向暖化移动空间变化模式。因此，首先使用 ArcGIS 中的 IDW（反距离权重，inverse distance weighted）对黑龙江省各个站点的年代际平均气温和季节性平均气温进行插值，之后，在十年间的插值图中，用 ArcGIS 在所有的年代和季节中生成特定的等温线。计算年和四季多年平均温度，选择 2.48℃的等温线用于年代际平均温度，选择 4.28℃、20.3℃、3.29℃、-17.95℃的等温线分别为春季、夏季、秋季和冬季平均温度。等温线的年代际与季节性年代际分布特征如图 3-12 所示。

　　由图 3-12 可知：从 1960～1970 年到 2010～2015 年，年代际平均气温的 2.48℃的等温线主要从西南向东北方向和从东南向西北方向偏移，表明纬向变暖强烈，气温带向北偏移。在春季 [图 3-12（b）]，季平均气温的等温带在 1960～1970 年到 2000～2010 年，存在西南向东北和东南向西北两个方向的等温带偏移，但 2010～2015 年的等温带同之前时间段的等温线相比，向南发生偏移，表明 2010～2015 年气温增长可能略有停滞，甚至略有减缓。近年来，根据观测事实认定气候变暖减缓或停滞的研究也逐渐增多。根据高玉中等[262]的研究结果，黑龙江省从 2009 年开始，全年与冷季平均气温也多次出现明显偏低，尤其 2009 年、2010 年和 2013 年，年平均气温仅有 2.5℃，较之前 20 年左右的平均气温低了 0.8℃，暖季平均气温也开始呈现下降趋势，说明黑龙江省气温变暖也有可能出现减缓或停滞，所以春季 2010～2015 年的等温带发生了南移的现象。

　　在夏季 [图 3-12（c）]，1960～1970 年到 1970～1980 年，等温带主要呈现西南向东北方向的偏移，从 1990 年开始，不仅存在西南向东北方向的偏移，还存在东南向西北方向的偏移，夏季气温始终向北移动。

　　在秋季［图 3-12（d）］，1960～1970 年到 1970～1980 年，等温带主要呈现西南向东北方向的偏移，但 1980～1990 年的等温带与之前相比，变化不大，1990～2000 年到 2010～2015 年，等温带呈现西南向东北方向的偏移，但偏移变化很小，秋季变暖出现减缓。

　　在冬季［图 3-12（e）］，1960～1970 年到 1990～2000 年，等温带主要呈现西南向东北方向的偏移，但 2000～2010 年和 2010～2015 年的等温带主要呈现向与之前相反的偏移方向，冬季变暖也出现减缓。

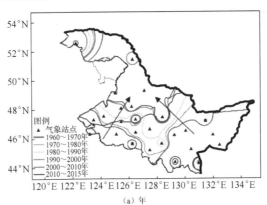

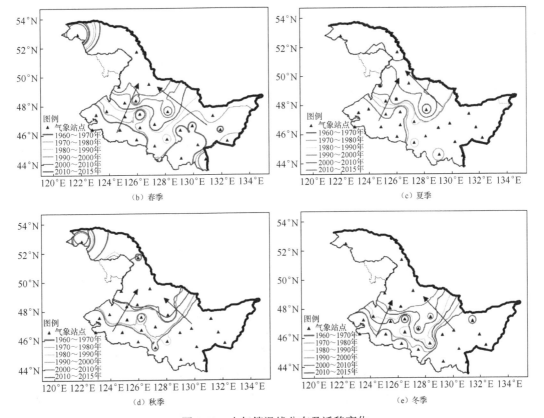

图 3-12　十年等温线分布及迁移变化

因此，西南向东北和东南向西北的等温带变化是气温变化的主要特征，但近些年，虽然从之前的结论以及其他的研究成果可知，黑龙江省的气温呈现增长趋势，全省都受全球气候变暖影响而变暖，但根据等温带的偏移可以得出，黑龙江省气温变暖近些年呈现减缓或停滞的现象。

3.4 不同尺度气温与降水关系分析

3.4.1 月尺度气温与降水关系

根据前述数据，计算黑龙江省各个月份降水与平均气温之间的相关系数，具体结果见表3-3。

由表3-3可知：①1月安达站、拜泉站、宝清站和虎林站四个站点月降水与气温相关性为正相关，其余均为负相关，其中黑河站的相关系数最大，为-0.534，在0.01水平下显著（$R_{0.01}(54)=0.370$），其他各个站的相关系数在0.01水平下均不显著。②2月安达站、富裕站、克山站、新林站和肇州站五个站点月降水与气温相关性为正相关，其余均为负相关，其中黑河站的相关系数最大，为-0.366，但各个站的相关系数在0.01水平下均不显著。③3月鸡西站、泰来站和依兰站三个站点月降水与气温相关性为正相关，其余均为负相关，其中黑河站的相关系数最大，为-0.344，但各个站的相关系数在0.01水平下均不显著。④4月北安站、富锦站、尚志站、泰来站和新林站五个站点月降水与气温相关性为正相关，其余均为负相关，其中漠河站的相关系数最大，为-0.231，但各个站的相关系数在0.01水平下均不显著。⑤5月安达站、宝清站、哈尔滨站、鹤岗站、黑河站、呼玛站、虎林站、佳木斯站、漠河站、牡丹江站、绥芬河站、泰来站、绥化站、铁力站和新林站十五个站点的月降水与气温相关性为正相关，其余均为负相关，其中黑河站的相关系数最大，为0.529，在0.01水平下显著，其他各个站的相关系数在0.01水平下均不显著。⑥6月安达站、北安站、鹤岗站、黑河站、呼玛站、鸡西站、牡丹江站、绥芬河站、泰来站和新林站十个站点的月降水与气温相关性为正相关，其余均为负相关，其中黑河站的相关系数最大，为0.570，在0.01水平下显著，其他各个站的相关系数在0.01水平下均不显著。⑦7~9月各个站点的月降水与气温相关性均为正相关，且三个月份中黑河站的相关系数均最大，分别为0.673、0.651和0.619，在0.01水平下均显著，其他各个站的相关系数在0.01水平下均不显著。⑧10月拜泉站、宝清站、黑河站、佳木斯站、明水站、尚志站、绥芬河站、伊春站和依兰站九个站点的月降水与气温相关性为负相关，其余均为正相关，其中黑河站的相关系数最大，为-0.273，但各个站的相关系数在0.01水平下均不显著。⑨11月佳木斯站、明水站、塔河站和铁力站四个站点的月降水与气温相关性为正相关，其余均为负相关，其中齐齐哈尔站的相关系数最大，为-0.415，但各个站的相关系数在0.01水平下均不显著。⑩12月北安站、哈尔滨站、明水站和依兰站四个站点的月降水与气温相关性为正相关，其余均为负相关，其中黑河站的相关系数最大，为-0.574，且在0.01水平下显著，其他各个站的相关系数在0.01水平下均不显著。

表 3-3　黑龙江省各个站点月降水与月气温相关系数

站点	1月	2月	3月	4月	5月	6月	7月	8月	9月	10月	11月	12月
安达	0.005	0.097	-0.015	-0.106	0.125	0.070	0.255	0.219	0.307	0.133	-0.096	-0.101
拜泉	0.019	-0.084	-0.116	-0.111	-0.034	-0.123	0.080	0.173	0.213	-0.125	-0.072	-0.121
宝清	0.072	-0.105	-0.064	-0.076	0.004	-0.143	0.215	0.223	0.289	-0.076	-0.120	-0.162
北安	-0.091	-0.128	-0.190	0.110	-0.085	0.023	0.174	0.124	0.031	0.067	-0.189	0.053
富锦	-0.131	-0.023	-0.150	0.057	-0.018	-0.042	0.210	0.205	0.074	0.077	-0.187	-0.051
富裕	-0.013	0.077	-0.071	-0.038	-0.044	-0.034	0.244	0.171	0.150	0.015	-0.019	-0.155
哈尔滨	-0.025	-0.084	-0.016	-0.226	0.226	-0.051	0.126	0.131	0.033	0.006	-0.304	0.066
鹤岗	-0.175	-0.051	-0.148	-0.110	0.117	0.010	0.269	0.138	0.137	0.106	-0.210	-0.246
黑河	-0.534	-0.366	-0.344	-0.066	0.529	0.570	0.673	0.651	0.619	-0.273	-0.279	-0.574
呼玛	-0.132	-0.113	-0.269	-0.107	0.061	0.047	0.153	0.133	0.095	0.061	-0.191	-0.029
虎林	0.052	-0.027	-0.171	-0.020	0.109	-0.066	0.212	0.108	0.146	0.157	-0.096	-0.058
鸡西	-0.125	-0.046	0.055	-0.033	-0.030	0.021	0.133	0.124	0.041	0.072	-0.162	-0.079
佳木斯	-0.064	-0.005	-0.069	-0.116	0.040	-0.118	0.260	0.125	0.129	-0.070	0.090	-0.103
克山	-0.128	0.012	-0.101	-0.112	-0.068	-0.039	0.211	0.086	0.030	0.171	-0.238	-0.130
明水	-0.058	-0.129	-0.077	-0.060	-0.001	-0.008	0.153	0.154	0.234	-0.106	0.083	0.0001
漠河	-0.150	-0.051	-0.117	-0.231	0.007	-0.044	0.195	0.227	0.188	0.108	-0.078	-0.329
牡丹江	-0.041	-0.114	-0.105	-0.203	0.227	0.033	0.301	0.329	0.238	0.067	-0.209	-0.209
嫩江	-0.141	-0.140	-0.026	-0.022	-0.116	-0.062	0.137	0.107	0.113	0.061	-0.158	-0.016
齐齐哈尔	-0.124	-0.074	-0.050	-0.040	-0.073	-0.002	0.151	0.082	0.036	0.104	-0.415	-0.229
尚志	-0.030	-0.097	-0.040	0.064	-0.006	-0.051	0.175	0.127	0.151	-0.014	-0.120	-0.042
绥芬河	-0.010	-0.083	-0.102	-0.130	0.052	0.005	0.357	0.265	0.243	-0.028	-0.212	-0.133
绥化	-0.050	-0.022	-0.076	-0.051	0.107	-0.076	0.198	0.184	0.164	0.124	-0.161	-0.114
孙吴	-0.086	-0.008	-0.108	-0.139	-0.044	-0.078	0.210	0.157	0.204	0.051	-0.074	-0.250
塔河	-0.027	-0.065	-0.269	-0.142	-0.081	-0.097	0.195	0.129	0.220	0.026	0.001	-0.065
泰来	-0.307	-0.152	0.142	0.062	0.121	0.083	0.295	0.293	0.181	0.020	-0.249	-0.487
铁力	-0.091	-0.111	-0.159	-0.100	0.032	-0.036	0.260	0.122	0.300	0.104	0.100	-0.220
通河	-0.124	-0.146	-0.158	-0.155	-0.022	-0.076	0.198	0.215	0.282	0.072	-0.123	-0.103
新林	-0.061	0.044	-0.125	0.047	0.101	0.091	0.250	0.264	0.271	0.071	-0.174	-0.193
伊春	-0.041	-0.083	-0.214	-0.153	-0.076	-0.057	0.138	0.137	0.137	-0.061	-0.043	-0.146
依兰	-0.096	-0.071	0.033	-0.096	-0.137	-0.106	0.146	0.051	0.136	-0.072	-0.192	0.014
肇州	-0.175	0.013	-0.176	-0.007	-0.168	-0.031	0.098	0.016	0.020	0.224	-0.264	-0.036
平均	-0.093	-0.069	-0.106	-0.075	0.028	-0.013	0.215	0.176	0.175	0.035	-0.141	-0.137

由上述分析可知，黑龙江省月尺度降水与气温关系分析中，黑河站的 1~3 月、5~9 月和 12 月的平均气温与月降水量相关系数较大，且在 0.01 水平下显著，其他各个站点各个月份的平均气温与月降水量的相关系数均较小，且各个站点各个月份的相关系数在 0.01 水平下均不显著，表明黑龙江省各个月份平均气温与降水之间没有明显的关系。根据表 3-3 中的数据计算黑龙江省各个月份的平均相关系数，7 月的相关系数最大，但仅为 0.215，且在 0.01 水平下亦不显著，进一步说明了黑龙江省月气温与月降水关系不大。但是，从正相关站点数量来看，月平均气温越高，其全省正相关站点的数量就越多，

如 7~9 月，所有站点的相关性均为正相关，因此，本书作者认为黑龙江省月降水与月气温之间的关系为：当月平均气温越高，月降水与月气温越易呈现正相关，即气温越高，降水越多；当月平均气温越低，月降水与月气温越易呈现负相关，即气温越低，降水越多；但其相关性均较弱。

3.4.2　年尺度气温与降水关系

根据前述数据，计算黑龙江省各个站点年降水量与年平均气温之间的相关系数，并绘制年降水量和年平均气温之间的散点图，具体结果见表 3-4 和图 3-13。

表 3-4　黑龙江省年降水量和年平均气温相关系数

站点	相关系数	站点	相关系数	站点	相关系数	站点	相关系数
安达	−0.247	黑河	0.076	牡丹江	−0.052	泰来	−0.042
拜泉	−0.052	呼玛	−0.075	嫩江	−0.163	铁力	0.433
宝清	−0.214	虎林	0.128	齐齐哈尔	−0.166	通河	−0.081
北安	0.136	鸡西	−0.213	尚志	−0.170	新林	0.231
富锦	−0.111	佳木斯	−0.227	绥芬河	−0.042	伊春	−0.178
富裕	0.346	克山	−0.122	绥化	−0.187	依兰	0.376
哈尔滨	−0.226	明水	−0.123	孙吴	−0.065	肇州	0.007
鹤岗	0.365	漠河	0.107	塔河	0.530	平均	−0.001

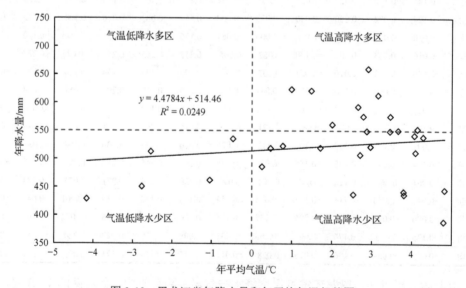

图 3-13　黑龙江省年降水量和年平均气温相关图

由表 3-4 可知，年尺度上，北安站、富裕站、鹤岗站、黑河站、虎林站、漠河站、塔河站、铁力站、新林站、依兰站和肇州站的年降水量和年平均气温为正相关，其余均为负相关，其中铁力站和塔河站的相关系数较大，分别为 0.433 和 0.530，且在 0.01 水平下均显著，其他各个站点的相关系数相对较小，且在 0.01 水平下均不显著。从负相关的站点数量来看，2/3 的站点均为负相关，由于黑龙江省地处东北寒区，年平均气温相对较低，与前述月降水与月气温之间的关系比较一致，即气温越低，降水与气温越易呈现负相关。

从图 3-13 得知，多年平均降水量和多年平均气温呈现一定的正相关，但其散点比较凌乱，不具有明显的相关关系，其相关系数仅为 0.158，且在 0.01 水平下不显著。将各个站点多年平均降水量和多年平均气温的散点图分为四个分区，从分区来看，气温低降水少区有 5 个站点、气温高降水多区有 8 个站点，其余均位于气温高降水少区。结合前述月尺度分析，黑龙江省降水量和气温之间的关系在空间上具有一定的差异，而气温在空间上的差异性多与纬度、海拔等因素有关，本书不再进行深入分析。在接下来的几章中将重点讨论降水量的空间分布规律及差异性。

第 4 章　松嫩平原降水量空间分布特征

松嫩平原是东北平原的最大组成部分，是中国重要商品粮生产地区之一，位于大兴安岭、小兴安岭与长白山脉及松辽分水岭之间，主要由松花江和嫩江冲积而成，其北半部主要位于黑龙江省境内，面积为 10.32 万 km^2，约占黑龙江省总面积的 21.61%。由于黑龙江省境内的黑土、黑钙土、暗棕色土等肥力丰富的优质土壤比例较高，2017 年黑龙江省境内的松嫩平原粮食产量达到了 3108.7 万 t，约占全省粮食总产量的 56%。但由于长期以来的大规模农业开发和全球气候变化的不断加剧，粮食高产的背后也带来了诸多水资源问题。受气候变化和人类活动的影响，降水量空间分布的差异性不仅给人类生活和生产带来了巨大的困难，同时也对社会和经济发展产生了巨大的影响。而降水量空间分布在不同尺度上也具有一定的差异性[263,264]，因此，本章主要以黑龙江省境内的松嫩平原为研究区，研究年、生育期和非生育期、月三个尺度上平均降水量、最大降水量、最小降水量的空间分布特征，以及三个尺度上空间分布特征的差异性，以期为研究区科学合理地制定相关政策、高效利用降水资源提供重要的理论依据和实践支撑。

4.1　年降水量空间分布特征

4.1.1　多年平均降水量空间分布特征

计算松嫩平原每个站点的 1961～2018 年多年平均降水量，采用前述 ArcGIS 空间分析模块中的普通克里金空间插值方法，绘制黑龙江省松嫩平原多年平均降水量空间分布图，如图 4-1 所示。

由图 4-1 可知：黑龙江省松嫩平原多年平均降水量空间分布大致呈现"东多西少、由东向西逐渐减小"的趋势。其中，黑龙江省松嫩平原东部和东南部的宾县、五常市和木兰县等县（市）的多年平均降水量较大，最大值达到了 604.6mm，出现在木兰站；黑龙江省松嫩平原西部的泰来县、杜蒙县、齐齐哈尔市等县（市）的多年平均降水量较小，尤其是泰来县和杜蒙县的交界处，最小值仅为 357.3mm，不足多年平均降水量最大值的 65%，出现在泰来站，其极差达到了 213mm；黑龙江省松嫩平原北部的嫩江市（原嫩江县，2019 年撤县设市）、讷河市、克山县以及五大连池市等县（市）的多年平均降水量比较适中，在 450～500mm。可见，黑龙江省松嫩平原多年平均降水量在空间分布上差异性较大，呈现出明显的"高、中、低"三个区域。

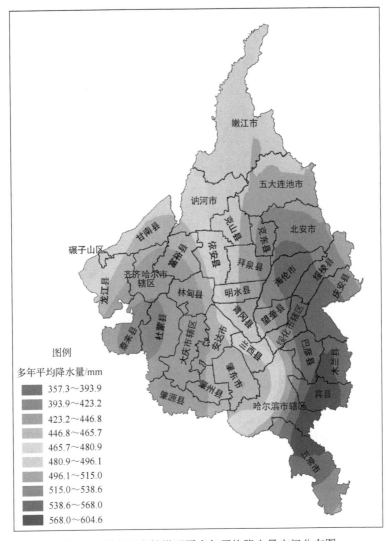

图 4-1　黑龙江省松嫩平原多年平均降水量空间分布图

4.1.2　多年最大降水量空间分布特征

计算松嫩平原每个站点 1961～2018 年多年最大降水量，再利用 ArcGIS 空间分析模块中的普通克里金空间插值方法，绘制黑龙江省松嫩平原多年最大降水量空间分布图，如图 4-2 所示。

由图 4-2 可知：黑龙江省松嫩平原多年最大降水量空间分布规律与多年平均降水量略有不同，大致呈现"西南少、由西南向四周逐渐增大"的趋势。其中，黑龙江省松嫩平原东部和东南部的宾县、巴彦县和木兰县等地的多年最大降水量较大，最大值达到了 1017mm，出现在木兰站，这与多年平均降水量最大值出现的站点相同；黑龙江省松嫩平原西南部的肇东市、肇州县、安达市、肇源县等县（市）的多年最大降水量较小，尤其是肇东市西部的大部分地区，以及肇东市与安达市、肇州县的交界处，最小值仅为 631.5mm，不足多年最大降水量最大值的 63%，出现在安达站，其极差达到了 385mm。

可见，从极差大小和最大值、最小值比例的角度来看，黑龙江省松嫩平原多年最大降水量的空间分布差异较多年平均降水量略小。

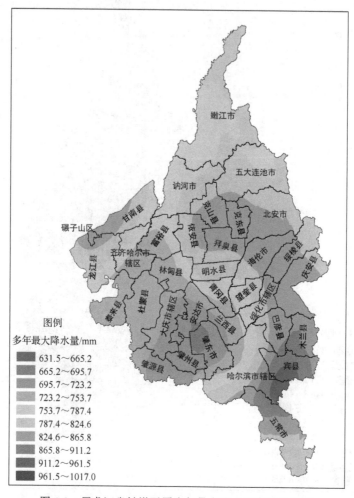

图 4-2　黑龙江省松嫩平原多年最大降水量空间分布图

4.1.3　多年最小降水量空间分布特征

计算黑龙江省松嫩平原每个站点 1961～2018 年多年最小降水量，再采用 ArcGIS 空间分析模块中的普通克里金空间插值方法，绘制黑龙江省松嫩平原多年最小降水量空间分布图，如图 4-3 所示。

由图 4-3 可知：黑龙江省松嫩平原多年最小降水量空间分布规律与多年最大降水量、多年平均降水量均不相同，大致呈现出"东南和南部多、西部偏少，整体分布均匀"的趋势。其中，黑龙江省松嫩平原东部和东南部的宾县、巴彦县和木兰县等地的多年最小降水量较大，最大值达到了 385.6mm，出现在木兰站，这与多年最大降水量、多年平均降水量最大值出现的站点相同；黑龙江省松嫩平原西部的龙江县、甘南县和泰来县以及齐齐哈尔市区的部分地区多年最小降水量较小，最小值仅为 179.9mm，不足多年最小降水量最大值的 50%，出现在泰来站，其极差达到了 207mm，接近多年平均降水量的极差。可见，从空间分布图的颜色来看，黑龙江省松嫩平原多年最小降水量较多年最大降水量、多年平均降水量空间分布均匀，但从最小降水量的最大值和最小值的比例来看则空间差异较大。

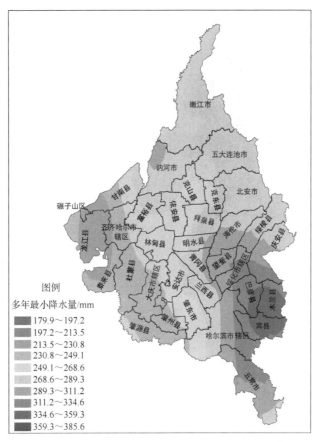

图 4-3　黑龙江省松嫩平原多年最小降水量空间分布图

4.2　生育期和非生育期降水量空间分布特征

作物生育期一般指作物从播种到种子成熟所经历的时间。黑龙江省松嫩平原主要作物为水稻、玉米和大豆，而这三种作物的生育期均集中在 5～9 月各旬不等，故本书为研究方便起见，将生育期按 5 月 1 日～9 月 30 日考虑，非生育期则为 1 月 1 日～4 月 30 日和 10 月 1 日～12 月 31 日。

4.2.1　生育期降水量空间分布特征

计算黑龙江省松嫩平原每个站点 1961～2018 年多年生育期平均降水量、多年生育期最大降水量和多年生育期最小降水量，再利用前述 ArcGIS 空间分析模块中的普通克里金空间插值方法，绘制黑龙江省松嫩平原多年生育期平均降水量、多年生育期最大降水量和多年生育期最小降水量空间分布图，如图 4-4 所示。由图 4-4 可得如下结论。

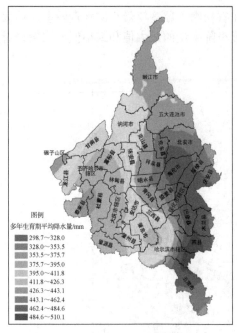

（a）多年生育期平均降水量

（b）多年生育期最大降水量

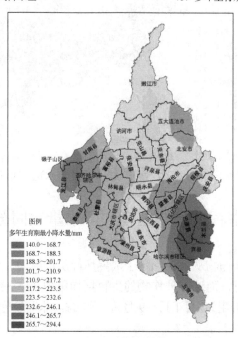

（c）多年生育期最小降水量

图 4-4　黑龙江省松嫩平原多年生育期降水量空间分布图

（1）对于黑龙江省松嫩平原多年生育期平均降水量，空间分布大致呈现出"东多西少、由东向西逐渐减小"的趋势。其中，黑龙江省松嫩平原东部和东南部的宾县、五常市、木兰县、巴彦县、庆安县和绥棱县等县（市）的多年生育期平均降水量较大，尤其是宾县中部地区，以及宾县和木兰县交界处，最大值达到了 510.1mm，出现在木兰站；黑龙江省松嫩平原西部的泰来县、杜蒙县、齐齐哈尔市、富裕县、林甸县等县（市）的多年平均降水量较小，尤其是泰来县和杜蒙县的交界处，最小值仅为 346.2mm，不足多年生育期平均降水量最大值的 69%，出现在泰来站，其极差达到了 164.1mm。可见，黑龙江省松嫩平原多年生育期平均降水量空间分布规律与多年平均降水量相似，但空间分布上"高、中、低"三个区域不够明显，呈现逐步过渡的趋势。

（2）黑龙江省松嫩平原多年生育期最大降水量与多年生育期平均降水量空间分布规律差异较大，没有明显的空间趋势特征，呈现"一个低值中心和两个高值中心"的特征。其中，低值中心位于肇东市北部大部分地区、肇州县、安达市南部大部分地区、兰西县西部和肇源县东部等地区，最小值仅为 542.2mm，出现在安达站；两个高值中心分别位于克东县大部分地区、海伦市北部和北安市西南部等地区（高值中心一），宾县中部、木兰县、哈尔滨市东南部以及五常市东北部等地区（高值中心二），最大值出现在高值中心二的木兰站，降水量达到了 912.4mm，其极差达到了 370.2mm，是多年生育期最大降水量最小值的 1.68 倍。可见，黑龙江省松嫩平原多年生育期最大降水量整体上分布比较均匀，但局部差异较大。

（3）黑龙江省松嫩平原多年生育期最小降水量与多年最小降水量空间分布规律类似，呈现出"东南和南部多、西部偏少，由东南向西北递减"的趋势。其中，东部和东南部的宾县、巴彦县和木兰县等地的多年生育期最小降水量较大，最大值达到了 294.4mm，出现在巴彦站；黑龙江省松嫩平原西部的龙江县、甘南县和泰来县以及齐齐哈尔市区的部分地区多年生育期最小降水量较小，最小值仅为 140.0mm，不到多年生育期最小降水量最大值的 50%，出现在甘南站，其极差达到了 154.4mm，接近多年生育期平均降水量的极差。可见，黑龙江省松嫩平原多年生育期最小降水量空间分布趋势明显，与多年平均降水量类似，呈现明显的"高、中、低"三个区域。

4.2.2　非生育期降水量空间分布特征

计算黑龙江省松嫩平原每个站点 1961～2018 年多年非生育期平均降水量、多年非生育期最大降水量和多年非生育期最小降水量，并利用 ArcGIS 空间分析模块中的普通克里金空间插值方法，绘制黑龙江省松嫩平原多年非生育期平均降水量、多年非生育期最大降水量和多年非生育期最小降水量空间分布图，如图 4-5 所示。由图 4-5 可得如下结论。

（1）对于黑龙江省松嫩平原多年非生育期平均降水量，空间分布大致呈现出"东多西少、由东向西逐渐减小"的趋势，这与生育期平均降水量空间分布特征相同。其中，黑龙江省松嫩平原东部和东南部的宾县、五常市、木兰县等县（市）的多年非生育期平均降水量较大，尤其是宾县南部地区，以及宾县和木兰县交界处，最大值达到了 102.8mm，出现在五常站；黑龙江省松嫩平原西部的泰来县、杜蒙县、龙江县、齐齐哈尔市、大庆市等县（市）的多年平均降水量较小，最小值仅为 44.7mm，不足多年平均降水量最大值的 50%，出现在龙江站，其极差达到了 58.1mm。可见，黑龙江省松嫩平原多年非生育期平均降水量空间分布规律与多年平均降水量相似，空间分布上均呈现"高、中、低"三个明显区域。

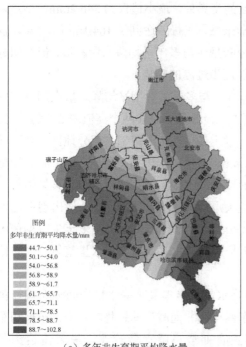

（a）多年非生育期平均降水量

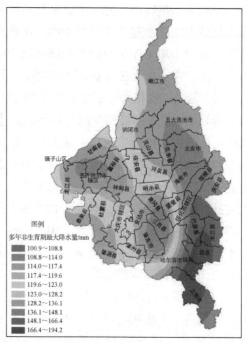

（b）多年非生育期最大降水量

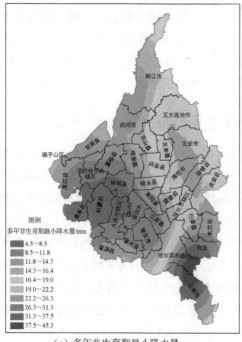

（c）多年非生育期最小降水量

图 4-5　黑龙江省松嫩平原多年非生育期降水量空间分布图

（2）黑龙江省松嫩平原多年非生育期最大降水量与多年非生育期平均降水量空间分布特征存在较大的差异，没有明显的空间趋势特征，呈现"两个低值中心和一个高值中心"。其中，两个低值中心分别以齐齐哈尔市区（低值中心一）和兰西县（低值中心二）为中心，辐射周围的县（市），其最小值出现在低值中心二的肇东站，为 104mm；高值中心位于巴彦县和木兰县南部的部分地区、宾县中部、哈尔滨市东南部以及五常市北部，其最大值为 194.2mm，极差为 90.2mm，出现在五常站。可见，黑龙江省松嫩平原多年非生育期最大降水量空间特征不明显，差异性相对较小。

（3）黑龙江省松嫩平原多年非生育期最小降水量与多年生育期最小降水量空间分布规律类似，呈现"东南和南部多、西部偏少，由东南向西北递减"的趋势。其中，黑龙江省松嫩平原东部和东南部的宾县、五常市和哈尔滨市西南部等地区的多年非生育期最小降水量较大，最大值达到了 45.3mm，出现在五常站；黑龙江省松嫩平原西部的泰来县、杜蒙县、林甸县南部和大庆市北部等地区的多年非生育期最小降水量较小，最小值仅为 4.5mm，接近多年生育期最小降水量最大值的 10%，出现在泰来站，其极差达到了 40.8mm。可见，黑龙江省松嫩平原多年非生育期最小降水量空间分布趋势明显，与多年生育期最小降水量和多年平均降水量类似，呈现明显的"高、中、低"三个区域。

4.3　月降水量空间分布特征

4.3.1　多年月平均降水量空间分布特征

计算黑龙江省松嫩平原每个站点 1961～2018 年多年月平均降水量，并采用前述 ArcGIS 空间分析模块中的普通克里金空间插值方法，绘制黑龙江省松嫩平原多年月平均降水量空间分布图，如图 4-6 所示。由图 4-6 可得如下结论。

（1）黑龙江省松嫩平原 1 月平均降水量空间分布大致呈现"西部少，南部和东部多，由西南向东北逐渐增加"的趋势，但整体上差异不大，平均降水量最大值为 4.7mm，出现在五常站，平均降水量最小值为 1.2mm，出现在杜蒙站，极差仅为 3.5mm。2 月降水量空间分布与 1 月类似，但降水量偏少的区域有所增加，覆盖了依安县、富裕县、青冈县、甘南县和明水县等部分地区，平均降水量最大值为 5.6mm，出现在五常站，平均降水量最小值为 1.6mm，出现在龙江站，极差仅为 4.0mm。3 月平均降水量空间分布同 1 月和 2 月类似，空间上差异不大，平均降水量最大值为 12.6mm，出现在五常站，平均降水量最小值为 4.5mm，出现在龙江站，极差为 8.1mm。

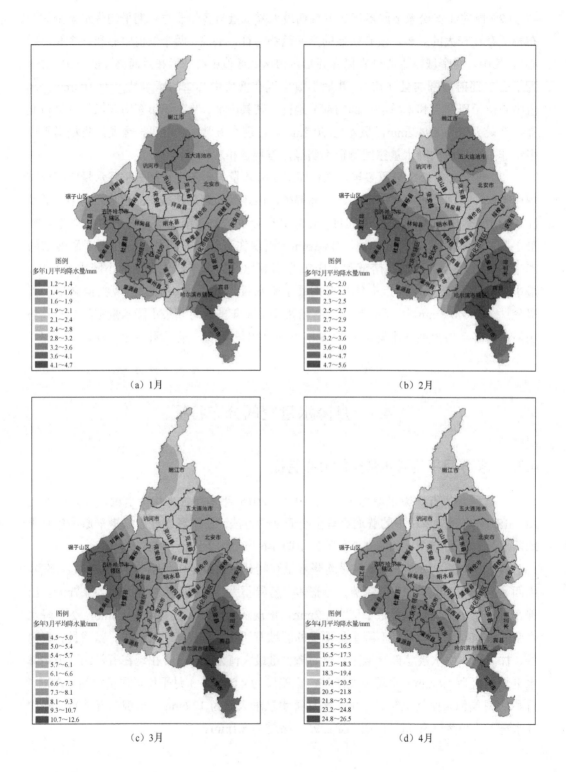

（a）1月　　　　　　　　　　　（b）2月

（c）3月　　　　　　　　　　　（d）4月

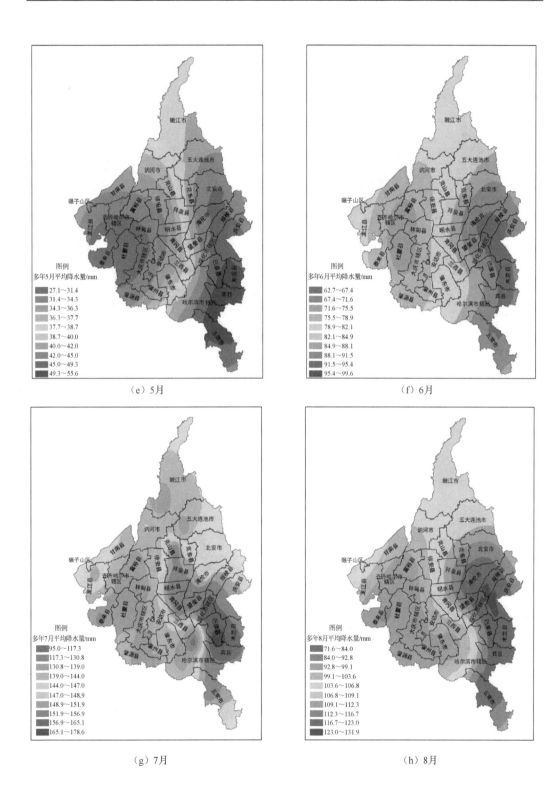

（e）5月　　　　　　　　　　　　　　　（f）6月

（g）7月　　　　　　　　　　　　　　　（h）8月

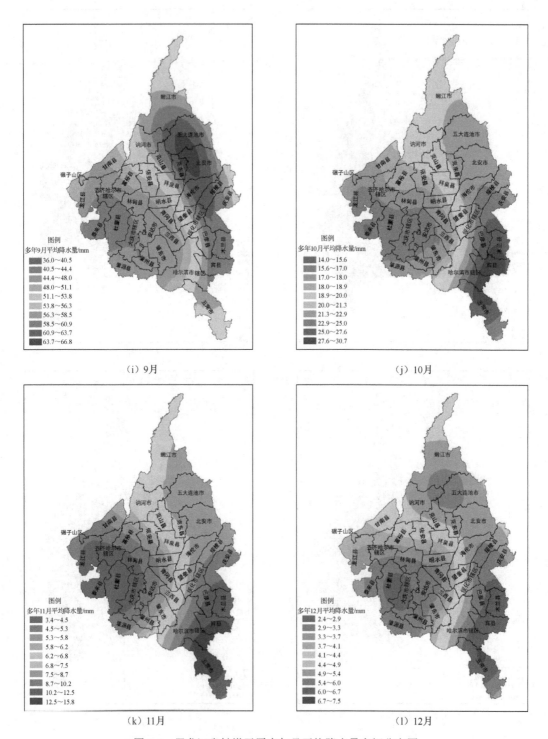

（i）9月   （j）10月

（k）11月   （l）12月

图 4-6   黑龙江省松嫩平原多年月平均降水量空间分布图

（2）黑龙江省松嫩平原 4 月平均降水量空间分布大致呈现"西部和西南部少，东部和东南部多"的趋势，但由于降水量相对较少，空间上差异不大，平均降水量最大值为26.5mm，出现在五常站，平均降水量最小值为 14.5mm，出现在肇源站，极差为 12mm。5 月平均降水量空间分布大致呈现"西部少，东部多，由西向东逐步增加"的趋势，与前四个月相比，5 月平均降水量明显增加，平均降水量最大值为 55.6mm，出现在木兰站，平均降水量最小值为 27.1mm，出现在泰来站，极差为 28.5mm，其平均降水量的最大值超过了 4 月的 2 倍。6 月平均降水量进一步增加，空间分布与 5 月大致相同，但从颜色上来看，空间差异在缩小，平均降水量最大值为 99.6mm，出现在五常站，平均降水量最小值为 62.7mm，出现在齐齐哈尔站，极差为 36.9mm。

（3）黑龙江省松嫩平原 7 月平均降水量空间分布不够规则，呈现多个低值区域。如哈尔滨市北部低值区、泰来县低值区、杜蒙县低值区和富裕县低值区、嫩江市南部低值区以及五大连池西部低值区；而高值区域以巴彦县、木兰县和宾县的交界区域为中心向南和向南扩散，北到克山县南部，南到五常市北部。7 月平均降水量最大值为 178.6mm，出现在巴彦站，平均降水量最小值为 95mm，出现在泰来站，极差为 83.6mm。8 月平均降水量较 7 月有所降低，但空间分布上与 7 月不同，呈现"西部和西南部少，东部和东南部多"的趋势，平均降水量最大值为 131.9mm，出现在五常站，平均降水量最小值为80.7mm，出现在泰来站，极差为 51.2mm。9 月平均降水量进一步减少，空间分布与 7 月和 8 月均不相同，呈现"西南少，东北多，由西南向东北逐渐增加"的趋势，平均降水量最大值为 66.8mm，出现在北安站，平均降水量最小值为 36.0mm，出现在泰来站，极差为 30.8mm。

（4）黑龙江省松嫩平原 10 月、11 月和 12 月平均降水量空间分布与 5 月类似，平均降水量最大值分别为 30.7mm、15.8mm、7.5mm，分别出现在木兰站、五常站、五常站，平均降水量最小值分别为 14.0mm、3.4mm、2.4mm，分别出现在泰来站、杜蒙站和杜蒙站，其极差分别为 16.7mm、12.4mm、5.1mm。

4.3.2　多年月最大降水量空间分布特征

计算黑龙江省松嫩平原每个站点 1961～2018 年多年月最大降水量，采用 ArcGIS 空间分析模块中的普通克里金空间插值方法，绘制黑龙江省松嫩平原多年月最大降水量空间分布图，如图 4-7 所示。由图 4-7 可得如下结论。

（1）黑龙江省松嫩平原 1 月最大降水量在空间上呈现"西部和西南部少，其他区域分布均匀"的特征，最大降水量最大值为 17.2mm，出现在五常站，最大降水量最小值为 6.0mm，出现在龙江站，极差仅为 11.2mm。2 月最大降水量在空间上分布比较均匀，没有明显的高值和低值中心，最大降水量最大值为 28.3mm，出现在木兰站，最大降水量最小值为 8.0mm，出现在龙江站，极差仅为 20.3mm。3 月最大降水量在空间上呈现了两个低值区域和两个高值区域，两个低值区域分别分布在南部的肇州县和西北部的甘南县、讷河市等县（市），两个高值区域位于中部的拜泉县、海伦市、明水县等县（市）和东南部的五常市。3 月最大降水量最大值为 43.3mm，出现在五常站，最大降水量最小值为 15.9mm，出现在嫩江站，极差仅为 27.4mm。

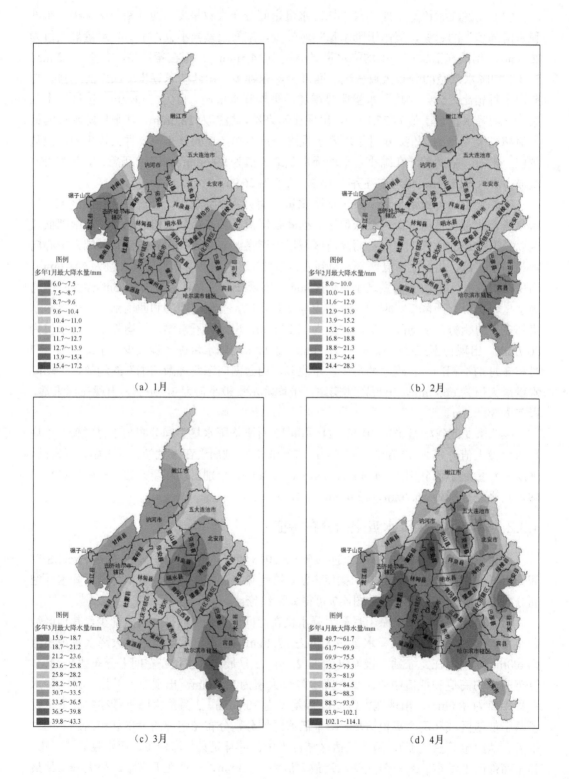

（a）1月 （b）2月

（c）3月 （d）4月

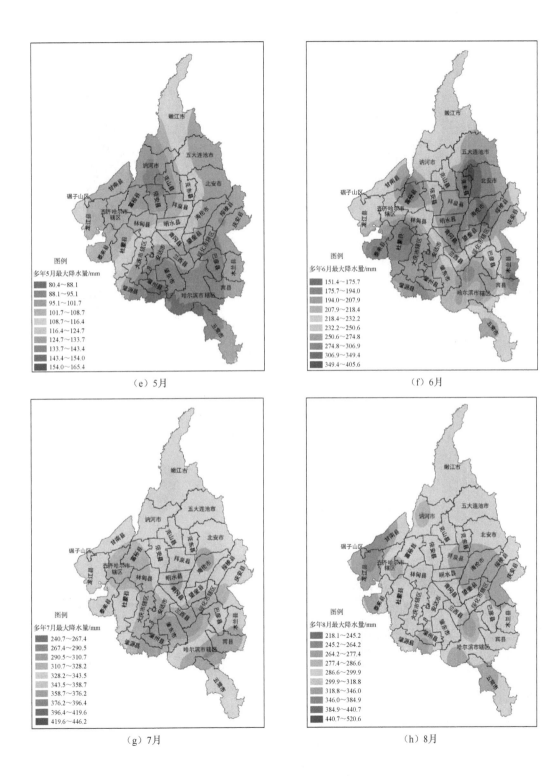

（e）5月

（f）6月

（g）7月

（h）8月

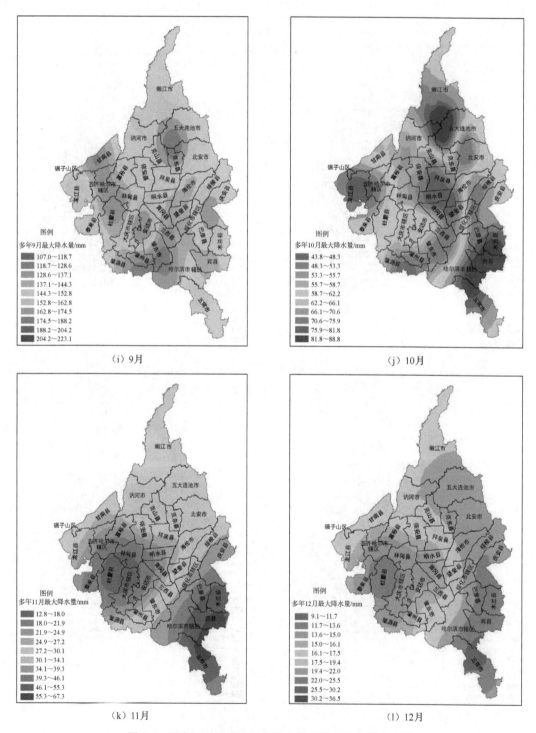

图 4-7　黑龙江省松嫩平原多年月最大降水量空间分布图

（2）黑龙江省松嫩平原 4 月最大降水量在空间上呈现"西部多，东部少"的特征，与其他尺度降水量空间分布特征明显相反。最大降水量最大值为 114.1mm，出现在五常站，最大降水量最小值为 49.7mm，出现在嫩江站，极差仅为 64.4mm。5 月最大降水量在空间上西部分布相对较少，其他地区分布比较均匀。6 月最大降水量在空间上南部和西南部分布相对较少，中部和中东部分布相对较多，最大降水量最大值分别为 165.4mm 和 405.6mm，分别出现在哈尔滨站和北安站，最大降水量最小值分别为 80.4mm 和 151.4mm，均出现在杜蒙站，极差分别为 85.0mm 和 254.2mm。

（3）黑龙江省松嫩平原 7 月和 9 月最大降水量空间分布上比较相似，均出现了两个低值区域，8 月最大降水量与 2 月类似，空间分布比较均匀。7 月、8 月和 9 月最大降水量最大值分别为 446.2mm、520.6mm、223.1mm，分别出现在海伦站、甘南站和安达站，最大降水量最小值分别为 240.7mm、218.1mm、107.0mm，分别出现在肇源站、齐齐哈尔站和肇东站，极差分别为 205.5mm、302.5mm、116.1mm。

（4）黑龙江省松嫩平原 10 月最大降水量空间分布上中部和中南部偏少，西部、北部和东部相对较多，11 月和 12 月空间分布相似，均呈现"西南部少，由西南向四周增加"的趋势。10 月、11 月和 12 月最大降水量最大值分别为 88.8mm、67.3mm、36.5mm，分别出现在木兰站、木兰站和五常站，最大降水量最小值分别为 43.8mm、12.8mm、9.1mm，分别出现在明水站、杜蒙站和杜蒙站，极差分别为 45.0mm、54.5mm、27.4mm。

4.3.3　多年月最小降水量空间分布特征

计算黑龙江省松嫩平原每个站点 1961～2018 年多年月最小降水量，再采用 ArcGIS 空间分析模块中的普通克里金空间插值方法，绘制黑龙江省松嫩平原多年月最小降水量空间分布图，如图 4-8 所示。由图 4-8 可得如下结论。

（1）黑龙江省松嫩平原 1 月、2 月和 3 月最小降水量空间分布上完全相同，几乎完全均匀分布，表明各个站点这三个月份降水量普遍较少，且多数为 0。

（2）黑龙江省松嫩平原 4 月、5 月和 6 月最小降水量空间分布与前三个月有所差异，但最小降水量也相对较少。最小降水量最大值分别仅为 2.5mm、12.1mm、19.0mm，分别出现在巴彦站、五常站和庆安站；最小降水量最小值均为 0，出现在多个站点，极差分别为 2.5mm、12.1mm、19.0mm。

（3）黑龙江省松嫩平原 7 月、8 月和 9 月最小降水量较前六个月有所增加，但空间分布上整体差异不大，最大值分别仅为 52.5mm、28.0mm、9.0mm，分别出现在兰西站、北安站和德都站（五大连池市）；最小值分别为 9.5mm、3.1mm、0.6mm，出现在克山站、泰来站和泰来站，极差分别为 43.0mm、24.9mm、8.4mm。

（4）黑龙江省松嫩平原 10 月、11 月和 12 月最小降水量空间分布与 1～3 月类似，空间分布比较均匀，局部出现了高值区，但最小降水量较小。最小降水量最大值分别仅为 2.4mm、2.6mm、0.8mm，分别出现在五常站、五常站和绥棱站；最小降水量最小值均为 0，出现在多个站点，极差分别为 2.4mm、2.6mm、0.8mm。

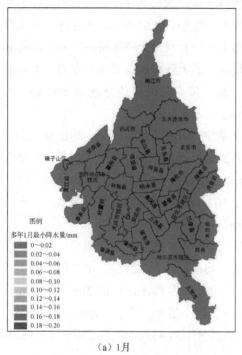

（a）1月

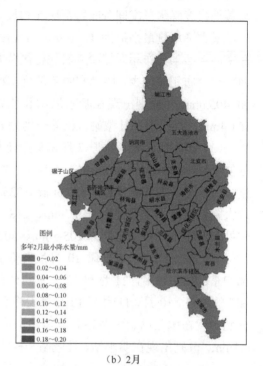

（b）2月

（c）3月

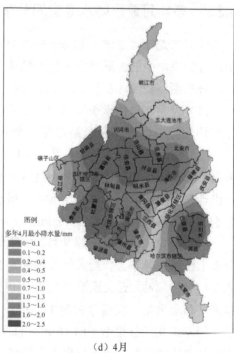

（d）4月

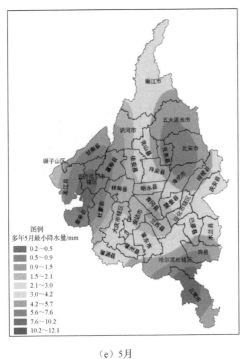

（e）5月

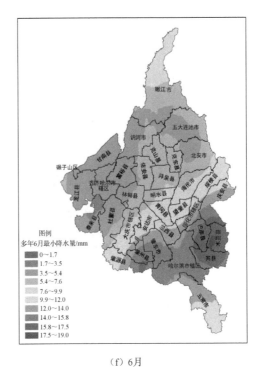

（f）6月

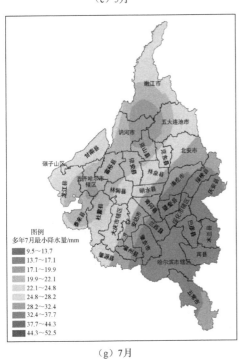

（g）7月

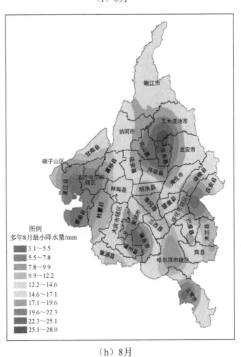

（h）8月

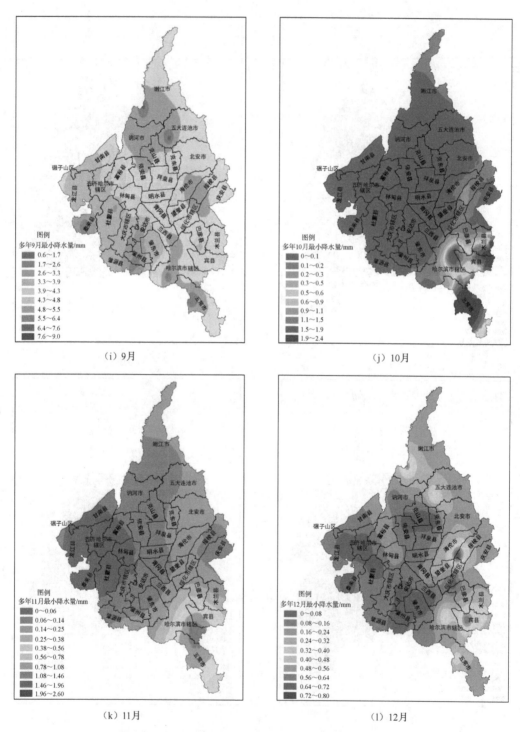

图 4-8　黑龙江省松嫩平原多年月最小降水量空间分布图

4.4　不同尺度降水量分布特征差异及关系分析

4.4.1　不同尺度降水量分布特征差异分析

根据前述分析可知，不同尺度降水量的最大值、最小值和平均值在空间分布上具有一定的差异性，为了进一步揭示这种差异性，分别计算各个尺度降水量最大值、最小值和平均值的变差系数和偏态系数，其计算公式如下[265,266]：

$$C_{\mathrm{v}} = \frac{\sigma}{\overline{x}} = \sqrt{\frac{\sum_{i=1}^{n}(K_i - 1)^2}{n}} \tag{4-1}$$

$$C_{\mathrm{s}} = \frac{\sum_{i=1}^{n}(K_i - 1)^3}{nC_{\mathrm{v}}^3} \tag{4-2}$$

式中，C_{v} 为变差系数；C_{s} 为偏态系数；σ 为降水量序列均方差，$\sigma = \sqrt{\sum_{i=1}^{n}(x_i - \overline{x})^2 / n}$；$K_i$ 为模比系数，$K_i = \dfrac{x_i}{\overline{x}}$，$x_i$ 为某尺度不同站点降水量，$\overline{x}$ 为某尺度不同站点降水量的平均值。

根据式（4-1）和式（4-2）的计算结果，绘制不同尺度降水量平均值、最大值和最小值变差系数和偏态系数柱状图，如图 4-9 和图 4-10 所示。由于不同尺度变差系数的最大值平均线（0.2192）和平均值平均线（0.2056）几乎重合，故图 4-9 中仅展示最大值平均线。

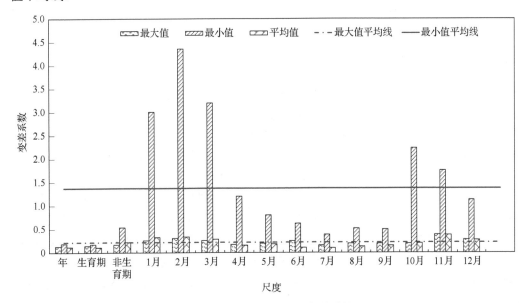

图 4-9　不同尺度降水量变差系数

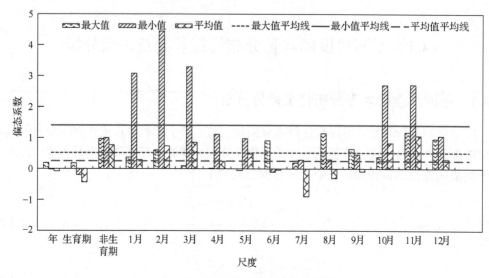

图 4-10　不同尺度降水量偏态系数

变差系数反映了一个数据序列的相对离散程度，偏态系数反映系列在均值两边的对称程度。由图 4-9 和图 4-10 可知：变差系数和偏态系数呈现出相似的变化规律，1～4月和 10～12 月降水量最小值的变差系数和偏态系数均较大，表明这些尺度降水量最小值在空间上比较分散，差异性相对较大；年、生育期、非生育期和 5～9 月降水量最大值、最小值和平均值的变差系数和偏态系数均相对较小，表明这些尺度降水量最大值、最小值和平均值在空间上比较集中，差异性相对较小。上述现象主要是 1～4 月和 10～12 月降水量平均值、最大值、最小值均较小，尤其是最小值，多数站点降水量为 0 [1～4 月分别有 3 个、2 个、3 个和 22 个站点降水量不为 0，10～12 月分别有 12 个、24 个和 22 个站点降水量不为 0，且量值均属于微量降水（<3mm）]，进而导致其变差系数和偏态系数较大；而其他尺度整体上降水量相对较大，降水量为 0 的站点较少，故而在空间上差异性较小。

4.4.2　不同尺度降水量关系分析

根据前述第 2 章研究方法中的相关系数法，分别计算不同尺度降水量平均值、最大值和最小值之间的相关系数，具体结果如表 4-1～表 4-3 所示。

由表 4-1 可知：除了 1 月和 7 月（r=0.2166）、2 月和 7 月（r=0.2733）平均降水量相关系数在 0.01 水平下不显著（$r_{35,0.01}$=0.4180），其余均显著，表明其他尺度降水量在统计学上具有一定的相关关系。其中，多年平均降水量与生育期的相关系数最大，达到了 0.9883，其次为其与 8 月的相关系数，为 0.9564；同时，与 4 月、5 月和 6 月的相关系数也超过了 0.9，表明多年平均降水量与这些尺度降水量关系密切，在一定程度上决定了多年平均降水量的大小；生育期平均降水量与各月平均降水量的相关系数中，与 6 月和 8 月的相关系数较大，分别为 0.9305 和 0.9687，而与其他尺度平均降水量的相关系数均小于 0.9，表明生育期平均降水量在一定程度上取决于 6 月和 8 月；非生育期平均降水量与 2 月、3 月、5 月、10～12 月的相关系数均超过了 0.9，尤其是 10 月和 11

月，相关系数达到了 0.9765 和 0.9698，表明非生育期平均降水量在一定程度上取决于 10 月和 11 月；1 月平均降水量与 2 月、12 月，2 月平均降水量与 1 月、3 月、11 月，3 月平均降水量与 2 月、11 月，5 月平均降水量与 10 月、11 月，6 月平均降水量与 8 月的相关系数均超过了 0.9，表明这些月平均降水量在空间上具有较好的相依关系。

表 4-1　不同尺度降水量平均值相关系数表

尺度	年	生育期	非生育期	1 月	2 月	3 月	4 月	5 月	6 月	7 月	8 月	9 月	10 月	11 月	12 月
年	1	0.9883	0.8640	0.6416	0.6792	0.7582	0.9029	0.9013	0.9195	0.8303	0.9564	0.8177	0.8867	0.7787	0.7512
生育期	0.9883	1	0.7772	0.5326	0.5671	0.6643	0.8599	0.8437	0.9305	0.8848	0.9687	0.8061	0.8126	0.6797	0.6551
非生育期	0.8640	0.7772	1	0.8896	0.9308	0.9359	0.8872	0.9340	0.7224	0.5050	0.7485	0.7131	0.9765	0.9698	0.9374
1 月	0.6416	0.5326	0.8896	1	0.9119	0.8197	0.7323	0.7460	0.4800	0.2166	0.5310	0.6135	0.8034	0.8810	0.9543
2 月	0.6792	0.5671	0.9308	0.9119	1	0.9419	0.6938	0.8540	0.5671	0.2733	0.5299	0.5186	0.8680	0.9648	0.8979
3 月	0.7582	0.6643	0.9359	0.8197	0.9419	1	0.7235	0.8949	0.6800	0.4262	0.6169	0.4995	0.8901	0.9598	0.8391
4 月	0.9029	0.8599	0.8872	0.7323	0.6938	0.7235	1	0.8169	0.7687	0.6224	0.8543	0.8609	0.8779	0.7742	0.8087
5 月	0.9013	0.8437	0.9340	0.7460	0.8540	0.8949	0.8169	1	0.8112	0.6009	0.7840	0.7097	0.9397	0.9182	0.8200
6 月	0.9195	0.9305	0.7224	0.4800	0.5671	0.6800	0.7687	0.8112	1	0.7777	0.9035	0.6530	0.7251	0.6679	0.5761
7 月	0.8303	0.8848	0.5050	**0.2166**	**0.2733**	0.4262	0.6224	0.6009	0.7777	1	0.8170	0.5731	0.5790	0.4119	0.3487
8 月	0.9564	0.9687	0.7485	0.5310	0.5299	0.6169	0.8543	0.7840	0.9035	0.8170	1	0.7751	0.7779	0.6437	0.6480
9 月	0.8177	0.8061	0.7131	0.6135	0.5186	0.4995	0.8609	0.7097	0.6530	0.5731	0.7751	1	0.7291	0.5625	0.7194
10 月	0.8867	0.8126	0.9765	0.8034	0.8680	0.8901	0.8779	0.9397	0.7251	0.5790	0.7779	0.7291	1	0.9277	0.8929
11 月	0.7787	0.6797	0.9698	0.8810	0.9648	0.9598	0.7742	0.9182	0.6679	0.4119	0.6437	0.5625	0.9277	1	0.8942
12 月	0.7512	0.6551	0.9374	0.9543	0.8979	0.8391	0.8087	0.8200	0.5761	0.3487	0.6480	0.7194	0.8929	0.8942	1

注：加粗数据表示在 0.01 水平下不显著，$r_{35,0.01}=0.4180$。

由表 4-2 可知：多数尺度降水量最大值的相关系数在 0.01 水平下均不显著（$r_{35,0.01}=0.4180$），表明不同尺度最大降水量在空间上相依关系较弱，相互之间影响较小。与年尺度平均降水量相似，年尺度最大降水量与生育期最大降水量的相关系数依然最大，达到了 0.9734，表明年最大降水量依然取决于生育期最大降水量，其次为非生育期和 7 月，相关系数分别为 0.5974 和 0.7019；生育期最大降水量与非生育期最大降水量和 7 月的相关系数较大，分别为 0.5538 和 0.7410，表明生育期最大降水量与非生育期和 7 月最大降水量在空间上相依关系较好，相互之间影响较大；非生育期最大降水量与 11 月和 12 月最大降水量的相关系数较大，均超过了 0.75，与其余尺度均小于 0.7，表明非生育期最大降水量与 11 月和 12 月降水量在空间上相依关系较好，相互之间影响较大；各月最大降水量之间的相关系数多数不显著，仅有 1 月与 3 月、11 月、12 月，2 月与 10～12 月，3 月与 12 月的相关系数在 0.01 水平下显著，但其相关系数也较小，表明不同月份最大降水量在空间上相依关系较差，相互之间影响较小。

由表 4-3 可知：与最大降水量相似，多数尺度降水量最小值的相关系数在 0.01 水平下均不显著，表明不同尺度最小降水量在空间上相依关系也较弱，相互之间影响也较小。年尺度最小降水量与生育期最小降水量的相关系数最大，达到了 0.9010，表明年最小降水量取决于生育期最小降水量；非生育期最小降水量与 11 月的相关系数最大，为 0.7826，表明非生育期最小降水量取决于 11 月最小降水量；月尺度最小降水量之间的相关系数整体上均较小，表明在空间上相依关系较差，相互之间影响较小，这与最大降水量呈现的规律相同。

表 4-2　不同尺度降水量最大值相关系数表

尺度	年	生育期	非生育期	1 月	2 月	3 月	4 月	5 月	6 月	7 月	8 月	9 月	10 月	11 月	12 月
年	1	0.9734	0.5974	**0.3091**	**0.2789**	**0.4137**	**-0.2836**	**-0.0116**	**0.3029**	0.7019	0.5776	**-0.0050**	0.4993	0.5385	0.5904
生育期	0.9734	1	0.5538	**0.2663**	**0.2579**	**0.3682**	**-0.2711**	**-0.0211**	**0.2541**	0.7410	0.5506	**-0.0823**	0.4764	0.5148	0.5433
非生育期	0.5974	0.5538	1	0.4374	0.6180	0.5649	**-0.0634**	0.3542	**0.1626**	0.3923	**0.1633**	**0.2130**	0.6937	0.7572	0.8280
1 月	**0.3091**	**0.2663**	0.4374	1	**0.3528**	0.4743	**-0.3142**	**0.0917**	**0.1069**	**0.1608**	**0.0079**	**0.1251**	**0.1775**	0.4252	0.5916
2 月	**0.2789**	**0.2579**	0.6180	**0.3528**	1	**0.2391**	**-0.0281**	**0.3462**	**0.1470**	**0.3215**	**-0.1708**	**0.2033**	0.5370	0.6124	0.6014
3 月	**0.4137**	**0.3682**	0.5649	0.4743	**0.2391**	1	**-0.2807**	**0.1921**	**0.3439**	**0.3095**	**0.1162**	**0.0725**	**0.1284**	0.4086	0.4729
4 月	**-0.2836**	**-0.2711**	**-0.0634**	**-0.3142**	**-0.0281**	**-0.2807**	1	**-0.1297**	**-0.0391**	**-0.2803**	**-0.2327**	**0.0442**	**-0.1956**	**-0.2873**	**-0.2052**
5 月	**-0.0116**	**-0.0211**	0.3542	**0.0917**	**0.3462**	**0.1921**	**-0.1297**	1	**0.0568**	**-0.0634**	**-0.0507**	**0.1129**	**0.2395**	**0.3879**	**0.3106**
6 月	**0.3029**	**0.2541**	**0.1626**	**0.1069**	**0.1470**	**0.3439**	**-0.0391**	**0.0568**	1	**0.2822**	**0.1737**	**0.2248**	**-0.0006**	**0.1213**	**0.3005**
7 月	0.7019	0.7410	0.3923	**0.1608**	**0.3215**	**0.3095**	**-0.2803**	**-0.0634**	**0.2822**	1	**0.3618**	**0.0188**	**0.3817**	**0.2231**	**0.3065**
8 月	0.5776	0.5506	**0.1633**	**0.0079**	**-0.1708**	**0.1162**	**-0.2327**	**-0.0507**	**0.1737**	**0.3618**	1	**0.0524**	**0.2418**	**0.0547**	**0.2887**
9 月	**-0.0050**	**-0.0823**	**0.2130**	**0.1251**	**0.2033**	**0.0725**	**0.0442**	**0.1129**	**0.2248**	**0.0188**	**0.0524**	1	**0.3160**	**0.0007**	**0.2666**
10 月	0.4993	0.4764	0.6937	**0.1775**	0.5370	**0.1284**	**-0.1956**	**0.2395**	**-0.0006**	**0.3817**	**0.2418**	**0.3160**	1	0.5359	0.6437
11 月	0.5385	0.5148	0.7572	0.4252	0.6124	0.4086	**-0.2873**	**0.3879**	**0.1213**	**0.2231**	**0.0547**	**0.0007**	0.5359	1	0.7875
12 月	0.5904	0.5433	0.8280	0.5916	0.6014	0.4729	**-0.2052**	**0.3106**	**0.3005**	**0.3065**	**0.2887**	**0.2666**	0.6437	0.7875	1

注：加粗数据表示在 0.01 水平下不显著，$r_{35,0.01}=0.4180$。

表 4-3　不同尺度降水量最小值相关系数表

尺度	年	生育期	非生育期	1 月	2 月	3 月	4 月	5 月	6 月	7 月	8 月	9 月	10 月	11 月	12 月
年	1	0.9010	0.5876	**0.0961**	**0.2000**	**0.2298**	0.4423	**0.2803**	**0.3947**	**0.2539**	**0.1167**	**0.1862**	0.5022	0.4286	0.4112
生育期	0.9010	1	0.4999	**0.1681**	**0.2150**	**0.1841**	0.4771	**0.3228**	0.4725	**0.2568**	**0.1745**	**0.1472**	0.4105	**0.3336**	**0.3193**
非生育期	0.5876	0.4999	1	**-0.0244**	**0.3621**	**0.3921**	0.4962	0.7712	**0.3793**	**0.2606**	**0.1479**	**0.3274**	0.7568	0.7826	0.5962
1 月	**0.0961**	**0.1681**	**-0.0244**	1	**-0.0785**	**-0.1069**	0.2750	**0.0575**	**0.1350**	**0.0353**	**0.3517**	**-0.0566**	**0.0130**	**0.0100**	**0.0964**
2 月	**0.2000**	**0.2150**	**0.3621**	**-0.0785**	1	**0.1416**	**0.2174**	**0.2884**	**0.0795**	**-0.1873**	**0.1427**	**0.1842**	**0.1127**	0.4678	0.4622
3 月	**0.2298**	**0.1841**	**0.3921**	**-0.1069**	**0.1416**	1	**0.1153**	**0.3177**	**0.0769**	**0.0203**	**0.2542**	**0.3367**	0.4207	0.5459	**0.0583**
4 月	0.4423	0.4771	0.4962	0.2750	**0.2174**	**0.1153**	1	**0.3654**	0.5475	**0.3598**	**-0.0945**	**0.2615**	0.5878	0.4396	**0.3409**
5 月	**0.2803**	**0.3228**	0.7712	**0.0575**	**0.2884**	**0.3177**	**0.3654**	1	**0.2959**	**0.2811**	0.4643	**0.4033**	0.5217	0.6652	0.4293
6 月	**0.3947**	0.4725	**0.3793**	**0.1350**	**0.0795**	**0.0769**	0.5475	**0.2959**	1	0.5218	**-0.0652**	**-0.1027**	**0.3680**	**0.3671**	**-0.0056**
7 月	**0.2539**	**0.2568**	**0.2606**	**0.0353**	**-0.1873**	**0.0203**	**0.3598**	**0.2811**	0.5218	1	**-0.1551**	**0.1670**	**0.3277**	**0.1648**	**0.1090**
8 月	**0.1167**	**0.1745**	**0.1479**	**0.3517**	**0.1427**	**0.2542**	**-0.0945**	0.4643	**-0.0652**	**-0.1551**	1	**0.1870**	**0.0194**	**0.1555**	**0.0811**
9 月	**0.1862**	**0.1472**	**0.3274**	**-0.0566**	**0.1842**	**0.3367**	**0.2615**	**0.4033**	**-0.1027**	**0.1670**	**0.1870**	1	**0.2233**	**0.2115**	0.4831
10 月	0.5022	0.4105	0.7568	**0.0130**	**0.1127**	0.4207	0.5878	0.5217	**0.3680**	**0.3277**	**0.0194**	**0.2233**	1	0.7109	**0.4066**
11 月	0.4286	**0.3336**	0.7826	**0.0100**	0.4678	0.5459	0.4396	0.6652	**0.3671**	**0.1648**	**0.1555**	**0.2115**	0.7109	1	**0.3911**
12 月	**0.4112**	**0.3193**	0.5962	**0.0964**	0.4622	**0.0583**	**0.3409**	0.4293	**-0.0056**	**0.1090**	**0.0811**	0.4831	**0.4066**	**0.3911**	1

注：加粗数据表示在 0.01 水平下不显著，$r_{35,0.01}=0.4180$。

第5章 黑龙江省降水量演变规律

5.1 降水量统计参数空间分布特征

5.1.1 统计特征参数

降水量的统计特征参数一般用均值、变差系数和偏态系数等参数来表示。

1. 均值 $\bar{x}$

本书中的均值主要包括两类：一类是月降水量的均值；另一类是年降水量的均值。设年降水量或某月降水量的观测系列为 $x_1, x_2, \cdots, x_n$，则其均值 $\bar{x}$ 为

$$\bar{x} = \frac{x_1 + x_2 + \cdots + x_n}{n} = \frac{1}{n}\sum_{i=1}^{n} x_i \tag{5-1}$$

2. 变差系数 C_v 和偏态系数 C_s

变差系数又称离差系数或离势系数，是衡量一个系列相对离散程度的参数。偏态系数是反映系列在均值两边对称程序的参数。其表达式见第4章式（4-1）和式（4-2）。

5.1.2 降水量均值空间分布规律

1. 月降水量均值空间分布规律

计算黑龙江省各个月份多年月平均降水量，采用 ArcGIS 绘制黑龙江省各个月份多年月平均降水量空间分布图，如图 5-1 所示。由图 5-1 可得如下结论。

（1）1 月降水量空间分布大致呈现出"东部多，西部少，由东部向西部逐渐减少"的趋势。黑龙江省西部半干旱区最少，降水量不足 3mm，东北部最多，降水量达到了 7mm 左右。降水量最大值出现在虎林站，为 7.82mm，最小值出现在泰来站，为 1.49mm，最大值最小值相差 6.33mm；2 月降水量空间分布与 1 月类似，但降水量偏少的区域有所增加，覆盖了大兴安岭的部分地区，降水量最大值出现在绥芬河站，为 8.25mm，最小值出现在泰来站，为 1.89mm，最大值最小值相差 6.36mm。

（2）3 月、4 月和 5 月降水量空间分布特征与 1 月和 2 月基本相同，降水量最大值分别出现在虎林、虎林站和绥芬河站，分别为 16.77mm、34.00mm、63.18mm，最小值均出现在泰来站，分别为 5.07mm、15.51mm、27.82mm。6 月降水量空间分布大致呈现出"中部多，边缘少，由中部向四周减少"的趋势，最大值出现在伊春站，为 107.53mm，最小值出现在漠河站，为 66.06mm，最大值最小值相差 41.47mm。

（3）7 月和 8 月降水量空间分布特征与 6 月基本相同，均呈现出"中部多，四周少"

的趋势，其最大值分别出现在尚志站和鹤岗站，分别为 175.33mm 和 146.53mm，最小值分别出现在漠河站和泰来站，分别为 103.93mm 和 81.13mm；9 月降水量空间分布特征呈现出了"北部多，南部少，由北向南递减"的趋势，其最大值和最小值出现的站点与 8 月相同。

（4）10 月、11 月、12 月降水量空间分布特征与 1 月相似，均呈现出"东部多，西部少，由东部向西部逐渐减少"的趋势，最大值均出现在虎林站，分别为 46.18mm、19.44mm 和 11.36mm，最小值均出现在泰来站，分别为 13.88mm、3.84mm 和 2.99mm，最大值最小值相差分别为 32.30mm、15.60mm 和 8.37mm。

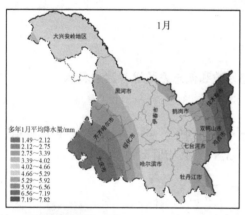
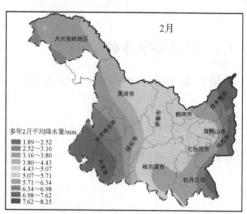

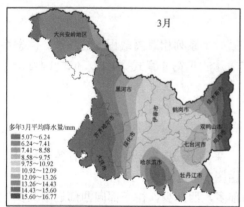
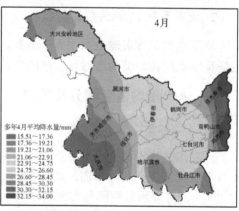

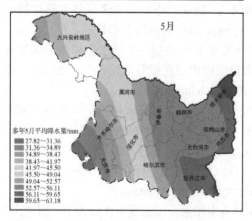
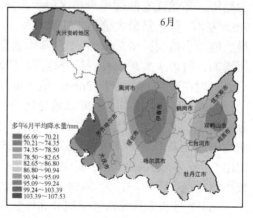

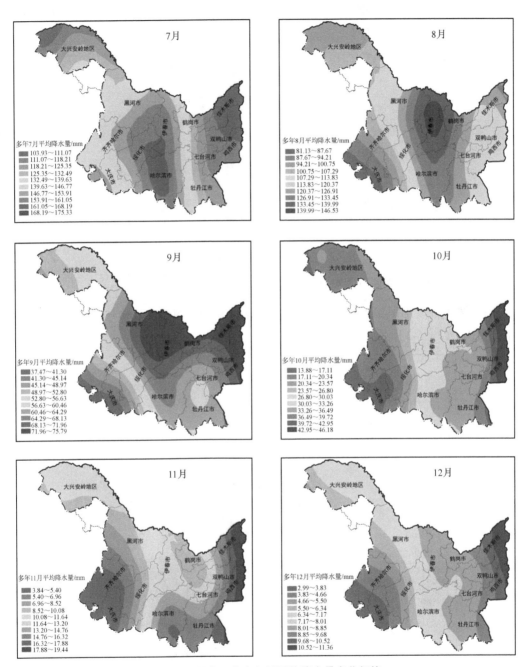

图 5-1　黑龙江省多年月平均降水量变化规律

　　为了进一步揭示全省多年月平均降水量的变化规律，我们绘制全省多年月平均降水量柱状图，如图 5-2 所示。

　　由图 5-2 可知，黑龙江省多年月平均降水量主要集中在 6～8 月三个月份，其降水量占到了全年降水量的 63.70%，尤其是 7 月降水量，占到了全年降水量的 26.18%；其他九个月份的降水量仅为全年降水量的 36.30%，其中，1 月的平均降水量最少，仅为

6.33mm，不足全年降水量的 1%，不足 7 月降水量的 10%。由此可见，黑龙江省年降水量主要由 6～8 月降水量控制。

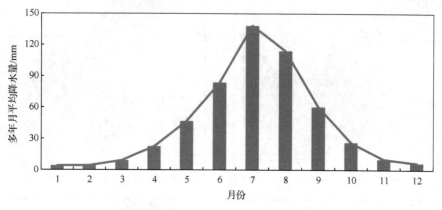

图 5-2　黑龙江省多年月平均降水量

2. 年降水量均值空间分布规律

计算黑龙江省多年平均年降水量，采用 ArcGIS 绘制黑龙江省多年平均年降水量空间分布图，如图 5-3 所示。

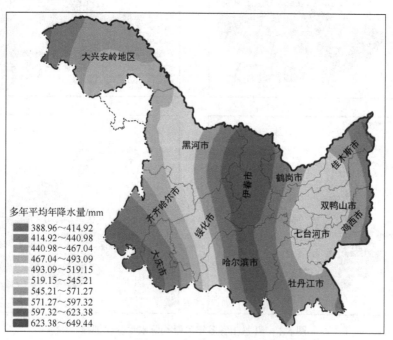

图 5-3　黑龙江省多年平均年降水量变化规律

由图 5-3 可知：黑龙江省多年平均年降水量为 528.41mm，空间上呈现出"中部多，东西两侧少，由中部向东西两侧逐渐减少"的趋势。西部的大庆和齐齐哈尔，西北部的大兴安岭地区等地的多年平均年降水量较少，均在 388～440mm，其降水量最小的站点为泰来站，为 388.86mm；而位于中部的哈尔滨和伊春等市的多年平均年降水量为 620～

650mm，其降水量最大的站点为尚志站，为 649.44mm，差值达到了 260.58mm。可见，黑龙江省年降水量在空间分布上具有较大的差异性。为了进一步揭示不同站点年降水量的差异，选择泰来站和尚志站作为典型站点，绘制年降水量变化过程曲线，如图 5-4 所示。

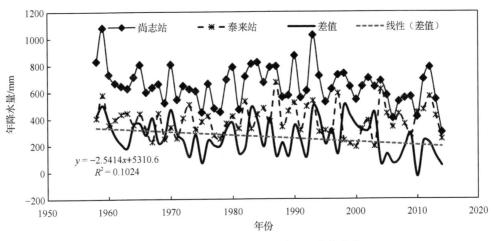

图 5-4　黑龙江省典型站点年降水量变化曲线

由图 5-4 可知：1959～2014 年（2010 年除外），尚志站各个年份的降水量均大于泰来站，最大差值达到了 502.3mm，出现在 1959 年。但随着年份的递增，两个站点年水量的差异呈现出缩小趋势，通过添加趋势线发现，两个站点年降水量差呈现出下降趋势，平均每 10 年减少 25.41mm。由此可见，随着人类活动对自然界干预的加大和气候的变暖，黑龙江省年降水量在空间上的差异性在逐渐减少，其分布趋于均匀化。

5.1.3　降水量变差系数空间分布规律

为了分析年降水量和月降水量序列的离散程度，同时避免采用方差分析的不足，根据前述数据，计算黑龙江省各个月份和年降水量的变差系数，采用 ArcGIS 绘制黑龙江省年降水量和各月降水量变差系数的空间分布图，如图 5-5 所示。同时，为了保证变差系数在空间上具有可比性，均采用相同的区间，其变差系数的变化区间均为[0.18,1.60]。

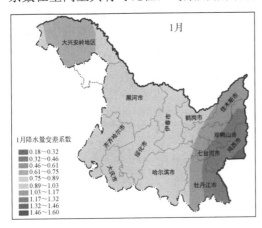
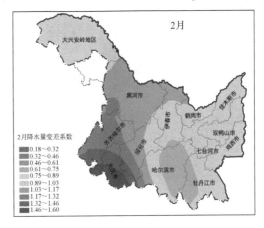

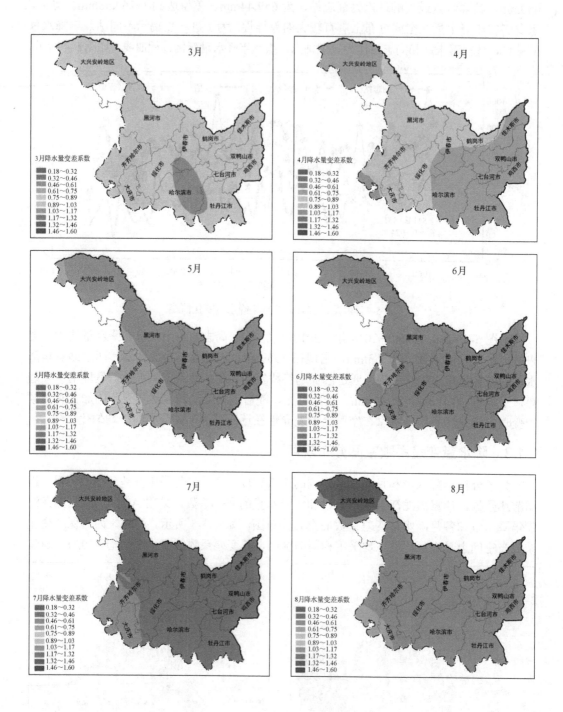

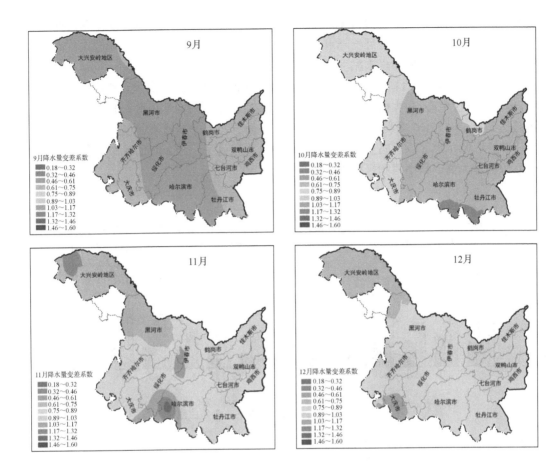

图 5-5　黑龙江省降水量变差系数空间分布图

图 5-5 中颜色的深浅反映了各个月份和年降水量变差系数的大小，其中，年降水量变差系数的颜色最深，表明其值最小，离散程度比各个月份降水量都大；全省各个站点年降水量的变差系数分布比较均匀，均在[0.18,0.32]，变差系数最大值为 0.2789，最小值为 0.1908，极差仅为 0.0881。可见，各个站点降水量的变化比较相似，不同年份丰枯变化不大。从各个月份的降水量变差系数来看，枯水月份（1～4 月，10～12 月）变差

系数的颜色要明显暗于丰水月份（5～9月）的变差系数，即枯水月份的变差系数要明显大于丰水月份，反映了丰水月份降水量较多，不同年份丰枯变化对其影响较小；而枯水月份降水量较少，不同年份丰枯变化对其影响较大。

进一步分析发现，11月降水量的变差系数在空间分布上差异最大，尤其是哈尔滨地区，出现了峰值中心，最大值达到了1.6，而最小值出现在大兴安岭地区，最小值为0.5430，极差达到了1.0570。7月降水量的变差系数在空间分布上差异最小，仅黑龙江省西部的大庆和齐齐哈尔地区颜色略偏浅，其他各个地区颜色几乎一致。其他各个月份降水量变差系数的最大值、最小值和极差如图5-6所示。

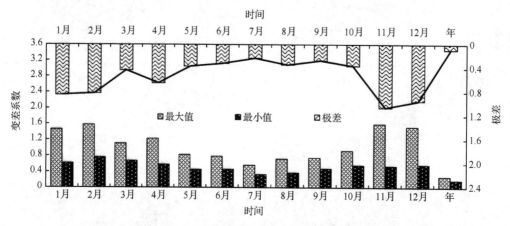

图5-6　黑龙江省降水量变差系数变化曲线

5.1.4　降水量偏态系数空间分布规律

为了分析年降水量和月降水量序列在均值两边的对称程度，计算黑龙江省各个月份和年降水量的偏态系数，采用 ArcGIS 绘制黑龙江省年降水量和各月降水量偏态系数的空间分布图，如图5-7所示。同时，为了保证偏态系数在空间上具有可比性，均采用相同的区间，其偏态系数的变化区间均为[-0.30,3.00]。由图5-7可得如下结论。

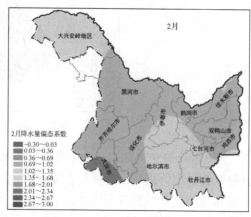

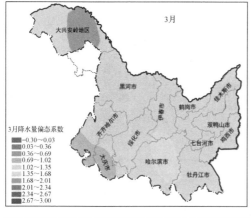

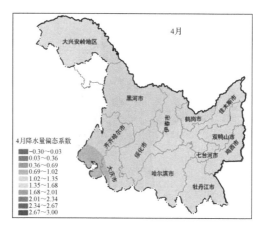

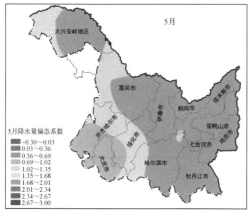

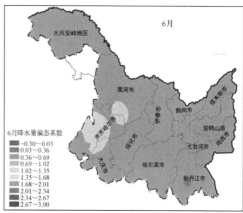

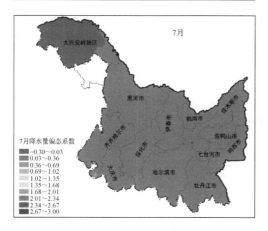

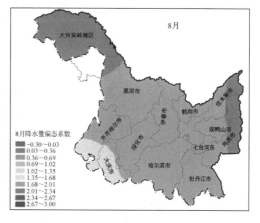

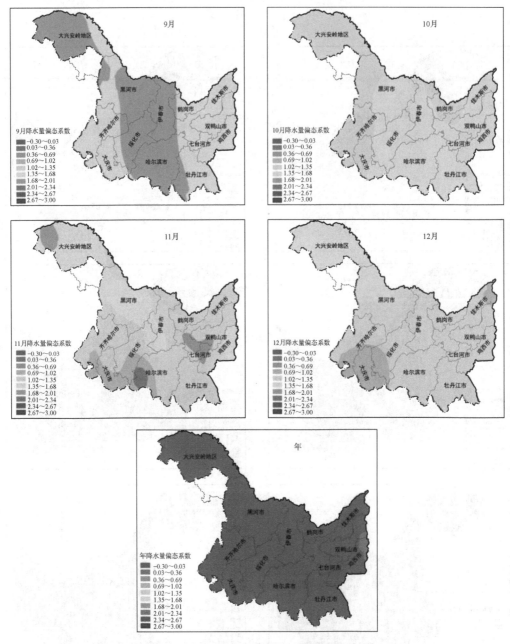

图 5-7　黑龙江省降水量偏态系数空间分布图

与各月降水量相比,年降水量偏态系数空间分布图颜色最深,表明偏态系数值最小,且多为负值,即年降水量多为负偏离,年降水量大于均值比小于均值出现的概率要大;全省年降水量偏态系数空间分布比较均匀,仅双鸭山部分地区偏态系数稍大,其余多在[-0.30,0.03];年降水量偏态系数最大值为0.1258,最小值为-0.2605。

各个月份降水量的偏态系数均为正值,即正偏离,各月降水量大于均值比小于均值出现的概率要小,且空间分布相对比较均匀。其中,全省7月降水量的偏态系数最大,最大值达到了2.9439,位于新林站。除大兴安岭地区外,其他各个地区的偏态系数均位于[2.01, 2.34]；全省 2 月降水量的偏态系数最小，最大值仅为 1.2944。因此，黑龙江省各月降水量序列均为偏态分布，且为正偏态分布，偏态系数均分布于[0.4930, 2.9439]。其他各个月份降水量偏态系数的最大值、最小值和极差见图 5-8 所示。

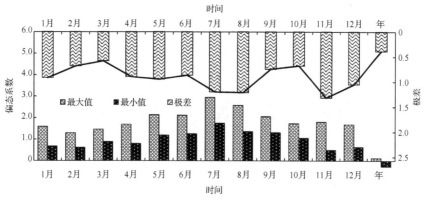

图 5-8　黑龙江省降水量偏态系数变化曲线

5.2　不同尺度降水量关系分析

5.2.1　变化规律一致性识别

计算黑龙江省各月、季节和年降水量，并绘制其变化规律曲线，如图 5-9 所示。由图 5-9 可得如下结论。

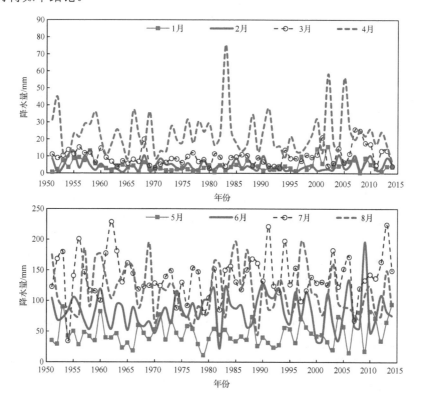

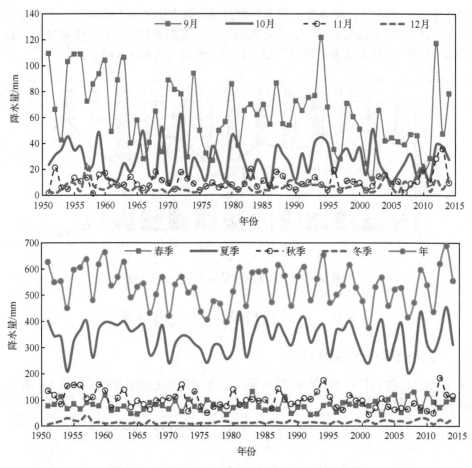

图 5-9 黑龙江省月、季节和年降水动态变化曲线

（1）从月降水量来看，全省 1 月、2 月、3 月、11 月和 12 月降水量相当，其变化曲线几乎重合，降水量变化范围在[0,36]mm，这 5 个月份中，最大值出现在 2013 年 11 月，降水量达到了 35.9mm，最小值出现在 2008 年 1 月，降水量仅为 0.3mm；通过计算相关系数（表 5-1），2 月与 3 月、7 月、12 月降水量的相关系数均较大，分别为 0.3752（$R_{0.01}$=0.32，极显著）、−0.3013（$R_{0.05}$=0.25，显著）、0.4513（$R_{0.01}$=0.32，极显著）；3 月与 12 月降水量相关系数也较大，为 0.2552（$R_{0.05}$=0.25，显著），5 月与 6 月降水量相关系数也较大，为−0.3598（$R_{0.01}$=0.32，极显著）。其他各个月份之间的相关系数均较小，且不显著。

（2）从季节降水量和年降水量来看，冬季降水量最少，春秋季节降水量相当，夏季降水量最多，其变化曲线与年降水量具有很好的相似性。通过计算相关系数（表 5-1），夏季降水量与年降水量相关系数最大，达到了 0.8476（$R_{0.01}$=0.32），极显著；秋季降水量与年降水的相关系数也较大，为 0.5901，极显著；冬季和春季与年降水量的相关系数均较小，分别为 0.0145 和 0.0628（$R_{0.05}$=0.25），且均不显著，可见夏季和秋季降水量控制着整个年降水量的变化规律。

（3）从不同尺度降水量相关系数来看（表 5-1），年降水量与 6～11 月的相关系数均较大，最大值达到了 0.5527，最小值为 0.3406，在 0.01 水平下均极显著，且均为正相关；

不同季节降水量与其对应月份降水量具有较好的相关性，其中，春季与5月、夏季与8月、秋季与9月、冬季与12月的降水量相关系数较大，分别为0.8325、0.6294、0.8961、0.7417，在0.01水平下均极显著，且均为正相关。其他各个尺度降水量的相关系数均较小，且不相关。可见，四季降水量分别取决于5月、8月、9月和12月的降水量。

表 5-1　黑龙江省各尺度降水量相关系数计算表

相关系数	1月	2月	3月	4月	5月	6月	7月	8月	9月	10月	11月	12月	春季	夏季	秋季	冬季
1月	1															
2月	0.1171	1														
3月	0.1779	0.3752	1													
4月	0.1840	-0.1711	-0.2129	1												
5月	-0.0498	0.2151	0.2244	-0.1429	1											
6月	-0.0806	-0.0042	-0.1207	0.1607	-0.3598	1										
7月	-0.0592	-0.3013	-0.1549	0.0461	-0.0791	0.0353	1									
8月	0.0446	0.1120	-0.1084	-0.0497	-0.0553	-0.0245	-0.0170	1								
9月	-0.0958	0.1409	-0.0847	-0.1307	-0.1099	0.1448	0.0511	0.0413	1							
10月	0.1561	-0.1444	-0.0868	0.0478	-0.0909	0.0283	0.0302	0.1733	0.1698	1						
11月	-0.1171	0.0809	0.0535	0.1019	0.0318	0.0652	0.3301	0.1392	0.0932	0.0983	1					
12月	0.1057	0.4513	0.2552	-0.1105	0.1697	-0.0437	-0.0617	-0.0851	0.0338	-0.1235	0.1292	1				
春季	0.0998	0.1747	0.3005	0.3859	0.8325	-0.2477	-0.0774	-0.0998	-0.1866	-0.0712	0.0962	0.1422	1			
夏季	-0.0450	-0.1068	-0.2206	0.0729	-0.2575	0.4908	0.5960	0.6294	0.1274	0.1444	0.3171	-0.1131	-0.2310	1		
秋季	-0.0389	0.0732	-0.0926	-0.0681	-0.1188	0.1410	0.1160	0.1278	0.8961	0.5482	0.3039	0.0036	-0.1612	0.2202	1	
冬季	0.1170	0.2678	0.2926	-0.1691	0.0669	0.0293	0.0339	-0.1867	0.0674	-0.1159	0.1281	0.7417	0.0294	-0.0874	0.0336	1
年	0.0314	0.0745	-0.0934	0.1423	0.0054	0.3899	0.5055	0.5527	0.4601	0.3406	0.4381	0.0377	0.0628	0.8476	0.5901	0.0145

5.2.2　相关性分析

为了进一步揭示不同尺度降水量之间的关系，根据相关系数计算成果，挑选月与月、季节与月、年与月、年与季节相关系数比较大的降水量，绘制不同尺度降水量之间的散点图，如图5-10所示。由图5-10可得如下结论。

（1）2月与3月降水量的趋势线斜率为0.6036，表明3月降水量随着2月降水量的增加而增加，2月降水量每增加10mm，3月降水量将增加6.0mm；2月与7月降水量的趋势线斜率为-3.427，表明7月降水量随着2月降水量的增加而减少，2月降水量每增加10mm，7月降水量将减少34.3mm；2月与12月降水量的趋势线斜率为0.6504，表明12月降水量随着2月降水量的增加而增加，2月降水量每增加10mm，12月降水量将增加6.5mm；3月与12月降水量的趋势线斜率为0.2287，表明12月降水量随着3月降水量的增加而增加，3月降水量每增加10mm，12月降水量将增加2.3mm；5月与6月降水量的趋势线斜率为-0.5491，表明6月降水量随着5月降水量的增加而减少，5月降水量每增加10mm，6月降水量将减少5.5mm。

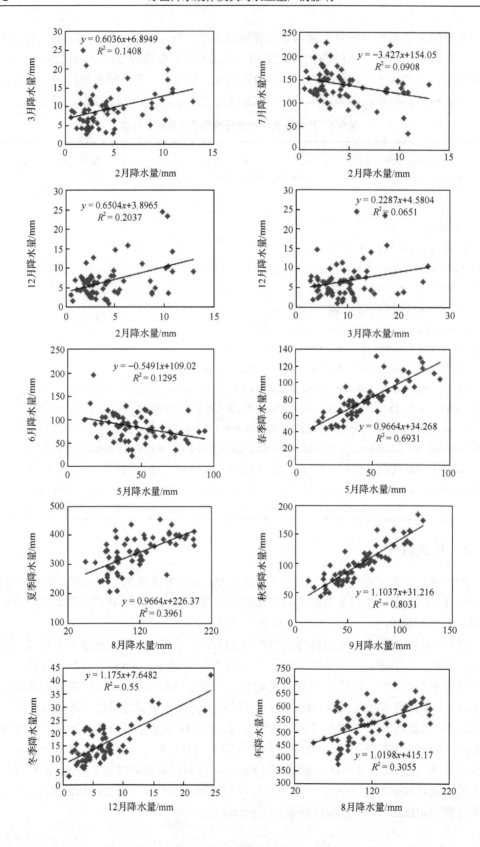

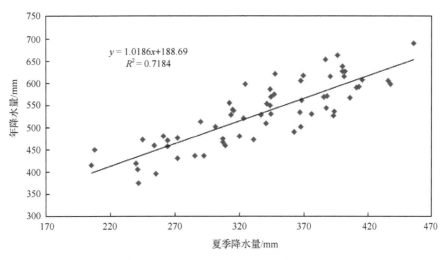

图 5-10　黑龙江省不同尺度降水量散点图

（2）5 月与春季降水量的趋势线斜率为 0.9664，表明春季降水量随着 5 月降水量的增加而增加，5 月降水量每增加 10mm，春季降水量将增加 9.7mm；8 月与夏季降水量的趋势线斜率为 0.9664，表明夏季降水量随着 8 月降水量的增加而增加，8 月降水量每增加 10mm，夏季降水量将增加 9.7mm；9 月与秋季降水量的趋势线斜率为 1.1037，表明秋季降水量随着 9 月降水量的增加而增加，9 月降水量每增加 10mm，秋季降水量将增加 11.0mm；12 月与冬季降水量的趋势线斜率为 1.175，表明冬季降水量随着 12 月降水量的增加而增加，12 月降水量每增加 10mm，冬季降水量将增加 11.8mm。

（3）8 月与年降水量的趋势线斜率为 1.0198，表明年降水量随着 8 月降水量的增加而增加，8 月降水量每增加 10mm，降水量将增加 10.2mm；夏季与年降水量的趋势线斜率为 1.0186，表明年降水量随着夏季降水量的增加而增加，夏季降水量每增加 10mm，年降水量将增加 10.2mm。

由上述分析可知，不同尺度降水量之间存在一定的协同关系，有的为正向协同，有的为反向协同，但正向协同的数量明显高于反向协同，该结论反映了不同尺度降水量的统计学变化规律。然而不同尺度降水量是否存在这样的关系，部分月份之间的相关系数也比较小，它们之间是否存在统计学关系，为什么有的月份为正向协同，而有的月份为反向协同，还有待于从气候学的角度，结合不同尺度大气环流变化以及不同尺度气候变化因子之间的关系分析其物理成因。

5.3　降水量趋势突变特征分析

5.3.1　空间变化趋势分析

采用改进的 MK 检验法，计算各个站点年和各个季节降水量的 Z 值（此处不考虑各个站点各个月降水量的 Z 值），并采用 ArcGIS 空间分析技术，绘制黑龙江省年和各季节降水量 Z 值等值线图，见图 5-11。

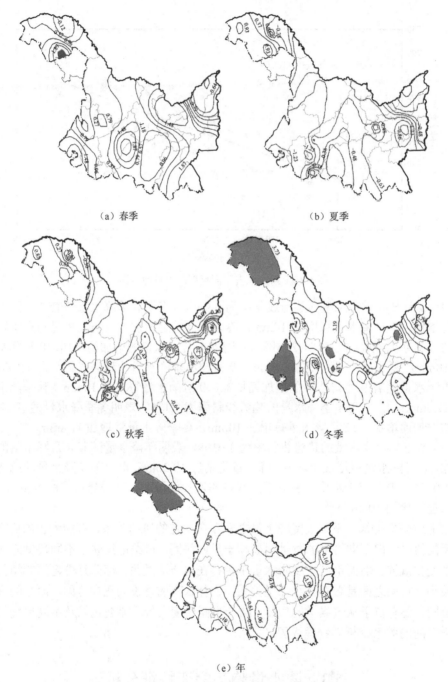

（a）春季　　　　　　　　　　　　　（b）夏季

（c）秋季　　　　　　　　　　　　　（d）冬季

（e）年

图 5-11　黑龙江省年和各季节降水量 Z 值等值线（P=5%）

注：图中虚线表示 Z 值等值线为负值；实线表示 Z 值等值线为正值；灰色填充区域为上升趋势显著地区

由图 5-11 可知：①春季大部分地区降水量均呈现出一定的上升趋势，且大兴安岭地区南部上升趋势显著，仅有三江平原西北部、大兴安岭地区北部和齐齐哈尔市北部的少部分地区呈现出一定的下降趋势，但均不显著；②夏季大部分地区降水量均呈现出一定的下降趋势，仅有大兴安岭中西部、三江平原北部的少部分地区呈现出一定的上升趋势，但上升或下降趋势均不显著；③秋季除三江平原北部降水量下降趋势的区域有所减少外，其他地区降水量趋势空间变化与夏季相似；④冬季全省降水量均呈现出上升的趋势，且大兴安岭大部分地区、齐齐哈尔市西南部和佳木斯市中部上升趋势显著；⑤年降水量中部呈现出了一定的下降趋势，但不显著。大兴安岭地区、西部半干旱区以及三江平原北部和西部呈现出了一定的上升趋势，且大兴安岭西南部上升趋势显著。整体上，春季和冬季降水量变化趋势相似，呈现出上升的趋势；夏季和秋季降水量变化趋势相似，呈现出下降的趋势；而年降水量变化趋势与夏秋季节大致相同，这也体现出了夏秋季节降水量在年降水量中所占据的主导地位。该结论与朱红蕊等[267]的研究结果相一致。可见，黑龙江省降水量变化趋势在时间和空间上均呈现出较大的差异性。

　　上述季节和年降水差异的变化趋势主要是由季风环流异常和大型天气过程反常造成的。近几十年来，全球气候变暖，反常气候频繁发生。黑龙江省处于中纬度欧亚大陆东沿，太平洋西岸，北面临近寒冷的西伯利亚，南北跨中温带与寒温带。气候的变暖使冬春季节来自蒙古国高压区的干冷极地大陆性气团逐渐减少，从而使冬春季节降水量呈现出了上升的趋势，而夏秋季节，在西太平洋副热带高压控制和高空锋区的影响下，来自西太平洋的温湿海洋性气团逐渐减少，从而导致夏秋季节降水量呈现出了下降的趋势。

5.3.2　时间变化趋势分析

　　采用改进的 MK 检验法，计算各个尺度降水量的 Z 值，计算结果见表 5-2 和图 5-12。

表 5-2　黑龙江省不同尺度降水量 Z 值计算表

	1 月	2 月	3 月	4 月	5 月	6 月	7 月	8 月	9 月
Z 值	0.4809	-0.2607	0.5388	-0.5620	1.0486	0.2723	0.5156	-1.5121	-2.9490
	10 月	11 月	12 月	春季	夏季	秋季	冬季	年	—
Z 值	-0.1796	0.9617	1.9409	1.2340	-0.5040	-2.4275	2.1378	-0.9328	—

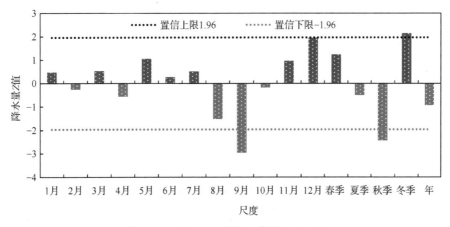

图 5-12　黑龙江省不同尺度降水量 Z 值

　　由表 5-2 和图 5-12 可知，不同尺度降水量的变化趋势各不相同，其中，1 月、3 月、5 月、6 月、7 月、11 月、12 月、春季和冬季的降水量 Z 值为正值，说明其降水量 1951～2014 年为增加趋势，但仅有冬季降水量的 Z 值超过了 1.96，其增加趋势比较显著，其余增加趋势均不显著，尤其是 6 月份，其 Z 值仅为 0.2723；2 月、4 月、8 月、9 月、10 月、夏季、秋季和年的降水量 Z 值为负值，说明其降水量 1951～2014 年为减少趋势，且 9 月和秋季降水量的 Z 值均超过了置信下限，表明其减小趋势显著，其余减小趋势均不显著，尤其是 10 月份，其 Z 值仅为-0.1796。

　　为了定量评价不同尺度降水量的变化趋势，绘制降水量显著月份、年和季节降水量变化曲线的趋势线，如图 5-13～图 5-15 所示。

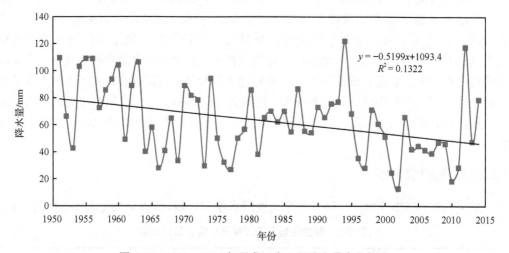

图 5-13　1951～2014 年黑龙江省 9 月降水量变化趋势

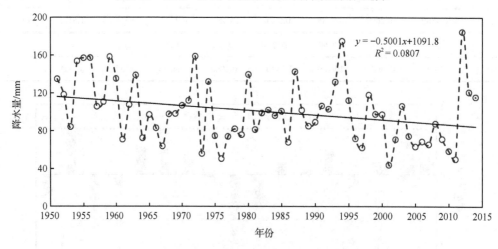

图 5-14　1951～2014 年黑龙江省秋季降水量变化趋势

　　由图 5-13～图 5-15 可知，黑龙江省 9 月、秋季和冬季降水量变化趋势与改进的 MK 检验法的结果一致，根据趋势线计算其气候变化倾向率分别为-5.2mm/10a、-5.0mm/10a、0.7mm/10a，由此可见，1951～2014 年黑龙江省 9 月降水量共减少了 33mm、秋季降水量共减少了 32mm、冬季降水量增加了 4.8mm。

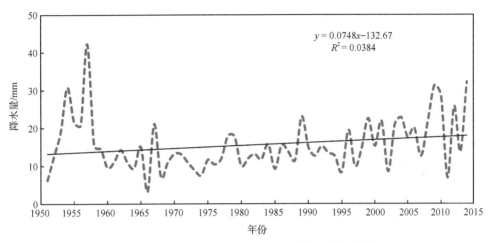

图 5-15　1951～2014 年黑龙江省冬季降水量变化趋势

5.3.3　月降水突变分析

采用改进的 MK 检验法，计算 1951～2014 年各月降水量的 UF 值和 UB 值，并绘制 UF 和 UB 变化曲线，如图 5-16 所示。UF 值和 UB 值的计算方法和具体含义见2.5.2 节。

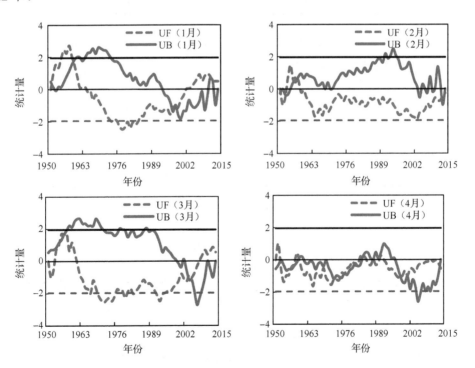

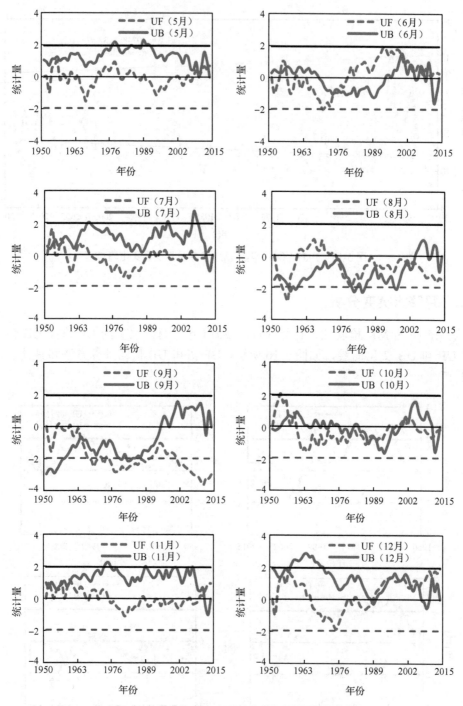

图 5-16 黑龙江省各个月降水量 MK 统计量曲线

由图 5-16 可知，黑龙江省 1951～2014 年不同月份降水量突变存在着不同的特征。具体分析如下。

（1）1 月降水量 UF 曲线在 1960 年之前为正值，在 1960～2001 年为负值，之后为正值，说明 1 月降水量在研究时段经历了增—减—增的趋势。UF 曲线与 UB 曲线在 0.05 显著水平线内出现了 4 个突变点，分别为 1951～1952 年、1959～1960 年、1996～1998 年、2011～2012 年，其中，1951～1952 年和 1959～1960 年后 UF 曲线均超过了 0.05 水平显著线，其余两个突变时间突变点过后 UF 曲线均在 0.05 水平显著线，表明 1951～1952 年和 1959～1960 年为显著突变点，其余两个不显著。

（2）2 月降水量 UF 曲线在 1960 年之前为正值（1951～1954 年除外），之后均为负值，说明 2 月降水量在研究时段经历了增—减趋势。UF 曲线与 UB 曲线在 0.05 显著水平线内出现了 4 个突变点，分别为 1951～1952 年、1953～1954 年、1956～1958 年、2013～2014 年，但 UF 曲线在整个研究时段均位于 0.05 显著水平线之间，表明 2 月降水量突变不明显。

（3）3 月降水量 UF 曲线在 1962 年之前为正值（1951～1954 年除外），1962～2008 年为负值，之后均为正值，说明 3 月降水量在研究时段经历了增—减—增的趋势。UF 曲线与 UB 曲线在 0.05 显著水平线内出现了 2 个突变点，分别为 1955～1957 年和 2004 年，1955～1957 年后 UF 曲线在 20 世纪 70 年代超过了 0.05 显著水平线，2004 年后 UF 曲线均位于 0.05 显著水平线之间，表明 1955～1957 年为显著突变点。

（4）4 月降水量在整个研究时段多为负值（1951～1952 年、1959～1960 年、1982～1984 年、1990～1991 年除外），说明 4 月降水量在整个研究时段呈现出减小趋势，UF 曲线和 UB 曲线在 0.05 水平显著线内出现了多个突变点，但突变后的 UF 曲线均在 0.05 显著水平线之间，即 4 月降水量没有显著突变点。

（5）5 月降水量 UF 曲线在 0 附近上下波动，正负交替，仅在 1977～1979 年、1988～1990 年两个时间段超出了 0.05 显著水平线，同时，UF 曲线和 UB 曲线在 2007 年以后出现了 4 个突变点，但突变点后的 UF 曲线均在 0.05 显著水平线之间，故 5 月降水量没有显著突变点。

（6）6 月降水量 UF 曲线在 1979 年前为正值（1954～1956 年除外），之后均为负值，说明 6 月降水量在整个研究时段经历了减—增的趋势，UF 曲线和 UB 曲线在 0.05 显著水平线内出现多个突变点，但突变点后的 UF 曲线均在 0.05 显著线之间，即 6 月降水量没有显著突变点。7 月降水量 MK 突变结果与 6 月相似，也没有显著突变点。

（7）8 月降水量 UF 曲线在 1951～1959 年为负值，在 1959～1973 年为正值，之后为负值，说明 8 月降水量在整个研究时段经历了减—增—减的趋势，其 UF 曲线和 UB 曲线在 0.05 显著水平线内出现多个突变点，但仅 1952 年突变点后的 UF 曲线超过了 0.05 显著水平线，即 8 月降水量 1952 年为显著突变点。

（8）9 月降水量在整个研究时段 UF 曲线均为负值（1956 年除外），表明 9 月降水量在整个研究时段为下降趋势，UF 曲线和 UB 曲线在 0.05 显著水平线仅有 1 个突变点，为 1964 年，且 1964 年后 UF 曲线在 70 年代中期至 90 年代初以及 2000 年以后均超出了 0.05 显著水平线，可见 9 月降水量 1964 年为显著突变点。

（9）10 月、11 月和 12 月降水量 MK 突变结果与 6 月、7 月相似，也没有显著突变点。

5.3.4　季节降水突变分析

采用改进的 MK 检验法，计算 1951～2014 年各季节降水量的 UF 值和 UB 值，并绘制 UF 和 UB 变化曲线，如图 5-17 所示。

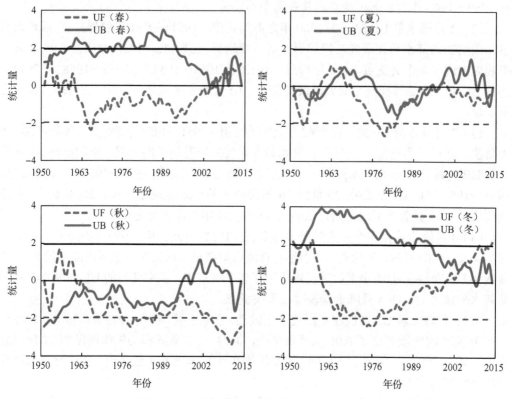

图 5-17　黑龙江省季节降水量 MK 统计量曲线

由图 5-17 可知，黑龙江省 1951～2014 年不同季节降水量突变存在着不同的特征。具体分析如下。

（1）春季降水量 UF 曲线在整个研究时段大致分为三个阶段：1960 年之前的降水量上升阶段、1960～2004 年的降水量下降阶段、2004 年之后的降水量上升阶段。UF 曲线和 UB 曲线在整个研究时段存在两个突变点，分别为 1952～1953 年、2004～2013 年，其中，1952～1953 年突变点之后在 1965～1967 年 UF 曲线超出了 0.05 显著水平线，为显著突变点；2004～2013 年突变由多个突变点交替组成，但均不显著。故春季降水量的显著突变点为 1952～1953 年。

（2）夏季降水量 UF 曲线在整个研究时段大致分为三个阶段：1959 年之前的降水量下降阶段、1959～1968 年的降水量上升阶段、1968 年之后的降水量下降阶段。UF 曲线和 UB 曲线在整个研究时段存在多个突变点，其中 1951 年突变点和 1966 年突变点之后的 UF 曲线均出现了超过 0.05 显著水平线的时段，其余突变点之后的 UF 曲线均在 0.05 显著水平线间，即夏季降水量的显著突变点为 1951 年和 1966 年。

（3）秋季降水量 UF 曲线在整个研究时段大致分为三个阶段：1954 年之前的降水量下降阶段、1954～1961 年的降水量上升阶段、1961 年之后的降水量下降阶段。UF 曲线和 UB 曲线在整个研究时段仅有 1 个突变点，为 1964 年，且 1964 年之后的 UF 曲线在 2005 年之后超出了 0.05 显著水平线，即秋季降水量的显著突变点为 1964 年。

（4）冬季降水量 UF 曲线在整个研究时段大致分为三个阶段：1960 年之前的降水量上升阶段、1960～1999 年的降水量下降阶段、1999 年之后的降水量上升阶段。UF 曲线和 UB 曲线在整个研究时段存在 2 个突变点，分别为 1953～1954 年和 2003～2005 年，且两个突变点之后的 UF 曲线分别在 20 世纪 70 年代中期和 2014 年之后超出了 0.05 显著水平线，即冬季降水量的显著突变点为 1953～1954 年和 2003～2005 年。

5.3.5　年降水突变分析

采用改进的 MK 检验法，计算 1951～2014 年降水量的 UF 值和 UB 值，并绘制 UF 和 UB 变化曲线，如图 5-18 所示。

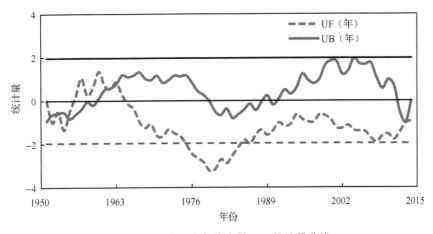

图 5-18　黑龙江省年降水量 MK 统计量曲线

由图 5-18 可知，年降水量同各个季节降水量的 UF 曲线具有相似的规律，也存在三个阶段，分别为 1956 年之前的降水量下降阶段、1956～1964 年的降水量上升阶段、1964 年之后的降水量下降阶段。UF 曲线和 UB 曲线在整个研究时段存在三个突变点，分别为 1952～1954 年、1962～1963 年和 2013 年，且 1962～1963 年突变后的 UF 曲线在 20 世纪 70 年代中期到 80 年代中期超出 0.05 显著水平线，其余均在 0.05 显著水平线之间，故年降水量的显著突变点为 1962～1963 年。

5.3.6　不同尺度降水突变对比

将前述不同尺度降水量的突变特征汇总在表 5-3 中，分析不同尺度降水量突变之间的关系和差异。

表 5-3　黑龙江省不同尺度降水量突变分析表

	1 月	2 月	3 月	4 月	5 月	6 月	7 月	8 月	9 月
突变点	1951～1952 年、1959～1960 年	无	1955～1957 年	无	无	无	无	1952 年	1964 年

	10 月	11 月	12 月	春季	夏季	秋季	冬季	年	—
突变点	无	无	无	1952～1953 年	1951 年、1966 年	1964 年	1953～1954 年、2003～2005 年	1962～1963 年	—

由表 5-3 可知，不同尺度降水量的突变特征各有不同，各月降水量中仅有 1 月、3 月、8 月、9 月存在突变点，而季节降水量和年降水量均存在突变点，其中，1 月、8 月降水量的突变点与春季、夏季、冬季比较相似，均在 20 世纪 50 年代发生突变；9 月降水量的突变点与秋季降水量的突变点相同，均发生在 1964 年。但总体来看，除冬季降水量在 2000 年以后存在突变，其余各尺度降水量突变点均发生在 20 世纪五六十年代。分析原因发现：一方面，黑龙江省从 20 世纪 50 年代起开始大规模开垦，经营农场，尤其是 1958 年后，北大荒开始进入大规模的开发时期，极大地改变了下垫面的条件，如湿地面积锐减等，已有研究表明，人类活动会影响大气环境[268]，进而影响降水，使不同尺度降水在 20 世纪五六十年代发生了突变；另一方面，由前述 3.2 节分析可知，黑龙江省大部分地区自 1951 年以来，气温呈现出上升趋势，结合 IPCC 公布的全球气候变化评估报告，2000 年以后，全球气候变暖加剧。气温的升高尤其对冬季降水影响较大[269-271]，进而引起了冬季降水的突变。

5.4　不同尺度降水量周期特征分析

5.4.1　小波周期分析理论

小波分析是一种窗口面积固定但形状可变的时频局部分析方法，它通过将信号分解成一系列小波函数并进行叠加，从而检验信号的突变情况。由于其能够清晰揭示隐藏在时间序列中多种变化周期，因此已被广泛应用于水文时间序列的周期分析中[272-274]。根据已有研究成果[275,276]，Morlet（莫莱）小波的时域、频域局部性均较好，Morlet 小波的母函数形式为[277]

$$\Psi(t) = e^{ict}e^{\frac{t^2}{2}}$$　　　　　（5-2）

小波系数定义为

$$W_f(a,b) = |a|^{\frac{1}{2}} \int_{-\infty}^{+\infty} f(t)\overline{\Psi}\left(\frac{t-b}{a}\right)dt$$　　　　　（5-3）

式中，c 为常数，当 $c \geq 5$ 时，Morlet 小波就能近似满足允许条件，经验值为 6.2；i 为虚数；$W_f(a,b)$ 为小波系数；$\overline{\Psi}(t)$ 为 $\Psi(t)$ 的复共轭函数；t 为时间；a 为尺度因子；b 为时间因子。上述小波系数的模和实部是两个非常重要的变量，其模的大小表示特征时间尺度信号的强弱，实部表示不同特征时间尺度信号在不同时间上的分布和位相两个方面的信息。

　　将时间域上不同尺度 a 的所有小波系数的平方进行积分，即为小波方差（小波功率谱），它反映了水文序列中所包含的各种尺度的波动及其强弱随尺度变化的特征。对应峰值处的尺度即为该序列的主要时间尺度，用以反映时间序列变化的主要周期[30]。其计算公式为

$$\mathrm{var}(a) = \int_{-\infty}^{+\infty} \left| W_f(a,b) \right|^2 \mathrm{d}b \tag{5-4}$$

　　小波功率谱反映了水文序列中所包含的各种尺度的波动及其强弱随尺度变化的特征。对应峰值处的尺度即为该序列的主要时间尺度，用以反映时间序列变化的主要周期，但所反映出的主周期是否显著还需要进行显著性检验。小波功率谱为

$$P = \sigma^2 P_a \frac{\chi_v^2}{v} \tag{5-5}$$

式中，σ^2 为降水时间序列的方差；P_a 为红噪声或白噪声谱，其表达式为

$$P_a = \frac{1 - r(1)^2}{1 + r(1)^2 - 2r(1)\cos\left(\dfrac{2\pi\delta_t}{1.033a}\right)} \tag{5-6}$$

其中，$r(1)$ 为降水时间序列滞后 1 的自相关系数，当 $r(1) \leqslant 0.1$ 时，则取 $r(1)=0$，用白噪声谱检验，反之用红噪声谱检验。χ_v^2 为自由度 v 的 χ^2 在显著性 0.05 的值，v 的表达式为

$$v = 2\sqrt{1 + \left(\frac{N\delta_t}{2.32a}\right)^2} \tag{5-7}$$

其中，N 为降水时间序列样本个数，δ_t 为时间间隔，本书取 $\delta_t = 1$。如果 $\mathrm{var}(a) > P$，说明小波功率谱对应的周期是显著的。

5.4.2　月降水量周期分析

　　根据前述理论，本节对黑龙江省 1951～2014 年的各月降水资料进行多时间尺度特征分析，为了便于分析，在进行分析前需要对全年 12 个月的降水量数据进行距平处理，然后将距平处理后的数据代入前述小波函数的公式［式（5-5）］中，取不同的尺度因子 a 和时间因子 b，计算各月降水量的小波系数 $W_f(a,b)$，进而根据计算的小波系数模平方和实部，绘制以时间因子 b 为横坐标、尺度因子 a 为纵坐标的模平方等值线图和实部等值线图。同时，根据小波模平方等值线图和小波变化实部等值线图仅能识别出其周期存在的范围，如何确定各月降水量哪个周期在整个时域变化中占据主要位置，可通过小波功率谱进行检验。根据前述式（5-5）～式（5-7）理论计算各月降水量的小波功率谱，并绘制 95%的置信水平线，当某一尺度超过了 95%置信水平线，表明该尺度显著。

　　（1）黑龙江省 1 月降水量的小波周期分析结果见图 5-19。图 5-19（b）中的实线为正位相，代表降水偏多期，虚线为负位相，代表降水偏少期。由图 5-19（a）、（b）可以看出，黑龙江省 1 月降水量在 1951～2014 年不同时段各尺度的强弱分布，其中，22～25 年的时间尺度变化最强，其中心尺度为 24 年左右，正负位相交替出现，经历了 2.5 次

丰枯交替变化，分布在整个研究时域，存在一个振荡中心，为 1959 年；13～16 年的时间尺度也相对较强，其中心尺度为 15 年，经历 4.5 次丰枯交替变化，主要发生在1959～1991 年，具有一个振荡中心，为 1976 年。结合小波功率谱［图 5-19（c）］可以看出，黑龙江省 1 月降水量具有显著的 24 年和 15 年的变化周期，其中，24 年的时间尺度最为突出，周期振荡最强，为第一主周期；15 年的时间尺度相对突出，为第二主周期。同时，由图 5-19（b）也可以看出，2014 年以后，虚线代表的负位相尚未闭合，即未来1 月降水量的偏少期还将持续一段时间。

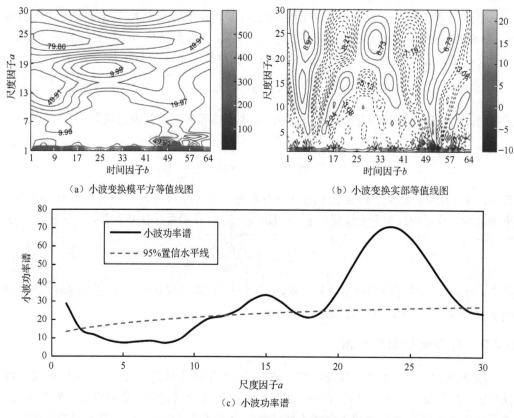

（a）小波变换模平方等值线图　　　　　　　（b）小波变换实部等值线图

（c）小波功率谱

图 5-19　黑龙江省 1 月降水量小波周期分析

（2）黑龙江省 2 月降水量的小波周期分析结果见图 5-20。图 5-20（b）中的实线为正位相，代表降水偏多期，虚线为负位相，代表降水偏少期。由图 5-20（a）、（b）可以看出，黑龙江省 2 月降水量在 1951～2014 年不同时段各尺度的强弱分布，其中，26～28 年的时间尺度变化最强，其中心尺度为 27 年左右，正负位相交替出现，经历了 2.5 次丰枯交替变化，分布在整个研究时域，存在一个振荡中心，为 2005 年；17～19 年的时间尺度变化相对较强，其中心尺度为 18 年左右，正负位相交替出现，经历了 3.5 次丰枯交替变化，主要发生在 1951～1981 年，存在一个振荡中心，为 1958 年；2～4 年的时间尺度在整个研究时域也有所体现，但表现得相对凌乱。结合小波功率谱［图 5-20（c）］可以看出，黑龙江省 2 月降水量具有显著的 27 年和 18 年的变化周期，其中，27 年的时间尺度最为突出，周期振荡最强，为第一主周期；18 年的时间尺度相对突出，为第二主周期。

同时，由图 5-20（b）也可以看出，2014 年以后，虚线代表的负位相即将出现，即未来
2 月降水量将进入偏少期。

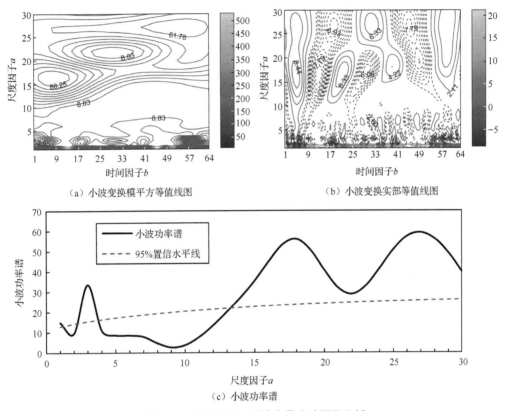

（a）小波变换模平方等值线图　　　　　　　　　（b）小波变换实部等值线图

（c）小波功率谱

图 5-20　黑龙江省 2 月降水量小波周期分析

（3）黑龙江省 3 月降水量的小波周期分析结果见图 5-21。由图 5-21 可以看出，黑
龙江省 3 月降水量在 1951～2014 年不同时段各尺度的强弱分布，其中，25～27 年的时
间尺度变化最强，其中心尺度为 26 年左右，正负位相交替出现，经历了 2.5 次丰枯交替
变化，分布在整个研究时域，存在一个振荡中心，为 2008 年；10～12 年、4～6 年的时间尺
度在整个研究时域也有所体现，但表现得相对凌乱。结合小波功率谱［图 5-21（c）］可
以看出，黑龙江省 3 月降水量仅有一个显著主周期，为 26 年。同时，由图 5-21（b）也可
以看出，2014 年以后，虚线代表的负位相即将出现，即未来 3 月降水量将进入偏少期。

（4）黑龙江省 4 月降水量的小波周期分析结果见图 5-22。由图 5-22 可以看出，黑
龙江省 4 月降水量在 1951～2014 年不同时段各尺度的强弱分布，其中，24～26 年的时
间尺度变化最强，其中心尺度为 25 年左右，正负位相交替出现，经历了 2.5 次丰枯交替
变化，分布在整个研究时域，存在一个振荡中心，为 1994 年；3～4 年和 7～8 年的时间
尺度也有所体现，但表现得不够突出。结合小波功率谱［图 5-22（c）］可以看出，黑龙
江省 4 月降水量具有两个显著主周期，分别为 25 年和 3.5 年。其中，25 年的时间尺度
最为突出，周期振荡最强，为第一主周期；3.5 年的时间尺度相对突出，为第二主周期。
同时，由图 5-22（b）也可以看出，2014 年以后，虚线代表的负位相尚未完全闭合，即
未来 4 月降水量的偏少期还将持续一段时间。

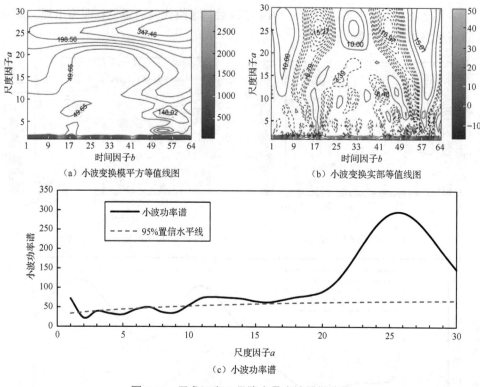

（a）小波变换模平方等值线图　　　　　（b）小波变换实部等值线图

（c）小波功率谱

图 5-21　黑龙江省 3 月降水量小波周期分析

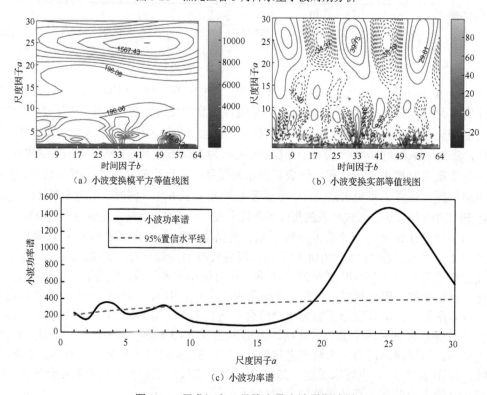

（a）小波变换模平方等值线图　　　　　（b）小波变换实部等值线图

（c）小波功率谱

图 5-22　黑龙江省 4 月降水量小波周期分析

（5）黑龙江省 5 月降水量的小波周期分析结果见图 5-23。由图 5-23 可以看出，黑龙江省 5 月降水量在 1951～2014 年不同时段各尺度的强弱分布，其中，25～28 年的时间尺度变化最强，其中心尺度为 26 年左右，正负位相交替出现，经历了 2.5 次丰枯交替变化，分布在整个研究时域，无振荡中心；17～19 年和 13～15 年的时间尺度变化相对较强，其中心尺度分别为 18 年和 14 年，正负位相交替出现，分别经历了 3.5 次和 4.5 次，其中 17～19 年的时间尺度分布在 1951～1967 年和 1975～1999 年，其振荡中心分别为 1959 年和 1988 年。13～15 年的时间尺度分布在整个研究时域，振荡中心不明显；3～4 年的时间尺度变化也相对较强，但在模平方等值线和实部等值线上表现得比较凌乱。结合小波功率谱［图 5-23（c）］可以看出，黑龙江省 5 月降水量具有四个显著主周期，分别为 26、18、14 和 4 年。其中，26 的时间尺度最为突出，周期振荡最强，为第一主周期；18 年的时间尺度相对突出，为第二主周期；第三和第四主周期分别为 14 年和 4 年。同时，由图 5-23（b）也可以看出，2014 年以后，实线代表的正位相已经结束，即未来 5 月降水量将进入偏少期。

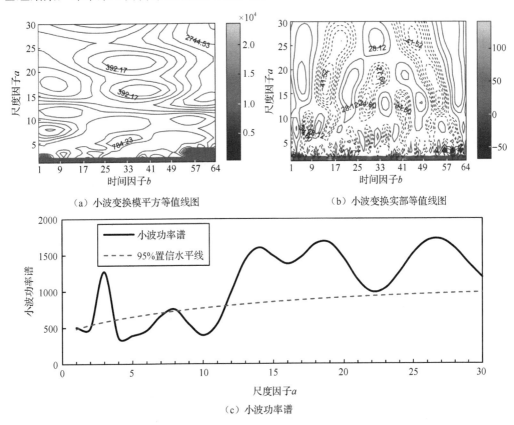

（a）小波变换模平方等值线图　　　　　　（b）小波变换实部等值线图

（c）小波功率谱

图 5-23　黑龙江省 5 月降水量小波周期分析

（6）黑龙江省 6 月降水量的小波周期分析结果见图 5-24。由图 5-24 可以看出，黑龙江省 6 月降水量在 1951～2014 年不同时段各尺度的强弱分布，其中，26～28 年的时间尺度变化最强，其中心尺度为 27 年左右，正负位相交替出现，经历了 2.5 次丰枯交替变化，分布在整个研究时域，无振荡中心；17～19 年的时间尺度变化较强，其中心尺度为 18 年左右，正负位相交替出现，经历了 3.5 次丰枯交替变化，主要分布在 1978～2014 年，存在一个振荡中心，为 2008 年；2～4 年的时间尺度变化也较强，其中心尺度为 3 年左右，但正负位相交替比较凌乱。结合小波功率谱［图 5-24（c）］可以看出，黑龙江省 6 月降水量具有三个显著主周期，分别为 27 年、18 年和 3 年。其中，27 年的时间尺度最为突出，周期振荡最强，为第一主周期；18 年的时间尺度相对突出，为第二主周期；第三主周期为 3 年。同时，由图 5-24（b）也可以看出，2014 年以后，实线代表的正位相已经结束，虚线代表的负位相即将出现，即未来 6 月降水量将进入偏少期。

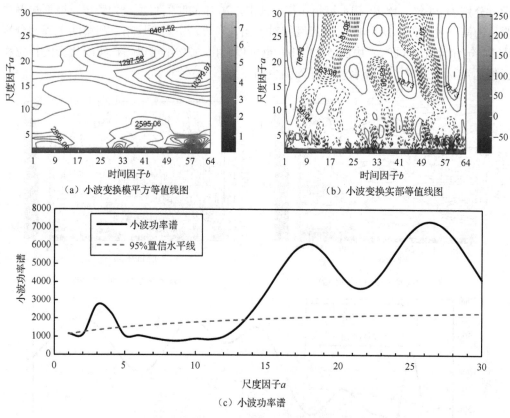

（a）小波变换模平方等值线图　　　　　　（b）小波变换实部等值线图

（c）小波功率谱

图 5-24　黑龙江省 6 月降水量小波周期分析

（7）黑龙江省 7 月降水量的小波周期分析结果见图 5-25。由图 5-25 可以看出，黑龙江省 7 月降水量在 1951～2014 年不同时段各尺度的强弱分布，其中，25～27 年的时间尺度变化最强，其中心尺度为 26 年左右，正负位相交替出现，经历了 2.5 次丰枯交替变化，分布在整个研究时域，无振荡中心；9～11 年的时间尺度变化比较强，其中心尺度为 10 年左右，主要分布在 1951～1967 年和 1999～2014 年两个时段，振荡中心分别为 1958 年和 2012 年，正负位相在两个能量中心交替出现，各经历了 2.0 次丰枯交替变化，而在 1967～1999 年，多表现为负位相；4～6 年的时间尺度变化也比较强，其中心尺度为 5 年左右，主要分布在 1951～1965 年，振荡中心为 1958 年，但正负位相交替比较凌乱。结合小波功率谱［图 5-25（c）］可以看出，黑龙江省 7 月降水量具有三个显著主周期，分别为 26 年、10 年和 5 年。其中，26 年的时间尺度最为突出，周期振荡最强，为第一主周期；10 年的时间尺度相对突出，为第二主周期；第三主周期为 5 年。同时，由图 5-25（b）也可以看出，2014 年以后，实线代表的正位相尚未完全闭合，即未来 7 月降水量的偏多期还将持续一段时间，但持续时间不会太长。

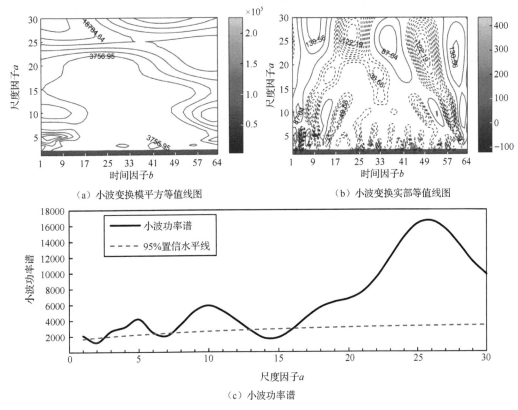

（a）小波变换模平方等值线图　　　　　　　　（b）小波变换实部等值线图

（c）小波功率谱

图 5-25　黑龙江省 7 月降水量小波周期分析

（8）黑龙江省 8 月降水量的小波周期分析结果见图 5-26。由图 5-26 可以看出，黑龙江省 8 月降水量在 1951～2014 年不同时段各尺度的强弱分布，其中，24～26 年的时间尺度变化最强，其中心尺度为 25 年左右，正负位相交替出现，经历了 2.5 次丰枯交替变化，分布在整个研究时域，无振荡中心；13～15 年的时间尺度变化较强，其中心尺度为 14 年左右，正负位相交替出现，经历了 4.5 次丰枯交替变化，分布在 1953～2014 年，振荡中心为 1991 年；5～7 年和 2～4 年的时间尺度变化也有所体现，但其丰枯变化相对比较凌乱。结合小波功率谱［图 5-26（c）］可以看出，黑龙江省 8 月降水量具有四个显著主周期，分别为 25 年、14 年、6 年和 3 年。其中，25 年的时间尺度最为突出，周期振荡最强，为第一主周期；14 年的时间尺度相对突出，为第二主周期；第三和第四主周期分别为 6 年和 3 年。同时，由图 5-26（b）也可以看出，2014 年以后，实线代表的正位相尚未完全闭合，即未来 8 月降水量的偏多期还将持续一段时间，但持续时间不会太长，这与 7 月降水的变化趋势相似。

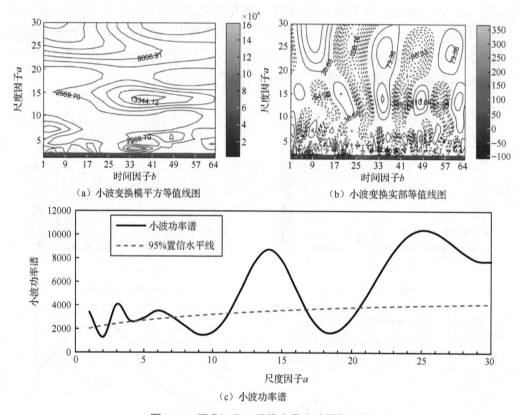

（a）小波变换模平方等值线图　　　　　　（b）小波变换实部等值线图

（c）小波功率谱

图 5-26　黑龙江省 8 月降水量小波周期分析

（9）黑龙江省 9 月降水量的小波周期分析结果见图 5-27。由图 5-27 可以看出，黑龙江省 9 月降水量在 1951～2014 年不同时段各尺度的强弱分布，其中，27～29 年的时间尺度变化最强，其中心尺度为 28 年左右，正负位相交替出现，经历了 2.0 次丰枯交替变化，分布在整个研究时域，无振荡中心；18～20 年的时间尺度变化较强，其中心尺度为 19 年左右，正负位相交替出现，经历了 3.5 次丰枯交替变化，分布在 1957～1999 年，振荡中心为 1983 年；9～11 年和 3～5 年的时间尺度变化也有所体现，9～11 年在整个研究时段经历了 6.5 次丰枯交替，3～5 年的时间尺度变化则更多，但表现得有些凌乱。结合小波功率谱［图 5-27（c）］可以看出，黑龙江省 9 月降水量具有四个显著主周期，分别为 28 年、19 年、10 年和 4 年。其中，28 年的时间尺度最为突出，周期振荡最强，为第一主周期；19 年的时间尺度相对突出，为第二主周期；第三和第四主周期分别为 10 年和 4 年。同时，由图 5-27（b）也可以看出，2014 年以后，实线代表的正位相尚未完全闭合，即未来 9 月降水量的偏多期还将持续一段时间，但持续时间不会太长，这与 7 月和 8 月降水的变化趋势相似。

（10）黑龙江省 10 月降水量的小波周期分析结果见图 5-28。由图 5-28 可以看出，黑龙江省 10 月降水量在 1951～2014 年不同时段各尺度的强弱分布，其中，19～20 年的时间尺度变化最强，其中心尺度为 19.5 年左右，正负位相交替出现，经历了 3.5 次丰枯交替变化，分布在整个研究时域，无振荡中心；14～15 年的时间尺度变化较强，其中心尺度为 14.5 年左右，正负位相交替出现，经历了 4.5 次丰枯交替变化，分布在 1951～1977 年，振荡中心为 1957 年；6～7 年的时间尺度变化也较强，其中心尺度为 6.5 年左右，正负位相交替出现，经历了 9.5 次丰枯交替变化，分布在整个研究时域，且具有多个振荡中心；2～4 年的时间尺度也有体现，但丰枯交替表现得比较凌乱。结合小波功率谱[图 5-28（c）]可以看出，黑龙江省 10 月降水量具有四个显著主周期，分别为 19.5 年、14.5 年、6.5 年和 3 年。其中，19.5 年的时间尺度最为突出，周期振荡最强，为第一主周期；14.5 年的时间尺度相对突出，为第二主周期；第三和第四主周期分别为 6.5 年和 3 年。同时，由图 5-28（b）也可以看出，2014 年以后，实线代表的正位相尚未完全闭合，即未来 10 月降水量的偏多期还将持续一段时间，但持续时间不会太长，这与 7～9 月降水的变化趋势相似。

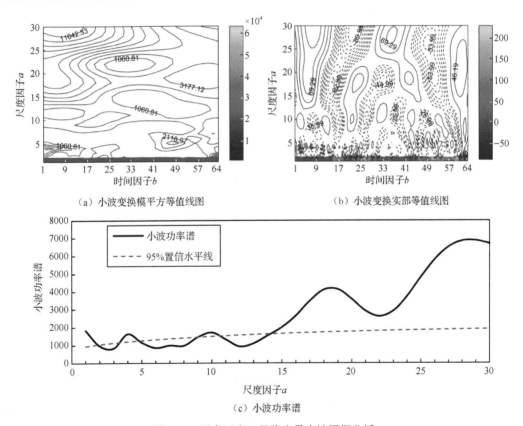

（a）小波变换模平方等值线图　　　　　　　　（b）小波变换实部等值线图

（c）小波功率谱

图 5-27　黑龙江省 9 月降水量小波周期分析

（11）黑龙江省 11 月降水量的小波周期分析结果见图 5-29。由图 5-29 可以看出，黑龙江省 11 月降水量在 1951～2014 年不同时段各尺度的强弱分布，其中，25～27 年的时间尺度变化最强，其中心尺度为 26 年左右，正负位相交替出现，经历了 2.5 次丰枯交替变化，分布在整个研究时域，无振荡中心；13～15 年的时间尺度变化较强，其中心尺度为 14 年左右，正负位相交替出现，经历了 4.5 次丰枯交替变化，分布在整个研究时域，无明显振荡中心；8～9 年和 3～5 年的时间尺度变化也较强，其中心尺度分别为 8.5 年、4 年左右。8～9 年的时间尺度主要分布在 1995～2014 年，具有一个振荡中心，为 2010 年，但正负位相交替不够清晰。3～5 年的时间尺度主要分布在 1951～1992 年、2007～2014 年，具有三个振荡中心，分别为 1963 年、1987 年和 2012 年，但正负位相交替较多，且比较凌乱。结合小波功率谱［图 5-29（c）］可以看出，黑龙江省 11 月降水量具有四个显著主周期，分别为 26 年、14 年、8.5 年和 4 年。其中，26 的时间尺度最为突出，周期振荡最强，为第一主周期；14 年的时间尺度相对突出，为第二主周期；第三和第四主周期分别为 8.5 年和 4 年。同时，由图 5-29（b）也可以看出，2014 年以后，实线代表的正位相尚未完全闭合，即未来 11 月降水量的偏多期还将持续一段时间，但持续时间不会太长，这与 7～10 月降水的变化趋势相似。

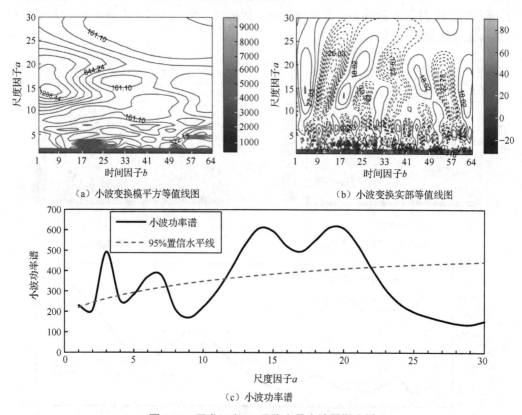

（a）小波变换模平方等值线图　　　　　（b）小波变换实部等值线图

（c）小波功率谱

图 5-28　黑龙江省 10 月降水量小波周期分析

（12）黑龙江省 12 月降水量的小波周期分析结果见图 5-30。由图 5-30 可以看出，黑龙江省 12 月降水量在 1951～2014 年不同时段各尺度的强弱分布，其中，25～27 年的时间尺度变化最强，其中心尺度为 26 年左右，正负位相交替出现，经历了 2.5 次丰枯交替变化，分布在整个研究时域，具有一个振荡中心，位于 2003 年；17～19 年的时间尺度变化较强，其中心尺度为 18 年左右，正负位相交替出现，经历了 3.5 次丰枯交替变化，主要分布在 1988～2014 年，具有一个振荡中心，为 2008 年；10～12 年和 4～6 年的时间尺度也有所体现，中心尺度分别为 11 年和 5 年，10～12 年的时间尺度丰枯交替较多，约经历了 6 次，4～6 年的时间尺度丰枯交替比较凌乱。结合小波功率谱 [图 5-30（c）] 可以看出，黑龙江省 12 月降水量具有四个显著主周期，分别为 26 年、18 年、11 年和 5 年。其中，26 的时间尺度最为突出，周期振荡最强，为第一主周期；18 年的时间尺度相对突出，为第二主周期；第三和第四主周期分别为 11 年和 5 年。同时，由图 5-30（b）也可以看出，2014 年以后，实线代表的正位相即将完全闭合，而虚线代表的负位相已经出现，即未来 12 月降水量将进入偏少期。

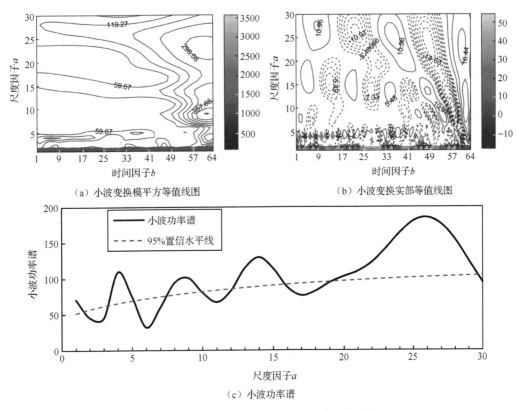

（a）小波变换模平方等值线图　　　　　　（b）小波变换实部等值线图

（c）小波功率谱

图 5-29　黑龙江省 11 月降水量小波周期分析

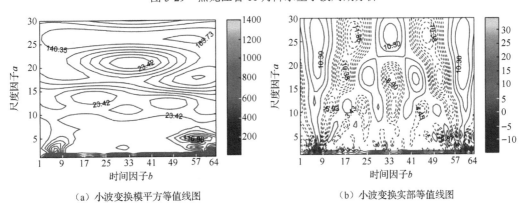

（a）小波变换模平方等值线图　　　　　　（b）小波变换实部等值线图

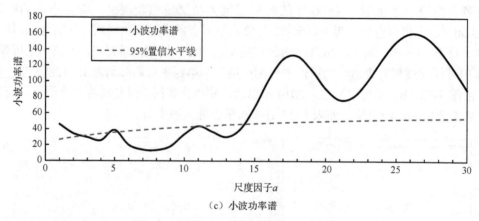

（c）小波功率谱

图 5-30　黑龙江省 12 月降水量小波周期分析

5.4.3　季节降水量周期分析

根据前述理论，对黑龙江省 1951～2014 年的各季节降水资料进行多时间尺度特征分析，其计算过程与月降水量相同，具体结果见图 5-31～图 5-34。

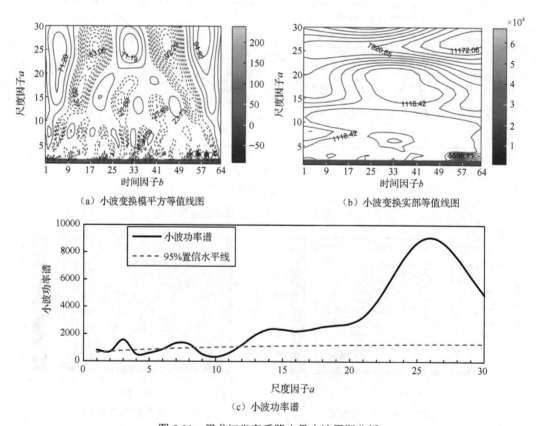

（a）小波变换模平方等值线图　　　　　（b）小波变换实部等值线图

（c）小波功率谱

图 5-31　黑龙江省春季降水量小波周期分析

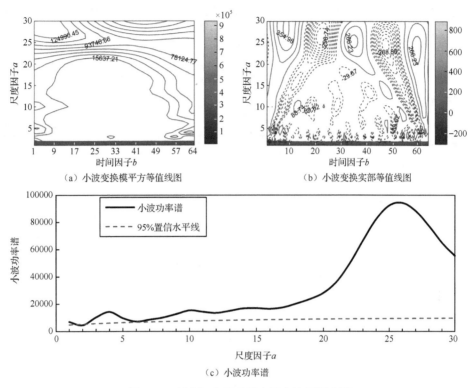

（a）小波变换模方等值线图　　　　　（b）小波变换实部等值线图

（c）小波功率谱

图 5-32 黑龙江省夏季降水量小波周期分析

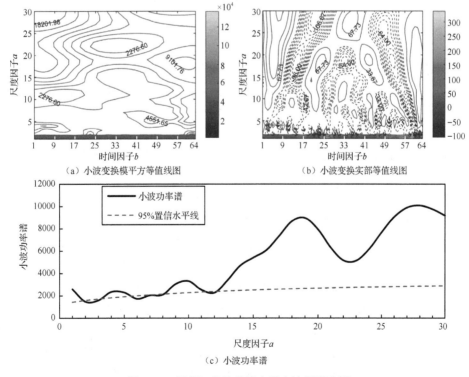

（a）小波变换模方等值线图　　　　　（b）小波变换实部等值线图

（c）小波功率谱

图 5-33 黑龙江省秋季降水量小波周期分析

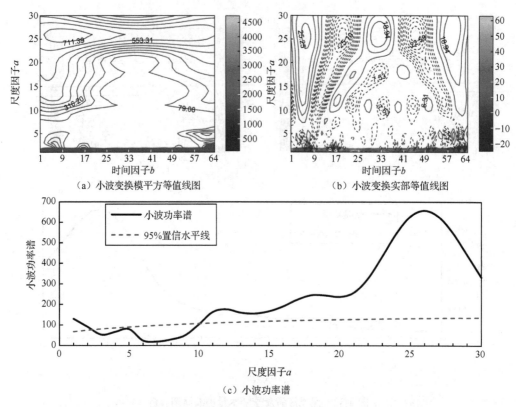

（a）小波变换模平方等值线图　　　　（b）小波变换实部等值线图

（c）小波功率谱

图 5-34　黑龙江省冬季降水量小波周期分析

（1）图 5-31 为春季降水量的小波分析结果。由图 5-31 可知，黑龙江省春季降水量在 1951～2014 年不同时段各尺度的强弱分布，其中，25～27 年的时间尺度变化最强，其中心尺度为 26 年左右，正负位相交替出现，经历了 2.5 次丰枯交替变化，分布在整个研究时域，具有一个振荡中心，为 2007 年；13～15 年的时间尺度变化较强，其中心尺度为 14 年左右，正负位相交替出现，经历了 4.5 次丰枯交替变化，分布在整个研究时域，无明显振荡中心；7～8 年和 3～5 年的时间尺度变化也有所体现，但其丰枯交替表现均比较凌乱。结合小波功率谱［图 5-31（c）］可以看出，黑龙江省春季降水量具有四个显著主周期，分别为 26 年、14 年、7.5 年和 4 年。其中，26 年的时间尺度最为突出，周期振荡最强，为第一主周期；14 年的时间尺度相对突出，为第二主周期；第三和第四主周期分别为 4 年和 7.5 年。同时，由图 5-31（b）也可以看出，2014 年以后，实线代表的正位相已完全闭合，即春季降水量的偏多期已经结束，未来将进入降水偏少期。

（2）图 5-32 为夏季降水量的小波分析结果。由图 5-32 可以看出，黑龙江省夏季降水量在 1951～2014 年不同时段各尺度的强弱分布，其中，25～27 年的时间尺度变化最强，其中心尺度为 26 年左右，正负位相交替出现，经历了 2.5 次丰枯交替变化，分布在整个研究时域，无明显振荡中心；3～5 年的时间尺度变化也有所体现，但其丰枯交替表现均比较凌乱。结合小波功率谱［图 5-32（c）］可以看出，黑龙江省夏季降水量具有两个显著主周期，分别为 26 年和 4 年。其中，26 年的时间尺度最为突出，周期振荡最强，为第一主周期；4 年的时间尺度相对突出，为第二主周期。同时，由图 5-32（b）也可以看出，2014 年以后，实线代表的正位相尚未完全闭合，即夏季降水量的偏多期尚未结束，未来偏多期还将持续一段时间，但持续时间不长。

（3）图 5-33 为秋季降水量的小波分析结果。由图 5-33 可以看出，黑龙江省秋季降水量在 1951～2014 年不同时段各尺度的强弱分布，其中，27～28 的时间尺度变化最强，其中心尺度为 27.5 年左右，正负位相交替出现，经历了 2.5 次丰枯交替变化，分布在整个研究时域，无明显振荡中心；18～19 年的时间尺度变化较强，其中心尺度为 18.5 年左右，正负位相交替出现，经历了 3.5 次丰枯交替变化，主要分布在 1999～2014 年，具有一个振荡中心，为 2010 年；9～10 年的时间尺度变化也较强，其中心尺度为 9.5 年左右，正负位相交替出现，经历了 7.5 次丰枯交替变化，主要分布在整个研究时域，无明显振荡中心；4～5 年的时间尺度变化也有所体现，但其丰枯交替表现均比较凌乱。结合小波功率谱 [图 5-33（c）] 可以看出，黑龙江省秋季降水量具有四个显著主周期，分别为 27.5 年、18.5 年、9.5 年和 4.5 年。其中，27.5 年的时间尺度最为突出，周期振荡最强，为第一主周期；18.5 年的时间尺度相对突出，为第二主周期；第三和第四主周期分别为 9.5 年和 4.5 年。同时，由图 5-33（b）也可以看出，2014 年以后，实线代表的正位相尚未完全闭合，即秋季降水量的偏多期尚未结束，未来偏多期还将持续一段时间，但持续时间不长。

（4）图 5-34 为冬季降水量的小波分析结果。由图 5-34 可以看出，黑龙江省冬季降水量在 1951～2014 年不同时段各尺度的强弱分布，其中，25～27 年的时间尺度变化最强，其中心尺度为 26 年左右，正负位相交替出现，经历了 2.5 次丰枯交替变化，分布在 1951～1983 年，具有一个振荡中心，为 1959 年；其余时间尺度虽然也有所体现，但其丰枯交替均比较凌乱。结合小波功率谱 [图 5-34（c）] 可以看出，黑龙江省冬季降水量具有一个显著主周期，为 26 年。同时，由图 5-34（b）也可以看出，2014 年以后，实线代表的正位相已经完全闭合，虚线代表的负位相即将出现，即冬季降水量将由偏多期进入偏少期。

5.4.4　年尺度降水量周期分析

根据前述理论，对黑龙江省 1951～2014 年降水资料进行多时间尺度特征分析，其计算过程与月降水量、季节降水量相同，具体结果见图 5-35。由图 5-35 可知：黑龙江省年降水量在 1951～2014 年不同时段各尺度的强弱分布，其中，25～27 年的时间尺度变化最强，其中心尺度为 26 年左右，正负位相交替出现，经历了 2.5 次丰枯交替变化，分布在 1951～1983 年，具有一个振荡中心，为 1954 年；9～11 年和 3～5 年的时间尺度变化也有所体现，但其丰枯交替变化比较凌乱，其均分布在整个研究时域，无明显的振荡中心。结合小波功率谱 [图 5-35（c）] 可以看出，黑龙江省年降水量具有三个显著主周期，分别为 26 年、10 年和 4 年。其中，26 年的时间尺度最为突出，周期振荡最强，为第一主周期；10 年的时间尺度相对突出，为第二主周期；第三主周期为 4 年。同时，由图 5-35（b）也可以看出，2014 年以后，实线代表的正位相尚未完全闭合，即年降水量的偏多期尚未结束，未来还将持续一段时间，但持续时间不长。

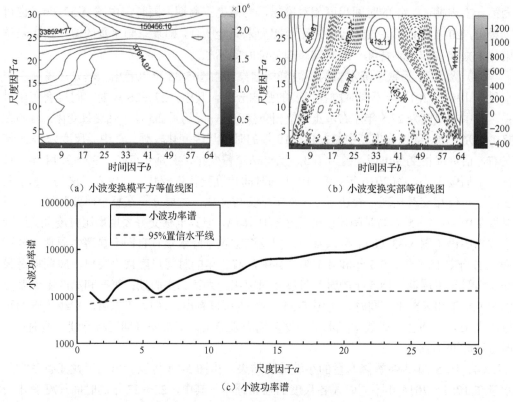

（a）小波变换模平方等值线图　　　　　　（b）小波变换实部等值线图

（c）小波功率谱

图 5-35　黑龙江省年降水量小波周期分析

5.4.5　不同尺度降水量周期对比分析

根据前述分析结果，本节将不同月份、不同季节和年降水量的周期结果汇总于表 5-4，根据表 5-4 分析不同尺度之间降水量周期的差异性。

表 5-4　黑龙江省 1951～2014 年不同尺度降水量周期分析　　　　　单位：年

	1 月	2 月	3 月	4 月	5 月	6 月	7 月	8 月	9 月
周期	24、15	27、18	26	25、3.5	26、18、14、4	27、18、3	26、10、5	25、14、6、3	28、19、10、4
丰枯趋势	枯	枯	枯	枯	枯	枯	丰	丰	丰

	10 月	11 月	12 月	春季	夏季	秋季	冬季	年	—
周期	19.5、14.5、6.5、3	26、14、8.5、4	26、18、11、5	26、14、7.5、4	26、4	27.5、18.5、9.5、4.5	26	26、10、4	—
丰枯趋势	丰	丰	枯	枯	丰	丰	枯	丰	—

由表 5-4 可知，除 10 月降水量外，其余尺度降水量均存在 25～28 年左右的周期，且年降水量与夏季和 7 月降水量具有较好的一致性，从丰枯趋势上看，季节降水量与对应月份降水量具有较好的一致性、年降水量与夏季和秋季降水量具有较好的一致性。可见不同尺度降水量周期变化在小周期上具有一定的差异，但大周期具有较好的一致性。另外，年降水量 4 年的周期变化与厄尔尼诺事件平均每 4 年发生一次的频率[278-280]相一致。

5.5　不同尺度降水量预报

5.5.1　改进灰色自记忆降水预报理论

传统的灰色预报模型 GM(1,1)适用于光滑平稳的时间序列，当时间序列波动幅度较大时，将会大大降低模型的预报精度。根据前述分析，不同尺度降水量均存在较大幅度的波动，直接采用传统的灰色预报模型进行预报则存在一定的局限性。为此，根据自记忆理论，引入自记忆函数，构建灰色自记忆模型（grey self-memory model, GSM），具体建模步骤如下[281,282]。

（1）假定降水时间序列为 $x^{(0)} = \left[x^{(0)}(1), x^{(0)}(2), \cdots, x^{(0)}(n) \right]$，一阶累加序列为 $x^{(1)} = \left[x^{(1)}(1), x^{(1)}(2), \cdots, x^{(1)}(n) \right]$，根据灰色预报理论，GM(1,1)模型的白化方程为

$$\frac{\mathrm{d}x^{(1)}}{\mathrm{d}t} + ax^{(1)} = b \tag{5-8}$$

（2）将式（5-8）进行变形，构建自记忆模型的动力核：

$$F(x,t) = -ax^{(1)} + b \tag{5-9}$$

式中，a 和 b 均为动力核参数。

（3）将 $T = [t_{-p}, t_{-p+1}, \cdots, t_{-1}, t_0, t]$ 作为一个时间序列，$t_{-p}, t_{-p+1}, \cdots, t_{-1}, t_0, t$ 分别代表历史观测时刻，t_0 代表初始预报时刻，t 代表未来预报时刻，p 代表回溯阶数。根据自记忆理论，式（5-9）可转化为

$$\int_{t_{-p}}^{t_{-p+1}} \beta(\tau) \frac{\partial x}{\partial \tau} \mathrm{d}\tau + \int_{t_{-p+1}}^{t_{-p+2}} \beta(\tau) \frac{\partial x}{\partial \tau} \mathrm{d}\tau + \cdots + \int_{t_0}^{t} \beta(\tau) \frac{\partial x}{\partial \tau} \mathrm{d}\tau = \int_{t_{-p}}^{t} \beta(\tau) F(x,\tau) \mathrm{d}\tau \tag{5-10}$$

采用中值定理、内积运算和分部积分等数学方法可将式（5-10）转化为

$$\beta_t x_t - \beta_{-p} x_{-p} - \sum_{i=-p}^{0} x_i^m (\beta_{i+1} - \beta_i) - \int_{t_{-p}}^{t} \beta(\tau) F(x,\tau) \mathrm{d}\tau = 0 \tag{5-11}$$

式中，$\beta_t \equiv \beta(t)$；$x_t^{(1)} \equiv x(t)$；$\beta_i \equiv \beta(t_i)$；$x_i \equiv x(t_i)$，$i = -p, -p+1, \cdots, 0$；$x_i^m \equiv x(t_m)$，$t_i < t_m < t_{i+1}$。

（4）令 $x_{-p} \equiv x_{-p-1}^m$，$\beta_{-p-1} \equiv 0$，则 p 阶自记忆预报方程可转化为

$$x_t = \frac{1}{\beta_t} \sum_{i=-p-1}^{0} x_i^m (\beta_{i+1} - \beta_i) + \frac{1}{\beta_t} \int_{t_{-p}}^{t} \beta(\tau) F(x,t) \mathrm{d}\tau \tag{5-12}$$

式中，$x_i^m = \frac{1}{2}(x_{i+1} + x_i) \equiv y_i$，$\Delta t_i = t_{i+1} - t_i = 1$，则式（5-12）的差分形式为

$$x_t = \sum_{i=-p-1}^{-1} \alpha_i y_i + \sum_{i=-p}^{0} \theta_i F(x,i) \tag{5-13}$$

其中，$\alpha_i = \frac{\beta_{i+1} - \beta_i}{\beta_t}$，$\theta_i = \frac{\beta_i}{\beta_t}$，传统方法常采用最小二乘法进行求解，然而当降水时间

序列自相关性较高时，在求解逆矩阵时会存在严重的舍入误差，导致最小二乘法失效[283]。已有研究表明[284,285]：粒子群算法具有简单易操作、精度高收敛快等优点，在解决非线性优化问题表现出了其独特的优越性，因此，本书引入粒子群算法代替传统的最小二乘法求解该参数。构建基于粒子群的改进灰色自记忆预报模型（modified grey self-memory forecast model, MGSM），构建优化目标函数如下：

$$F = \sum_{t=1}^{n} ((|\hat{x}_t - x_t| / x_t) \times 100\%) \qquad (5\text{-}14)$$

式（5-14）中的参数为 α_i 和 θ_i，$\hat{x}_t$ 为 x_t 的拟合值。粒子群算法的具体理论和步骤见参考文献[284]、[285]。

（5）根据灰色预报理论，对 x_t 进行还原计算，则降水量还原值为

$$\hat{x}^{(0)}(t+1) = \hat{x}^{(1)}(t+1) - x^{(1)}(t) \qquad (5\text{-}15)$$

式中，$t = 1, 2, \cdots, n-1$；$\hat{x}^{(1)}(1) = x^{(0)}(1)$。

5.5.2 模型精度评价方法

采用纳什效率系数（Nash-Sutcliffe efficiency cofficency, NSE，简称为纳什系数）、均方根误差（root mean square error, RMSE）和平均相对误差（mean relative error, MRE）对模型的拟合精度和预留检验精度进行评价，具体公式如下[286]：

$$NSE = 1 - \frac{\sum_{t=1}^{N} (\hat{x}_t - x_t)^2}{\sum_{t=1}^{N} (x_t - \overline{x}_t)^2} \qquad (5\text{-}16)$$

$$RMSE = \sqrt{\frac{1}{N} \sum_{t=1}^{N} (\hat{x}_t - x_t)^2} \qquad (5\text{-}17)$$

$$MRE = \frac{1}{N} \sum_{t=1}^{N} \left| \frac{\hat{x}_t - x_t}{x_t} \right| \qquad (5\text{-}18)$$

式中，N 为序列长度；$\hat{x}_t$ 为降水量拟合值；x_t 为 t 时刻降水量观测值；$\overline{x}_t$ 为降水量平均值。当 NSE=1、RMSE=0、MRE=0，拟合值与实测值完全相同；NSE 越接近 1，RMSE 和 MRE 越接近 0，则模型的拟合和预报精度越好。

上述模型评价仅是对模型的拟合阶段和模型预留检验阶段的精度进行评价。模型构建后，对降水量进行外延预报时，由于实测数据尚未出现，无法对其实际的预报精度进行检验。为此，基于不同尺度降水量之间的关系，本书提出一种基于尺度效应的降水预报精度自检验方法，具体过程如下。

假定年、生育期和生育期各月降水时间序列分别为 $Y_p(t)$、$SYQ_p(t)$ 和 $M_p^i(t)$，其中，$t = 1, 2, \cdots, 58$；$i = 5, 6, 7, 8, 9$。则存在如下关系式：

$$SYQ_p = \sum_{i=5}^{9} M_p^i \qquad (5\text{-}19)$$

$$Y_p = SYQ_p / \rho \qquad (5\text{-}20)$$

式中，ρ 为多年生育期降水量占多年降水量的比例，本书根据 1961～2018 年黑龙江省

松嫩平原降水时间序列数据，计算得 $\rho = 0.8643$。

假定年、生育期和生育期各月降水时间序列的预报值分别为 $\hat{Y}_{\mathrm{p}}$、$\widehat{\mathrm{SYQ}}_{\mathrm{p}}$ 和 $\hat{M}_{\mathrm{p}}^{i}$，根据各尺度降水量之间的关系可知，如果降水量预报得准确，则

$$\widehat{\mathrm{SYQ}}_{\mathrm{p}}' = \sum_{i=5}^{9} \hat{M}_{\mathrm{p}}^{i} \approx \widehat{\mathrm{SYQ}}_{\mathrm{p}} \tag{5-21}$$

$$\hat{Y}_{\mathrm{p}}' = \widehat{\mathrm{SYQ}}_{\mathrm{p}} / \rho \approx \hat{Y}_{\mathrm{p}} \tag{5-22}$$

式中，$\widehat{\mathrm{SYQ}}_{\mathrm{p}}'$ 为生育期各月降水量预报值之和；$\hat{Y}_{\mathrm{p}}'$ 为根据生育期降水量预报值和 ρ 的关系计算的年降水量。

分别将 $\hat{Y}_{\mathrm{p}}$、$\widehat{\mathrm{SYQ}}_{\mathrm{p}}$ 和 $\hat{Y}_{\mathrm{p}}'$、$\widehat{\mathrm{SYQ}}_{\mathrm{p}}'$ 作为年降水量和生育期降水量预报值的实测值和拟合值，计算纳什系数 NSE、均方根误差 RMSE 和平均相对误差 MRE，进而实现对降水量预报阶段精度的检验。

5.5.3　降水量预报模型构建及评价

1. 模型构建

基于黑龙江省松嫩平原 1961～2018 年不同尺度降水量，构建 GM(1,1)模型的微分方程，采用最小二乘法求解微分方程的参数 a 和 b，将 a 和 b 代入式（5-12），得到自记忆模型的动力核，通过对不同尺度降水量进行自相关分析确定回溯阶数 p（年、生育期和 6 月降水量的回溯阶数均为 6；5 月和 9 月为 4；6 月和 8 月为 5），进而构建基于粒子群算法优化的自记忆参数优化模型，求解式（5-16）中的参数 α_i 和 θ_i。模型参数见表 5-5。

表 5-5　不同尺度降水量改进灰色自记忆模型参数

参数		年	生育期	5 月	6 月	7 月	8 月	9 月
动力核参数	a	0.00	0.00	−0.01	−0.01	0.00	0.00	0.01
	b	471.38	418.65	29.77	65.53	148.47	113.51	59.43
回溯阶数	p	6	6	4	6	5	5	4
	α_{-6}	−0.50	−0.50	—	−0.50	—	—	—
	α_{-5}	1.00	1.00	—	1.00	0.50	0.50	—
	α_{-4}	−1.50	−1.50	−0.67	−1.50	−1.17	−1.17	−0.67
	α_{-3}	2.00	2.00	1.33	2.00	1.67	1.67	1.33
	α_{-2}	−2.50	−2.50	−2.00	−2.50	−2.33	−2.33	−2.00
	α_{-1}	3.00	3.00	2.66	3.00	2.83	2.83	2.67
	α_{0}	−3.50	−3.50	−3.33	−3.50	−3.50	−3.50	−3.33
自记忆	α_{1}	2.00	2.00	2.00	2.00	2.00	2.00	2.00
模型参数	θ_{-6}	202.59	700.25		36.25			
	θ_{-5}	−202.59	−700.26	—	−36.23	579.56	97.18	—
	θ_{-4}	202.59	700.26	47.16	36.27	−772.75	−129.59	−57.46
	θ_{-3}	−202.59	−700.26	−47.14	−36.26	579.56	97.19	57.45
	θ_{-2}	202.60	700.26	47.19	36.32	−772.75	−129.60	−57.49
	θ_{-1}	−202.60	−700.26	−47.19	−36.32	579.56	97.21	57.49
	θ_{0}	202.62	700.26	47.25	36.39	−772.76	−129.63	−57.54
	θ_{1}	−202.62	−700.27	−47.27	−36.41	579.57	97.24	57.55

根据表 5-5 中的模型参数，拟合黑龙江省松嫩平原 1961～2018 年不同尺度的降水量（图 5-36）。根据拟合结果，计算预报模型的纳什系数、均方根误差和平均相对误差（表 5-6）。由图 5-36 和表 5-6 可知：不同尺度降水量 1961～2018 年的拟合结果均较好，其拟合曲线充分反映了实测曲线的波动变化规律。已有研究表明[287]：当纳什系数 NSE>0.5 时，所建预报模型的精度可以满足要求。本节所建模型的纳什系数 NSE 均大

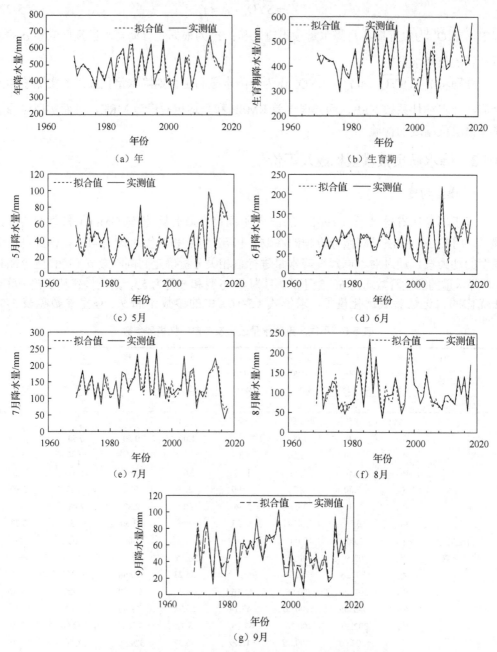

图 5-36　黑龙江省松嫩平原不同尺度降水量拟合值与实测值

注：由于不同尺度降水量预报模型的回溯阶数不同，故其拟合值的起始年份也不相同

于 0.65，尤其是生育期降水量，其纳什系数达到 0.82；且平均相对误差 MRE 在 0.28%～9.36%，均方根误差 RMSE 在 8.5～31.81mm，这表明所建模型的精度较高，可以用来预测未来黑龙江省松嫩平原不同尺度的降水量。

表 5-6　改进灰色自记忆降水量预报模型精度检验

参数	年	生育期	5 月	6 月	7 月	8 月	9 月
NSE	0.80	0.82	0.76	0.79	0.72	0.80	0.69
MRE/%	0.28	0.33	4.88	3.13	3.48	3.26	9.36
RMSE/mm	31.81	28.20	8.50	13.07	21.37	18.27	11.46

为了进一步证明本节所建模型的可行性，将 GM(1,1)模型、灰色自记忆模型 GSM 的运行结果与本节改进灰色自记忆预报模型 MGSM 的运行结果进行对比分析，采用泰勒图来评估不同模型对不同时期降雨的模拟精度。泰勒图可以反映实测值与拟合值之间的相关系数、标准差的比及中心化的均方根误差（RMSE）[288]，其中，相关系数可以表示实测值与拟合值之间空间分布的相似程度，RMSE 和标准差的比则分别表征模型模拟结果的精度和空间均匀性与实测值之间的差异。由于三者之间存在数学三角转换关系，故将其放在同一张图上，从而更加直观地比较出不同方法模拟能力的强弱，其中相关系数越大，实测值与拟合值标准差之比越接近 1，且 RMSE 越小，则模型的模拟能力越好，即越接近参照点 REF 模拟效果越好。根据泰勒图的绘制原理，将改进灰色自记忆预报模型 MGSM、灰色自记忆模型 GSM 和 GM(1,1)模型的运行结果分别定义为方法 A、方法 B 和方法 C，绘制泰勒图，如图 5-37 所示。

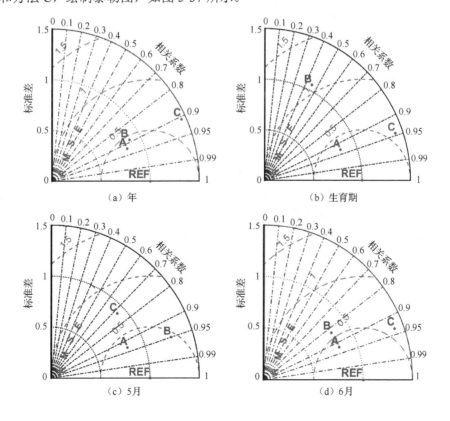

（a）年　　　　　　　　　　　　　　　（b）生育期

（c）5 月　　　　　　　　　　　　　　（d）6 月

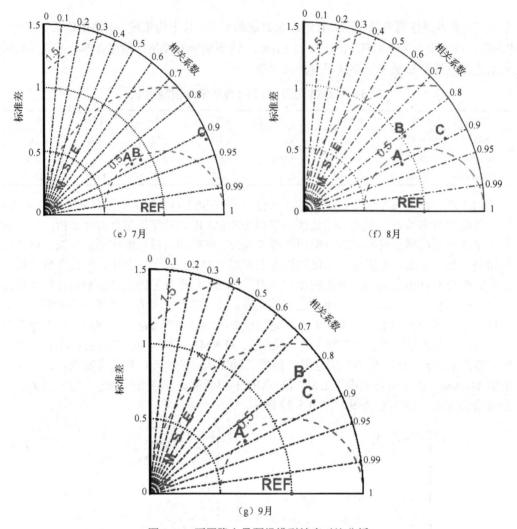

（e）7月　　　　　　　　　　　　　　　（f）8月

（g）9月

图 5-37　不同降水量预报模型精度对比分析

　　由图 5-37 可以发现，年、生育期和 5～9 月降水量的预报结果中，改进灰色自记忆模型 MGSM（方法 A）均离参照点 REF 最近，即方法 A 均为最优方法。对比分析，方法 A 和灰色自记忆模型 GSM（方法 B）两个预报方法在 5～8 月及年降水量预报中的位置较为接近，但是在 9 月及生育期降水量预测中，灰色自记忆模型 GSM（方法 B）的预报结果较差，标准差的比及中心化的均方根误差（RMSE）远大于方法 A；GM(1,1)（方法 C）在年、生育期和 5～9 月降水量的预报结果中均距参照点 REF 的位置较远，除相关系数以外，标准差的比及中心化的均方根误差（RMSE）均远大于方法 A，预报能力差。

2. 降水量预报

　　根据前述所建立的改进灰色自记忆降水量预报模型，分别预报不同尺度 2019～2023 年的降水量，具体预报结果如表 5-7 所示。

表 5-7　不同尺度降水量 2019～2023 年预报结果及精度分析

	年	生育期	5月	6月	7月	8月	9月	$\widehat{SYQ'_p}$	$\widehat{Y'_p}$
2019 年降水量/mm	578	465	38	73	180	119	67	477	538
2020 年降水量/mm	480	410	36	90	150	84	41	402	474
2021 年降水量/mm	495	415	43	115	121	102	47	427	480
2022 年降水量/mm	578	515	32	128	103	140	61	464	596
2023 年降水量/mm	580	484	30	102	147	161	73	514	560
2019～2023 年降水量平均值/mm	542	461	36	102	142	121	58	—	—
1961～2018 年降水量平均值/mm	492	427	39	83	145	107	52	—	—
多尺度特征	偏多	偏多	偏少	偏多	偏少	偏多	偏多	—	—
趋势特征	↑	↑	↑	↑	↓	↓	↓	—	—
NSE	—	—	—	—	—	—	—	0.520	0.745
MRE/%	—	—	—	—	—	—	—	4.758	3.527
RMSE/mm	—	—	—	—	—	—	—	28.01	22.68

注：↑表示上升趋势；↓表示下降趋势。

由表 5-7 可知：不同尺度 2019～2023 年降水量预报值的平均值与 1961～2018 年的相比，均符合 5.4 节中黑龙江省松嫩平原所在区域多时间尺度特征的分析结果，基本符合 5.3 节黑龙江省松嫩平原所在区域趋势分析的结果。如年降水量，2019～2023 年的平均值为 542mm，大于 1961～2018 年的平均值 492mm，表明 2019～2023 年降水量整体呈现出增加趋势，即偏多期；2019～2023 年 5 月、8 月和 9 月的降水量预报值的趋势特征与 5.3 节的分析结果相反，这主要是由于降水量的随机性和模型预报的不确定性导致的。

根据前述降水预报精度检验方法，分别计算 2019～2023 年不同尺度降水量的纳什系数 NSE、均方根误差 RMSE 和平均相对误差 MRE，如表 5-7 所示。从表中可以看出，生育期和年降水量的纳什系数 NSE 均超过了 0.5，满足降水预报的要求[287]。同时平均相对误差在 5%以内，均方根误差也在 30mm 以内，表明本节所建立的改进灰色自记忆预报模型对不同尺度降水量的预报精度可靠，可以用来预测未来黑龙江省松嫩平原的降水量。

第6章 黑龙江省降水量复杂性特征

已有研究表明，人类活动和气候变化增加了降水系统的不确定性，且对于降水系统不确定性研究多从定性的角度进行分析，而复杂性测度理论通过对已采集的指标数据进行分析实现对其复杂性特征的定量描述。目前测度系统复杂性的方法主要有小波理论、熵理论、混沌理论、符号动力学等，但不同的方法各有优缺点，有的算法比较简单，但结果可靠性较低，有的参数比较复杂，运行效率比较低。因此，如何选择合理、可行、高效的测度方法是实现系统复杂性分析的关键所在。根据第5章中对降水量多时间尺度特征的分析可知：不同尺度降水量在多时间尺度振荡周期上存在一定的差异，因此，在进行复杂性分析时也应考虑尺度对复杂性测度结果的影响，基于此，本章采用多尺度熵理论对黑龙江省不同尺度降水量进行识别，同时，考虑到不同尺度熵值贡献的大小，引入投影寻踪理论确定不同尺度熵值客观权重，进而实现对其复杂性的有效识别。

6.1 改进的复合多尺度熵识别理论

6.1.1 熵理论的发展

1865 年，克劳修斯（Clausius）在描述热力学第二定律时提出了熵（entropy）的概念，随后玻尔兹曼（Boltzmann）进一步完善了熵的定义，并建立了与微观状态数之间的联系[289]。1948 年，香农（Shannon）将熵应用到了信息学领域，创新性地提出了信息熵的概念，为信息的量化表征提供了新思路。1991 年，Pincus[290]针对关联维等传统方法在分析数据序列特征时容易受噪声影响导致分析结果准确性和有效性下降的不足，提出了近似熵（approximate entropy, ApEn）的概念。近似熵反映了数据序列的规则程度以及复杂度，在描述有限长度受噪声干扰的数据的复杂度时有不错的效果，但在采用相似容差对干扰数据进行排除时，考虑了自匹配的相似度计算，即新模式中包含了自身的相似性，这样在计算熵值概率时就会存在偏差。为此，2000 年，Richman 等[291]在分析生理时间序列数据时，基于近似熵的理论提出了样本熵（sample entropy, SaEn）的概念，样本熵在对干扰数据进行排除时，避免了自身的匹配，熵值概率能够更加准确地反映数据序列的复杂性特征，同时，样本熵的计算与数据序列长度的依赖性也较低。2003 年，Kolmogorov[292]在定量描述相对稳定系统的混乱程度时提出了测度熵的概念。

上述方法，无论是近似熵还是样本熵，均是从单一尺度的角度分析时间序列的复杂性，并未考虑尺度对熵值的影响，导致分析结果与实际存在一定的偏差，甚至矛盾，如2003 年 Costa 等[293]在采用样本熵分析健康与疾病方面的数据时就得出了与实际相矛盾的结果。于是，他们提出了多尺度熵（multiscale entropy, MuEn）的概念，随后将其应用到生物数据、心跳数据等医学时间序列分析中[293-297]。

随着尺度的增加，粗粒化变换后的多尺度熵每个尺度因子的数据量越来越多，其波动性越来越小，进而能够准确反映原始序列的长期趋势。但是，当尺度选择较大时，将会导致数据序列变短，其相似性求解时的熵值方差将明显增加，降低了多尺度熵分析结果的稳定性，且不同尺度时间序列的复杂性区分度也会降低。于是，2014 年，Wu 等[298] 通过改变原始序列的粗粒化变换过程，提出了复合多尺度熵（composite multiscale entropy, CMuEn）理论，并通过白噪声和 $1/f$ 噪声实验验证了多尺度熵可以准确反映不同尺度时间序列的复杂性特征。

6.1.2　复合多尺度熵理论

复合多尺度熵通过改变粗粒化策略，克服了多尺度熵对因尺度因子变化导致时间序列长度变短的缺陷，尤其是当原始降水时间序列较短时，也可以得到稳定的计算结果，基于降水时间序列的复合多尺度熵的具体计算过程如下[292-297]。

步骤 1：原始降水时间序列的粗粒化变化。与多尺度熵不同，复合多尺度熵在进行粗粒化变换时，对于特定的尺度因子 t，每次变换后将要产生 t 个序列，变换后序列为

$$y_k^t = \left\{ y_{k,1}^t, y_{k,2}^t, \cdots, y_{k,p}^t \right\} \tag{6-1}$$

式中，$1 \leqslant k \leqslant t$；$1 \leqslant p \leqslant \dfrac{N}{t}$，$N$ 为降水时间序列的长度，具体变化公式如下：

$$y_{k,j}^t = \frac{1}{t} \sum_{i=(j-1)t+k}^{jt+k-1} x_i \tag{6-2}$$

其中，x_i 为原始降水时间序列，$1 \leqslant j \leqslant \dfrac{N}{t}$。具体变换过程可以用图 6-1[298] 表示。

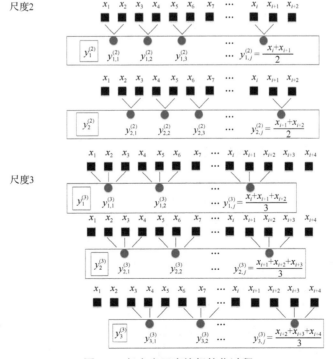

图 6-1　复合多尺度熵粗粒化过程

步骤 2：对步骤 1 生成的 t 个尺度的时间序列 $\{y^t(i)\,|\,1\leq i\leq n\}$ 按照序号连续顺序组成一组 m 维矢量，即

$$Y_m^t = \left\{ y_m^t(i),\, y_m^t(i+1),\cdots,\, y_m^t(i+m-1) \right\} \tag{6-3}$$

式中，$1\leq i\leq n-m+1$，n 为 $y^t(i)$ 的长度，m 为嵌入维数。

步骤 3：定义 $Y_m^t(i)$ 和 $Y_m^t(j)$ 之间的距离 $d[Y_m^t(i), Y_m^t(j)]$ 为两向量对应元素之差的最大值，即

$$d\left[Y_m^t(i), Y_m^t(j) \right] = \max \left| Y^t(i+k),\, Y^t(j+k) \right| \tag{6-4}$$

步骤 4：给定相似容差 r，统计 $d[Y_m^t(i), Y_m^t(j)]$ 小于 r 的数据，并记为 $C_i^{t,m}(r)$，即

$$C_i^{t,m}(r) = \frac{1}{n-m} \mathrm{num}\left\{ d\left[Y_m^t(i), Y_m^t(j) \right] < r \right\} \tag{6-5}$$

式中，$i, j=1,2,\cdots,n-m+1$，$i\neq j$；num 表示相似向量的数目。

步骤 5：对 t 尺度下所有的 $C_i^{t,m}(r)$ 求平均值，记作 $C^{t,m}(r)$，即

$$C^{t,m}(r) = \frac{1}{n-m+1} \sum_{i=1}^{n-m} C_i^{t,m}(r) \tag{6-6}$$

步骤 6：将嵌入维数增加为 $m+1$，重复上述步骤，得到 $C^{t,m+1}(r)$。

步骤 7：计算 t 尺度的样本熵值为

$$\mathrm{MuEn}(t,m,r) = \lim_{n\to\infty}\left(-\ln \frac{C^{t,m+1}(r)}{C^{t,m}(r)} \right) \tag{6-7}$$

实际计算中一般采用如下公式：

$$\mathrm{MuEn}(t,m,r) = -\ln \frac{C^{t,m+1}(r)}{C^{t,m}(r)} \tag{6-8}$$

步骤 8：原始降水时间序列最终的复合多尺度熵值为

$$\mathrm{CMuEn}(t,m,r) = \frac{1}{t} \sum_{i=1}^{t} \mathrm{MuEn}(i,m,r) \tag{6-9}$$

式中，$1\leq i\leq t$。

6.1.3 改进的复合多尺度熵理论

根据上述复合多尺度熵理论的建模步骤可知，在最后一步求解最终的复合多尺度熵值时，采用的是不同尺度熵值的平均值，即各个尺度样本熵值对原始降水时间序列复杂性的贡献是相同的。实际上，根据第 4 章不同尺度降水时间序列周期特征分析可知，各个尺度的周期是有主次之分的，其小波功率谱峰值点的显著性也是不相同的。因此，本书认为：此处应该考虑不同时间尺度样本熵值对原始降水时间序列复杂性的贡献大小，即各尺度样本熵值权重确定问题。

对于权重的确定，目前常用的方法有层次分析法、专家打分法、主成分分析法、熵权系数法等。上述方法往往要求数据本身符合正态分布，且当维数较高时，容易陷入"维数祸根"所带来的严重困难，而投影寻踪模型作为一种最近几十年才发展起来的新方法，有其独特之处，且用其确定权重的文章目前还比较少，因此本书拟引入投影寻踪模型，

通过变换投影方向，实现对不同尺度样本熵值权重的确定。

具体思路如下：将某一降水时间序列作为样本，不同尺度作为指标，采用投影寻踪模型求解各尺度的最佳投影方向的公式为

$$a = \{a(i) \mid i = 1, 2, \cdots, t\} \tag{6-10}$$

式中，t 为尺度个数，本书中 $t=6$，即最佳投影方向为 6 维向量。由于最佳投影方向的平方和为 1，即 $\sum_{i=1}^{t} a(i)^2 = 1$，而权重的和为 1，因此，按照以下规则对投影方向进行转化：

$$\omega(i) = a(i) / \mathrm{sum}(a) \tag{6-11}$$

式中，$\omega(i)$ 为第 i 尺度样本熵值的权重；$\mathrm{sum}(a)$ 为最佳投影方向数值之和。投影寻踪模型具体的步骤此处不再单独列出，见参考文献[299]。

原始降水时间序列最终的复合多尺度熵值变更为

$$\mathrm{CMuEn}(t, m, r) = \sum_{i=1}^{t} \mathrm{MuEn}(i, m, r) \cdot \omega(i) \tag{6-12}$$

复合多尺度熵值 $\mathrm{CMuEn}(t, m, r)$ 反映了在指定嵌入维数 $m+1$ 时，数据序列不同尺度产生新模式概率的大小，产生新模式的概率越大，$\mathrm{CMuEn}(t, m, r)$ 值就越大，表明原来的数据序列越复杂，反之亦然。

6.2　不同尺度降水量复杂性识别

6.2.1　参数选择

采用复合多尺度熵分析降水时间序列的复杂性时，需要确定的参数主要有三个，分别为嵌入维数 m、相似容差 r 和尺度因子 t。参考现有文献[292]～[297]及本书的实际验证，本书在计算月、季节和年降水量复杂性时分别选择 $m=2$，$r=0.20$，$t=6$。

6.2.2　降水量复杂性识别

根据前述理论，计算月、季节和年降水量在不同时间尺度上的多尺度熵值，结果见表 6-1。为了便于区分不同尺度月、季节和年降水量多尺度熵值之间的差异性，采用表 6-1 数据绘制黑龙江省降水量不同尺度多尺度熵值变化曲线，见图 6-2。

由表 6-1 和图 6-2 可知：黑龙江省不同降水时间序列在不同尺度的熵值均不相同，且差异较大。其中，4 月降水量 1～6 尺度降水量的多尺度熵值差异最大，极差达到了 2.6094；3 月降水量在 1～6 尺度降水量的多尺度熵值差异最小，为 0.8595；其他月、季节和年降水量 1～6 尺度降水量的多尺度熵值的极差均在[1,2.1]，进一步说明了采用多尺度熵分析降水量复杂性特征的必要性。另外，从各尺度多尺度熵值的大小来看，1 尺度 4 月降水量的熵值最大（2.7282），2 尺度 10 月降水量的熵值最大（1.6625），3 尺度 4 月降水量的熵值最大（1.6787），4 尺度 8 月和年降水量的熵值最大（2.2285），5 尺度 7 月和 8 月降水量的熵值最大（2.1972），6 尺度 10 月降水量的熵值最大（1.4769）。由此可

见，考虑不同降水时间序列在不同尺度上的复杂性对降水量整体复杂性的贡献，即确定各尺度样本熵值的权重是十分必要的。

表 6-1　黑龙江省降水量多尺度熵值

	1 尺度	2 尺度	3 尺度	4 尺度	5 尺度	6 尺度	误差
1 月	1.2160	0.8045	1.4755	0.1185	0.5888	0.7838	1.3570
2 月	1.6943	1.5254	1.4865	1.2171	1.1858	0.4056	1.2886
3 月	1.2416	0.9567	0.8159	0.3821	1.2266	1.0714	0.8595
4 月	2.7282	0.9983	1.6787	1.6870	0.1188	0.5606	2.6094
5 月	2.5545	1.3525	0.8622	1.4175	1.9095	1.0714	1.6923
6 月	2.3563	1.4578	0.3831	0.9868	0.9445	0.6878	1.9731
7 月	1.0625	1.4037	1.0138	2.0462	2.1972	1.7636	1.1835
8 月	1.7479	1.3399	0.7081	2.2285	2.1972	0.2110	2.0175
9 月	2.1139	1.3692	0.8369	0.4372	1.0996	1.0714	1.6767
10 月	0.9931	1.6625	1.5556	0.2986	1.6376	1.4769	1.3640
11 月	0.8575	1.5681	0.6325	0.8865	0.6523	0.4749	1.0932
12 月	2.0622	1.4215	1.1499	0.8432	0.5888	0.7838	1.4734
春	0.5746	0.4394	0.6351	1.4865	0.2123	0.2233	1.2742
夏	2.2437	1.2752	1.0700	0.8495	0.8114	1.4762	1.4322
秋	1.7394	1.3345	0.5749	0.8432	0.2123	1.4764	1.5271
冬	1.6254	0.7072	0.6653	0.8581	0.9450	0.2110	1.4144
年	1.4820	1.1701	0.4614	2.2285	0.9450	0.3783	1.8502

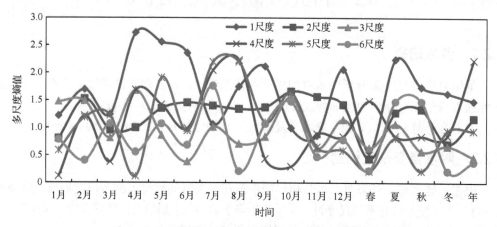

图 6-2　黑龙江省降水量不同尺度多尺度熵值变化曲线

　　由于不同降水时间序列在 1～6 尺度的多尺度熵值差异较大，且部分降水时间序列在该尺度下熵值大，而在另一尺度熵值却小，很难合理区分整个降水时间序列的复杂性特征。根据前述理论，采用基于实数编码加速遗传算法优化的投影寻踪模型，将表 6-1 中的数据作为输入，求解不同尺度多尺度熵值的客观权重。

　　设定基于实数编码加速遗传算法（real coding accelerating genetic algorithm, RAGA）的参数为：种群规模 $N = 400$，交叉概率 $P_c = 0.8$，变异概率 $P_m = 0.2$，迭代次数设为 20 次。基于实数编码加速遗传算法优化投影寻踪过程见图 6-3。

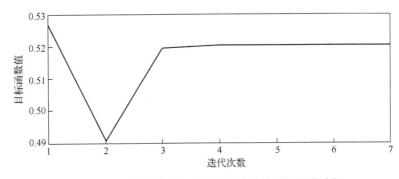

图 6-3　基于实数编码加速遗传算法优化投影寻踪过程

由图 6-3 可知，虽然迭代次数为 20 次，但当运行 7 次以后，目标函数值就已经达到稳定，调出了循环。此时目标函数最大值为 0.5206，对应各尺度的最佳投影方向为

$$a = \{0.1964 \quad 0.4787 \quad 0.5527 \quad 0.1487 \quad 0.4354 \quad 0.4639\}$$

按照前述公式计算各尺度的权重为

$$\omega = \{0.0863 \quad 0.2103 \quad 0.2429 \quad 0.0654 \quad 0.1913 \quad 0.2038\}$$

采用各尺度权重数据绘制柱状图（图 6-4）。由图 6-4 可知，在 6 个尺度中，2、3、5 和 6 尺度的权重均超过了平均权重值。其中，3 尺度的权重最大，达到了 0.2429；4 尺度的权重最小，仅为 0.0654。可见，6 个尺度权重差异较大。

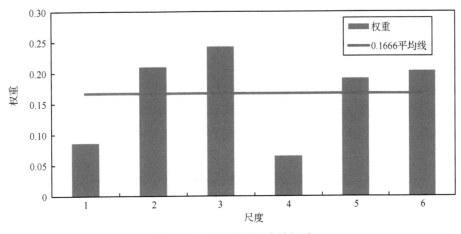

图 6-4　不同尺度多尺度熵权重

基于复合多尺度熵的黑龙江省月、季节和年降水量复杂性分析结果见图 6-5（按照复合多尺度熵从大到小排序），为了便于比较，将传统的复合多尺度熵值计算结果也绘制在图 6-5 中。

由图 6-5 可知，基于改进 CMuEn 的黑龙江省月、季节和年降水量的复杂性排序结果为：7 月>10 月>5 月>夏>2 月>8 月>9 月>4 月>12 月>6 月>3 月>秋>1 月>年>11 月>冬>春。其中，7 月、10 月、5 月、夏、2 月、8 月、9 月、4 月和 12 月的降水量复合多尺度熵值均处于[1.0,1.6]，熵值较高，说明这些降水时间序列影响因子较多，相关的降水系统动力学结构复杂性较强；其余降水时间序列的复合多尺度熵值均低于 1.0，熵值较低，说明这些降水时间序列影响因子较少，相关的降水系统动力学结构复杂性较弱；7 月降水量的复合多尺度熵值达到了 1.5467，熵值最高，说明 7 月降水时间序列影响因子最多，相关的降水系统动力学结构复杂性最强；春季降水量的复合多尺度熵值仅为 0.4795，熵值最低，说明春季降水时间序列影响因子最少，相关的降水系统动力学结构复杂性最弱。

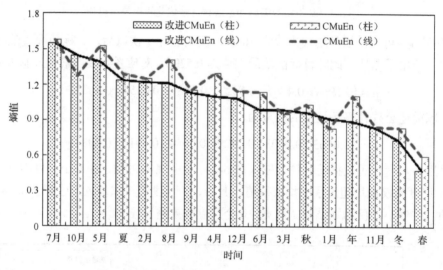

图 6-5　黑龙江省降水量复合多尺度熵值变化曲线

　　与改进的 CMuEn 计算结果相比，传统的 CMuEn 黑龙江省月、季节和年降水量的复杂性排序结果为：7 月>5 月>8 月>4 月>夏>10 月>2 月>9 月>12 月>6 月>年>秋>3 月>11 月>冬>1 月>春，复杂性最大和最小的时间相同，均为 7 月和春季，中间的时间发生了部分调整。为了辨识两种方法识别降水量复杂性性能的好坏，进一步计算改进 CMuEn 和传统 CMuEn 的统计特征参数，具体结果见表 6-2。

表 6-2　改进 CMuEn 和传统 CMuEn 统计特征参数表一

	均值	方差	极差	变差系数
改进 CMuEn	1.0678	0.2596	1.0672	0.4772
传统 CMuEn	1.1324	0.2557	0.9859	0.4466

　　从统计学的角度看，方差、极差和变差系数均从不同的角度反映了一组序列的离散程度，其值越大，表明时间序列越离散。而时间序列越离散，则越容易辨识其大小顺序。从表 6-2 中可以看出，改进 CMuEn 的三个反映时间序列离散程度的统计指标均大于传统 CMuEn，表明改进 CMuEn 在辨识降水时间序列复杂性时具有更好的识别度，便于识别不同时间的降水量复杂性大小排序。

6.3　年降水量复杂性空间分布

由于逐日降水量和月降水量均存在明显地以 365 天和 12 个月为尺度的周期变化规律，这在一定程度上影响了降水时间序列的复杂性分析结果的可靠性。因此，本节主要采用基于改进 CMuEn 计算黑龙江省各个站点年降水量的复合多尺度熵值，进而绘制复合多尺度熵值空间等值线图，从而实现对黑龙江省年降水量复杂性空间分布规律的研究。

6.3.1　参数选择

采用复合多尺度熵分析黑龙江省各个站点年降水时间序列的复杂性时，也需要确定嵌入维数 m、相似容差 r 和尺度因子 t 三个参数，其取值与 6.2 节相同，$m=2$，$r=0.20$，$t=6$。

6.3.2　年降水量复杂性识别

根据前述理论，计算黑龙江省各个站点年降水量在不同时间尺度上的多尺度熵值，结果见表 6-3。为了便于区分不同尺度月、季节和年降水量多尺度熵值之间的差异性，采用表 6-3 数据绘制黑龙江省各站点年降水量多尺度熵值变化曲线，见图 6-6。

表 6-3　黑龙江省各站点年降水量多尺度熵值

站点	1 尺度	2 尺度	3 尺度	4 尺度	5 尺度	6 尺度	极差
伊春	2.0928	0.8940	0.8042	0.8269	1.3865	0.4745	1.6184
佳木斯	1.6442	0.7866	1.9608	1.4400	0.7647	1.7636	1.1961
依兰	1.9146	1.6427	0.4951	1.3401	1.4927	0.8473	1.4195
克山	1.7892	1.6858	1.0235	0.8685	0.8979	0.1335	1.6557
北安	2.0462	0.7593	0.6606	0.9628	0.7089	1.2326	1.3856
呼玛	1.8342	0.7601	0.7414	0.0874	0.2513	2.1696	2.0822
哈尔滨	2.2673	1.6182	0.7788	0.7250	1.7923	0.2285	2.0388
塔河	0.5122	1.2065	0.7604	0.7032	0.6082	0.1520	1.0545
嫩江	2.2090	0.8734	1.2072	1.5533	0.3873	1.7636	1.8218
孙吴	0.8464	1.6578	1.8400	1.1646	0.1338	0.7387	1.7062
安达	1.3964	1.2355	0.9251	0.7727	0.1054	0.0896	1.3068
宝清	1.6218	0.7605	1.5953	0.7177	0.3727	0.5400	1.2491
富裕	2.3941	1.6772	0.8783	0.1054	0.5212	1.3015	2.2887
富锦	3.0136	0.8198	0.7082	1.2111	1.3503	0.0642	2.9494
尚志	2.0674	1.5335	0.9166	1.0289	0.4057	1.4759	1.6617
拜泉	1.8352	1.3833	0.8363	0.8745	1.0986	1.0714	0.9989
新林	1.6653	0.2381	0.2007	1.7638	0.4055	0.8283	1.5632
明水	1.1402	1.6797	0.5715	0.8828	0.7985	0.7362	1.1083
泰来	0.9137	0.5587	0.8904	0.5575	0.5266	1.8611	1.3345
漠河	0.4963	1.0087	0.6709	0.8393	1.6254	0.9137	1.1291

续表

站点	1尺度	2尺度	3尺度	4尺度	5尺度	6尺度	极差
牡丹江	1.8998	0.9250	0.5439	0.3416	1.5041	0.1335	1.7663
绥化	1.6511	1.2717	0.3979	1.1929	0.5232	0.1335	1.5176
绥芬河	2.1000	1.0091	0.4832	0.4933	0.2595	0.1335	1.9664
肇州	0.8755	0.2494	0.1009	0.8929	1.2050	0.9173	1.1040
虎林	1.4360	1.0328	0.9023	0.3287	0.0793	1.7432	1.6639
通河	1.6784	0.4856	0.1842	0.5643	1.0996	0.8698	1.4942
铁力	1.3135	1.8840	1.4311	1.0218	0.3604	0.4902	1.5236
鸡西	1.4620	1.2062	1.9766	1.3712	1.6379	0.5596	1.4170
鹤岗	1.9791	0.9696	1.0070	2.2073	2.1692	2.1203	1.2377
黑河	1.4500	0.3847	0.4771	0.3841	0.6198	0.1335	1.3165
齐齐哈尔	1.4623	1.8144	1.6889	1.2169	1.0996	1.4769	0.7148

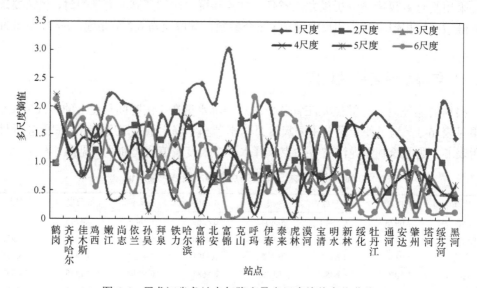

图 6-6　黑龙江省各站点年降水量多尺度熵值变化曲线

由表 6-3 和图 6-6 可知：黑龙江省各个站点年降水时间序列在不同尺度的熵值均不相同，且差异较大。其中，富锦站年降水时间序列在 1~6 尺度的多尺度熵值差异最大，极差达到了 2.9494；齐齐哈尔站年降水时间序列在 1~6 尺度的多尺度熵值差异最小，极差仅为 0.7148，其他站点年降水时间序列在 1~6 尺度的多尺度熵值的极差均在[1,2]（哈尔滨站、呼玛站、富裕站和拜泉站除外），这进一步说明了从空间上采用多尺度熵分析各个站点年降水量复杂性特征的必要性。另外，从各站点多尺度熵值的大小来看，1尺度富锦站年降水量的熵值最大（3.0136），2 尺度铁力站年降水量的熵值最大（1.8840），3 尺度鸡西站年降水量的熵值最大（1.9766），4 尺度和 5 尺度鹤岗站年降水量的熵值均最大（2.2073 和 2.1692），6 尺度呼玛站年降水量的熵值最大（2.1696）。由此可见，在空间上，确定不同尺度降水时间序列的复杂性对年降水时间序列复杂性的贡献，即确定各尺度样本熵值的权重是十分必要的。

在空间上，由于不同站点年降水时间序列在 1~6 尺度的多尺度熵值差异较大，且部分降水时间序列在该尺度下熵值大，而在另一尺度下熵值却小，很难合理区分整个降水时间序列的复杂性特征。根据前述理论，采用基于实数编码加速遗传算法优化的投影寻踪模型，将表 6-3 中的数据作为输入，求解各个站点不同尺度多尺度熵值的客观权重。

设定基于实数编码加速遗传算法的参数为：种群规模 N=400，交叉概率 P_c=0.8，变异概率 P_m=0.2，迭代次数设为 20 次，基于实数编码加速遗传算法优化投影寻踪过程见图 6-7。

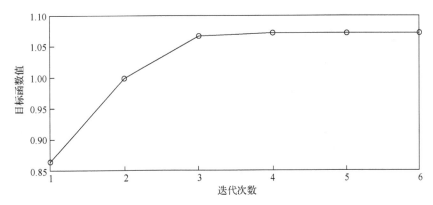

图 6-7　基于实数编码加速遗传算法优化投影寻踪过程

由图 6-7 可知，虽然迭代次数为 20 次，但当运行 6 次以后，目标函数值就已经达到稳定，调出了循环。此时目标函数最大值为 1.0715，对应各尺度的最佳投影方向为

$$a = \{0.1965 \quad 0.3478 \quad 0.5636 \quad 0.4051 \quad 0.3383 \quad 0.4942\}$$

按照前述公式计算各尺度的权重为

$$\omega = \{0.0838 \quad 0.1483 \quad 0.2403 \quad 0.1727 \quad 0.1442 \quad 0.2107\}$$

采用各尺度权重数据绘制柱状图（图 6-8）。由图 6-8 可知，在 6 个尺度中，3、4、6 尺度的权重均超过了平均权重值，其中，3 尺度的权重最大，达到了 0.2403。1 尺度的权重最小，仅为 0.0838。可见，6 个尺度权重差异较大。

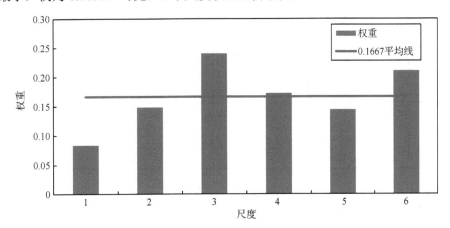

图 6-8　不同尺度多尺度熵权重

基于复合多尺度熵的黑龙江省 31 个站点年降水量复杂性分析结果如图 6-9 所示（按照复合多尺度熵从大到小排序），为了便于比较，将传统的复合多尺度熵计算结果也绘制在图 6-9 中。

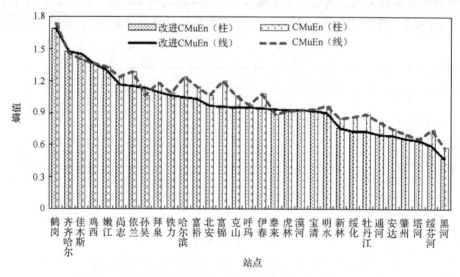

图 6-9　黑龙江省各个站点年降水量复合多尺度熵值变化曲线

由图 6-9 可知，黑龙江省 31 个站点年降水量复杂性差异较大，复杂性由大到小排序为：鹤岗>齐齐哈尔>佳木斯>鸡西>嫩江>尚志>依兰>孙吴>拜泉>铁力>哈尔滨>富裕>北安>富锦>克山>呼玛>伊春>泰来>虎林>漠河>宝清>明水>新林>绥化>牡丹江>通河>安达>肇州>塔河>绥芬河>黑河。其中，鹤岗站年降水量的熵值最高，说明鹤岗站年降水时间序列影响因子较多，相关的降水系统动力学结构复杂性较强；黑河站年降水量的熵值最低，说明黑河站年降水时间序列影响因子较少，相关的降水系统动力学结构复杂性较弱。

从空间角度看，改进 CMuEn 与传统 CMuEn 的计算结果具有一定的差异性。为了辨识两种方法识别黑龙江省年降水量空间复杂性性能的好坏，进一步计算改进 CMuEn 和传统 CMuEn 的统计特征参数，具体结果如表 6-4 所示。

表 6-4　改进 CMuEn 和传统 CMuEn 统计特征参数表二

	均值	方差	极差	变差系数
改进 CMuEn	0.9794	0.2739	1.2153	0.5343
传统 CMuEn	1.0452	0.2566	1.1672	0.4847

同 6.2 节得出的结论类似，在空间上，无论是方差，还是极差或变差系数，改进 CMuEn 的三个统计指标均大于传统 CMuEn，表明改进 CMuEn 在辨识空间降水时间序列复杂性时也具有较好的识别度，便于识别空间上各个站点的年降水量复杂性。

6.3.3　年降水量复杂性空间规律分析

为了进一步揭示黑龙江省年降水量复杂性在空间上的分布规律，基于改进 CMuEn 和传统 CMuEn 的计算结果，采用 ArcGIS 地统计分析模块中的普通克里金插值法绘制黑龙江省年降水量复杂性空间分布图，结果如图 6-10 所示。

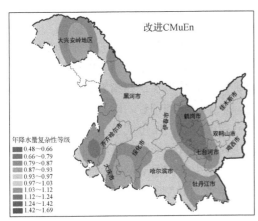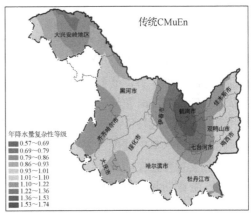

图 6-10　黑龙江省不同站点年降水量复杂性空间分布图

从图 6-10 中可以看出：基于改进 CMuEn 和传统 CMuEn 的黑龙江省年降水量复杂性空间分布具有一定的差异性，但改进 CMuEn 的黑龙江省年降水量复杂性空间分布辨识性更强，不同区域间的颜色差异更加突出，更加有利于识别黑龙江省年降水量复杂性的空间分布特征。黑龙江省年降水量空间复杂性大致呈现出两大高值区和三大低值区，高值区位于鹤岗、佳木斯腹地和齐齐哈尔地区，低值区位于大兴安岭、黑河、大庆和绥化、牡丹江和哈尔滨的部分地区。在高值区，影响该区域年降水量的因子较多，随机不确定性成分比较复杂，彼此之间相互影响，造成了其降水系统结构复杂性较强。而在低值区，影响该区域年降水量的因子相对较少，彼此之间影响比较薄弱，导致其降水系统结构复杂性相对较弱。

上述黑龙江省年降水量空间复杂性差异性特征主要是不同区域水系、气温、海波、下垫面、人类活动等因素的不同所导致的。高值区域多分布在农业开发强度比较大的平原区域（三江平原和松嫩平原），人类活动对自然界的干预活动比较剧烈，下垫面变化比较突出，增加了降水量变化的随机性和不确定性；而低值区多分布在农业开发强度比较小的林区（大兴安岭、黑河等），大面积的树林覆盖能够涵养水源，影响小气候，降低各气象因子的变化幅度，进而降低降水量变化的随机性和不确定性。

第 7 章　降水量的非均匀性特征研究

　　全球气候变暖已经导致极端气候事件和重大自然灾害频繁发生，尤其是降水时空分布格局发生了明显的变化[300-302]。对于降水变化的研究主要侧重于两方面：一方面是总量的变化，相对容易，至今已经开展了广泛的研究，本书第 3 章和第 6 章主要研究的就是降水总量方面的时空演变规律；另一方面是降水量的非均匀性，即降水的集中程度和集中期的问题，这与目前严重的洪涝灾害具有密切的联系，如短期暴雨引发的城市内涝等问题就是降水集中程度过高引起的。因此，研究降水量的非均匀性特征，厘清降水趋于集中引发灾害频发的原因，从而减少灾害造成的损失具有重要的理论意义。本章重点开展年、生育期和生育期月尺度降水量非均匀性特征的时空演变规律。

7.1　降水量非均匀性指标确定

　　降水集中度（precipitation concentration degree, PCD）和降水集中期（precipitation concentration period, PCP）是利用向量表示区域降水量时间分配特征的两个重要参数，反映了降水量的非均匀性特征，可以定量描述某一研究时段某一尺度降水的集中程度和集中时段。将某一尺度的降水量作为向量的长度，其对应的方位角作为向量的方向，则某尺度降水量非均匀性的 PCD 和 PCP 的计算公式如下[303,304]：

$$\mathrm{PCD} = \sqrt{R_{xi}^2 + R_{yi}^2} \, / \, R_i \tag{7-1}$$

$$\mathrm{PCP} = \arctan\left(\frac{R_{xi}}{R_{yi}}\right) \tag{7-2}$$

$$R_{xi} = \sum_{j=1}^{n} R_{ij}\sin\theta_j \tag{7-3}$$

$$R_{yi} = \sum_{j=1}^{n} R_{ij}\cos\theta_j \tag{7-4}$$

式中，R_i 为第 i 时段的总降水量（mm）；R_{ij} 为第 i 时段第 j 个分段的降水量（mm）；θ_j 为第 j 个分段的方位角（整个研究时段方位角设定为 360°）；R_{xi} 和 R_{yi} 为研究时段总降水量 R_i 在 x 和 y 方向的合成向量。

　　本章主要从年、生育期和生育期月三个尺度分析降水量的非均匀性特征。

　　首先是月降水量在年尺度上的非均匀性特征，称为年尺度降水量的非均匀性特征，此时式（7-1）～式（7-4）中的参数含义分别为：R_i 为第 i 年的降水量（i=1961,1962,…,

2018）；R_{ij} 为第 i 年第 j 月的降水量（$j=1,2,\cdots,n$），$n=12$；θ_j 为第 j 月的方位角（表 7-1）。

其次是生育期旬降水量在生育期尺度上的非均匀性特征，称为生育期尺度降水量的非均匀性特征，此时式（7-1）～式（7-4）中的参数含义分别为：R_i 为第 i 年生育期的降水量（$i=1961,1962,\cdots,2018$）；R_{ij} 为第 i 年第 j 旬的降水量（$j=1,2,\cdots,n$），$n=15$；θ_j 为第 j 旬的方位角（表 7-2）。

表 7-1　全年各月的方位角

方位角	1 月	2 月	3 月	4 月	5 月	6 月
角度范围/(°)	0～30	30～60	60～90	90～120	120～150	150～180
月中角度/(°)	15	45	75	105	135	165
方位角	7 月	8 月	9 月	10 月	11 月	12 月
角度范围/(°)	180～210	210～240	240～270	270～300	300～330	330～360
月中角度/(°)	195	225	255	285	315	345

表 7-2　生育期各旬的方位角

方位角	5 月			6 月			7 月		
	上旬	中旬	下旬	上旬	中旬	下旬	上旬	中旬	下旬
角度范围/(°)	0～24	24～48	48～72	72～96	96～120	120～144	144～168	168～192	192～216
旬中角度/(°)	12	36	60	84	108	132	156	180	204

方位角	8 月			9 月		
	上旬	中旬	下旬	上旬	中旬	下旬
角度范围/(°)	216～240	240～264	264～288	288～312	312～336	336～360
旬中角度/(°)	228	252	276	300	324	348

最后是日降水量在生育期月尺度上的非均匀性特征，称为生育期月尺度降水量的非均匀性特征，此时式（7-1）～式（7-4）中的参数含义分别为：R_i 为第 i 年生育期某月的降水量（$i=1961,1962,\cdots,2018$）；R_{ij} 为第 i 年生育期某月第 j 日的降水量（$j=1,2,\cdots,n$），$n=30$ 或 31；θ_j 为第 j 日的方位角（表 7-3）。

表 7-3　生育期月各日的方位角

方位角	1 日	2 日	3 日	4 日	5 日	6 日	7 日	8 日	9 日	10 日
角度范围/(°)	0～12	12～24	24～36	36～48	48～60	60～72	72～84	84～96	96～108	108～120
日中角度/(°)	6	18	30	42	54	66	78	90	102	114
方位角	11 日	12 日	13 日	14 日	15 日	16 日	17 日	18 日	19 日	20 日
角度范围/(°)	120～132	132～144	144～156	156～168	168～180	180～192	192～204	204～216	216～228	228～240
月中角度/(°)	126	138	150	162	174	186	198	210	222	234
方位角	21 日	22 日	23 日	24 日	25 日	26 日	27 日	28 日	29 日	30 日
角度范围/(°)	240～252	252～264	264～276	276～288	288～300	300～312	312～324	324～336	336～348	348～360
月中角度/(°)	246	258	270	282	294	306	318	330	342	354

注：表中为 6 月和 9 月各日的方位角，5 月、7 月和 8 月各日的方位角确定方法与 6 月和 9 月相同，但其每两日的间隔为 360/31°，故此处 5 月、7 月和 8 月各日的方位角不再单独列出。

　　由上述分析可知：降水集中度反映了某一尺度降水总量在研究时段内（月或旬或日）的集中程度，若在研究时段内，降水集中度在某一月或旬或日降水量合成向量的模与时段内总降水量的比为 1，则降水集中度达到最大值；若在研究时段内各月或旬或日降水量均相等，降水量合成向量的模为 0，则降水集中度达到最小值。集中期是合成向量的方位角，体现了每个月或旬或日降水量合成后的总体效应，反映了合成后向量所指示的角度，即最大月降水量或旬降水量或日降水量出现的时段。

7.2　年尺度降水集中度和降水集中期的时空特征分析

7.2.1　年尺度降水集中度和降水集中期空间分布特征

　　根据 7.1 节的理论，计算黑龙江省松嫩平原 35 个站点 1961～2018 年年尺度降水量的多年平均集中度和集中期，采用第 2 章中 ArcGIS 空间分析技术中的 Geostatistical Analyst 模块绘制黑龙江省松嫩平原年尺度降水集中度和降水集中期的空间分布图，如图 7-1 所示。

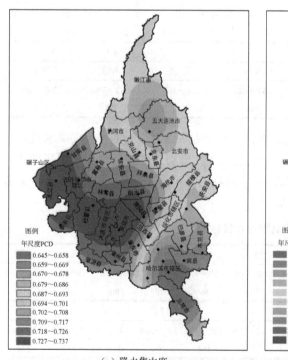
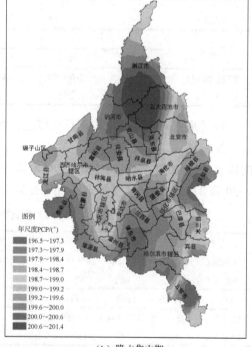

（a）降水集中度　　　　　　　　　　　　（b）降水集中期

图 7-1　黑龙江省松嫩平原年尺度降水集中度和降水集中期空间分布图

　　由图 7-1（a）可知：黑龙江省松嫩平原年尺度降水集中度空间分布特征明显，呈现自东向西增加的分布特点。黑龙江省松嫩平原整体降水集中度较大，在 0.645～0.737，全区多年平均集中度值达到了 0.6973。松嫩平原西部的龙江县、泰来县等地区降水最为集中，各个站点的降水集中度均大于 0.7，其中，龙江站的降水集中度值最大，为 0.737；南部和东南部的五常市、宾县和木兰县等地区的降水集中度相对较低，为 0.63～0.66，其中，呼兰站的降水集中度值最小，为 0.645。

由图 7-1（b）可知：黑龙江省松嫩平原年尺度降水集中期空间分布特征明显，与年尺度降水集中度的空间分布规律不同，年尺度降水集中期大致呈现出由南向北逐渐递增的趋势，说明最大降水量由南向北逐渐减小。但整体集中期变化不大，均在 197°～202°，平均为 199.78°，即最大降水量均出现在 7 月。松嫩平原北部的嫩江市、五大连池市等地区的降水集中期最晚，在 199°～201°，其中，五大连池市（德都站）的年尺度降水集中期最晚，为 201.42°，即五大连池市最大降水量出现在 7 月下旬；南部和西南部的泰来县、肇州县等地区是整个松嫩平原年降水集中期较早的区域，其中，泰来站、肇东站、双城站的集中期均小于 198°，说明这些站点的最大降水量均出现在 7 月中旬。

7.2.2　年尺度降水集中度和降水集中期时间趋势特征

采用第 2 章中 MK 检验法计算黑龙江省松嫩平原年尺度降水集中度和降水集中期变化趋势的检验统计量 Z 值，并绘制空间分布图，如图 7-2 所示。

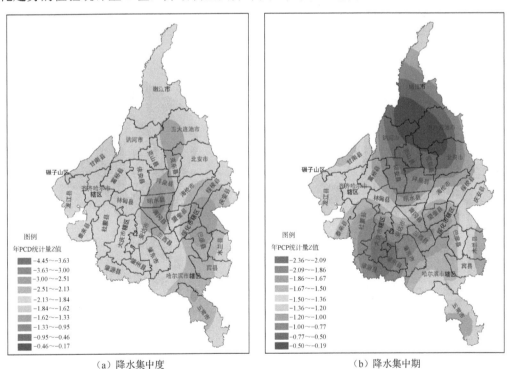

（a）降水集中度　　　　　　　　　　　（b）降水集中期

图 7-2　黑龙江省松嫩平原年尺度降水集中度和降水集中期 Z 值空间分布图

由图 7-2（a）可知：黑龙江省松嫩平原大部分地区年尺度降水集中度统计量 Z 值为负数，代表下降趋势（仅有明水站和呼兰站为上升趋势，但不显著），说明年尺度降水的集中程度在 1959～2019 年内有所下降，其降水量在空间上呈现更加均匀的分布。其中，松嫩平原南部、东南部和东部的庆安县、五常市、绥化市、巴彦县等地区统计量 Z

值的绝对值大于 1.96，即下降趋势显著，共计 18 个站点，庆安站和绥化站的下降趋势较为显著，其 Z 值绝对值均超过了 4.0；其他地区年尺度降水的集中度均不显著，尤其是甘南站、青冈站、富裕站和德都站，其统计量 Z 值的绝对值均小于 1.0。

由图 7-2（b）可知：与年尺度降水集中度的趋势特征相似，黑龙江省松嫩平原整个区域年尺度降水集中期均呈现出一定的下降趋势，即年尺度最大降水量出现的时间在 1959～2019 年内有所提前。其中，兰西站、肇源站、安达站和肇州站年尺度降水集中期统计量 Z 值的绝对值均大于 1.96，即下降趋势显著；其余各个站点年尺度降水集中期统计量 Z 值的绝对值均小于 1.96，即下降趋势不显著。

7.3　生育期尺度降水集中度和降水集中期的时空特征分析

7.3.1　生育期尺度降水集中度和降水集中期空间分布特征

根据 7.1 节的理论，绘制黑龙江省松嫩平原生育期尺度降水集中度和降水集中期空间分布图，如图 7-3 所示。

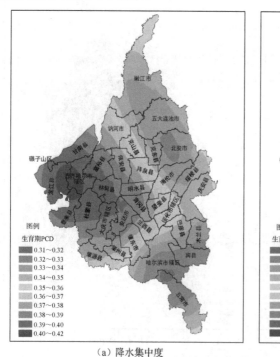
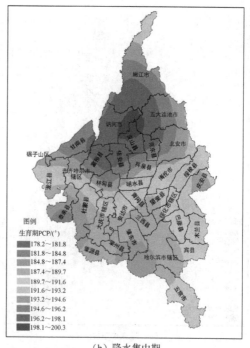

（a）降水集中度　　　　　　　　　　（b）降水集中期

图 7-3　黑龙江省松嫩平原生育期尺度降水集中度和降水集中期空间分布图

由图 7-3（a）可知：黑龙江省松嫩平原生育期尺度降水集中度空间分布特征与年尺度相似，也呈现出自东向西增加的分布特点。但降水集中度数值较年尺度小，在 0.3121～ 0.4170，区域平均值为 0.3597。这表明生育期尺度降水量集中程度较低，空间分布相对均匀。其中，松嫩平原西北部和东南部的嫩江市、五大连池市、五常市、哈尔滨市等地区降水集中度较小，各个站点的降水集中度均小于 0.34，呼兰站的降水集中度值最小，仅为 0.3121；松嫩平原西部的泰来县、龙江县、杜蒙县等地区的降水集中度较大，各个站点的降水集中度均超过了 0.40，龙江站的降水集中度值最大，达到了 0.4170。

由图 7-3（b）可知：黑龙江省松嫩平原生育期尺度降水集中期空间分布特征与年尺度也相似，也呈现出由南向北逐渐递增的趋势，这说明最大降水量由南向北逐渐推迟。但整体变化范围较年尺度大，其变化范围在 178°～201°，比年尺度范围大了 17°，区域平均值为 191.8°，即最大降水量均出现在 7 月中下旬。松嫩平原北部的嫩江市、五大连池市等地区的生育期尺度降水集中期较晚，在 197°～200°，其中，五大连池市（德都站）的生育期尺度降水集中期最晚，为 200.29°，即五大连池市最大降水量出现在 7 月下旬；南部和西南部的泰来县、肇州县等地区是整个松嫩平原生育期尺度降水集中期较早的区域，其中，泰来站、肇东站、双城站的集中期均小于 180°，说明这些站点的最大降水量均出现在 6 月下旬。可见，生育期尺度的最大降水出现时间较年尺度出现得早。

7.3.2　生育期尺度降水集中度和降水集中期时间趋势特征

采用第 2 章中 MK 检验法计算黑龙江省松嫩平原生育期尺度降水集中度和降水集中期变化趋势的检验统计量 Z 值，并绘制空间分布图，如图 7-4 所示。

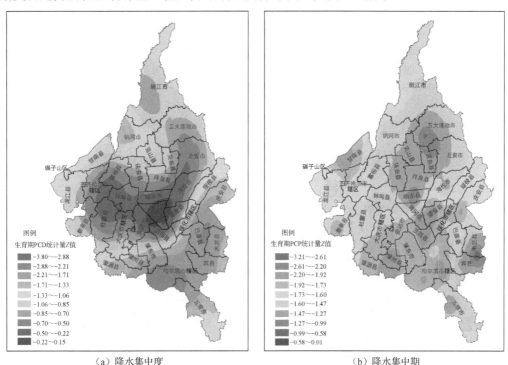

（a）降水集中度　　　　　　　　　　　　（b）降水集中期

图 7-4　黑龙江省松嫩平原生育期尺度降水集中度和降水集中期 Z 值空间分布图

由图 7-4（a）可知：黑龙江省松嫩平原大部分地区生育期尺度降水集中度呈现出一定的下降趋势，这与年尺度降水集中度的变化规律相似，即生育期尺度降水的集中程度在 1959~2019 年内也有所下降,其降水量在空间上也呈现更加均匀的分布。其中,松嫩平原东南部的宾县、巴彦县和木兰县等地区 5 个站点(双城站、庆安站、宾县站、阿城站和巴彦站)统计量 Z 值的绝对值大于 1.96,即下降趋势显著,双城站的下降趋势最为显著,其 Z 值绝对值超过了 3.5;其他地区生育期尺度降水的集中度均不显著,尤其是杜蒙站和望奎站,其统计量 Z 值的绝对值接近于 0。

由图 7-4(b)可知:黑龙江省松嫩平原大部分地区生育期尺度降水集中期呈现出一定的下降趋势,这与年尺度的降水集中度和集中期、生育期尺度的集中度的时间趋势相似,即生育期尺度最大降水量出现的时间在 1959~2019 年内有所提前。与年尺度降水的集中期有所不同,生育期尺度的集中期出现了两个显著的下降区域,一是西北部的甘南等地,二是中南部和西南部的哈尔滨市、肇源县和肇州县等地,其统计量 Z 值的绝对值均大于 1.96,尤其是甘南站,超过了 3.0;其余各个站点下降趋势均不显著。

7.4 生育期月尺度降水集中度和降水集中期的时空特征

7.4.1 生育期月尺度降水集中度和降水集中期空间分布特征

根据 7.1 节的理论,计算黑龙江省松嫩平原 35 个站点 1961~2018 年生育期 5~9 月降水量的多年平均集中度和集中期,采用第 2 章中 ArcGIS 空间分析技术中的 Geostatistical Analyst 模块绘制黑龙江省松嫩平原生育期 5~9 月降水集中度和降水集中期空间分布图,如图 7-5、图 7-6 所示。

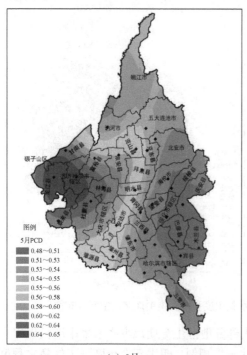

(a)5月

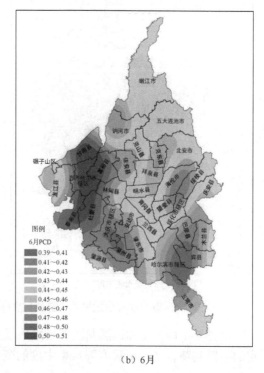

(b)6月

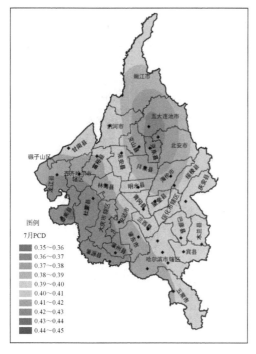

（c）7月

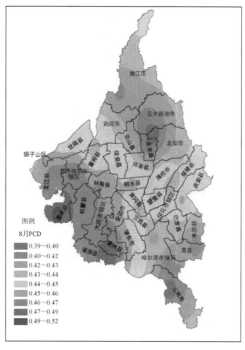

（d）8月

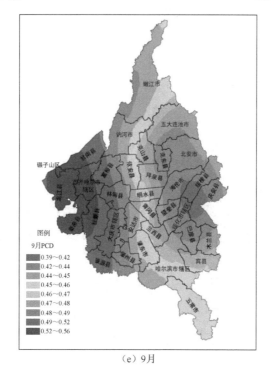

（e）9月

图 7-5　黑龙江省松嫩平原月尺度降水集中度空间分布图

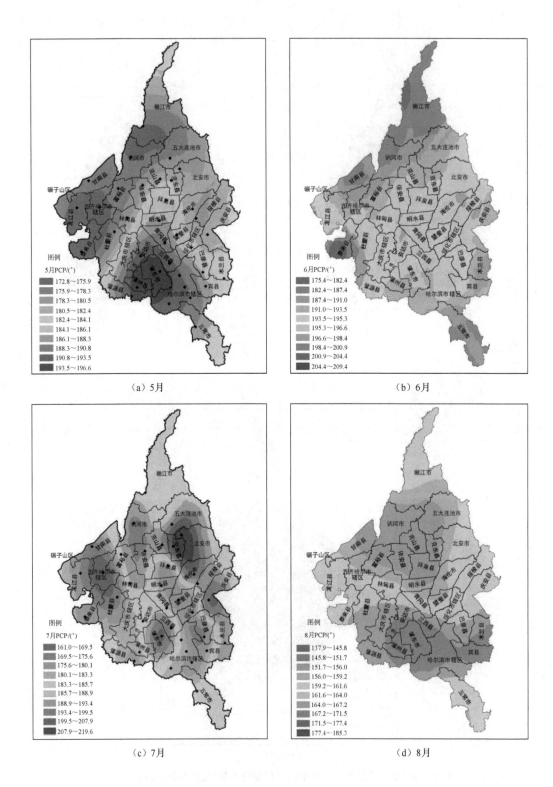

（a）5月　　　　　　　　　　　　（b）6月

（c）7月　　　　　　　　　　　　（d）8月

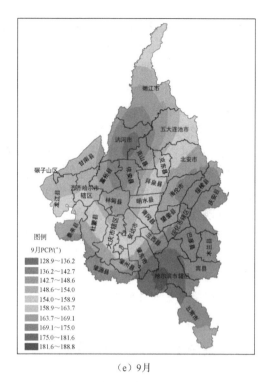

（e）9月

图 7-6　黑龙江省松嫩平原月尺度降水集中期空间分布图

　　由图 7-5 可知：黑龙江省松嫩平原生育期 5～9 月降水集中度空间分布特征明显且相似，整体呈现出"西高东低"的特征，尤其是 5 月和 9 月较为明显，但也存在局部差异。如 6 月和 8 月空间分布比较凌乱，出现了多个低值区域，7 月东南部的克东县、五大连池市等地区的降水集中度值较低；5 月降水的集中度在 0.46～0.68，平均值相对较大，超过了 0.5，其余四个月均在 0.34～0.57，平均值均小于 0.47；五个月份降水集中度最小值分别出现在木兰站、阿城站、德都站、五常站和绥棱站，仅有木兰站的降水集中度超过了 0.45，其余四个站点均小于 0.4；五个月份降水集中度最大值分别出现在龙江站、齐齐哈尔站、泰来站、泰来站和龙江站，除 7 月外，其他几个站点的集中度值均大于 0.5，同时，这几个站点均位于松嫩平原的西部，可见松嫩平原西部生育期月降水的集中程度要高于其他地区。与前面第 4 章降水量空间分布特征对比发现，松嫩平原西部生育期月降水量也相对较少，而降水集中度高在一定程度上造成了较少的降水在短期内降完，进一步增加了干旱和洪涝等灾害的概率。

　　由图 7-6 可知：黑龙江省松嫩平原生育期 5～9 月降水集中期空间分布特征差异较大，5 月呈现出西北低、南部高的特征，6 月呈现出西北和南部低，中间和西部局部高的特征，7 月分布则比较凌乱，高低交错出现，8 月和 9 月类似，呈现出北部低南部高的趋势。8 月和 9 月的降水集中期相对较小，8 月在 137.9°～185.3°波动，9 月在 128.9°～188.8°波动，其平均值均在 161°左右，即 8 月和 9 月最大降水量均出现在月中旬中期（14日）；其次为 5 月，降水集中期在 172.8°～196.6°波动，平均值为 183.8°，即 5 月最大降水量也出现在月中旬中期（16 日），但比 8 月和 9 月延后 2 天；再次为 6 月，降水集中期在 175.4°～209.4° 波动，平均值为 193.0°，即 6 月最大降水量也出现在月中旬中期（17 日），但比 8 月和 9 月延后 3 天、比 5 月延后 1 天；最后为 7 月，降水集中期在 161.0°～219.6° 波动，平均值为 186.0°，即 7 月最大降水量也出现在月中旬中期（16 日），与 5 月相同，但比 8 月和 9 月延后 2 天、比 6 月提前 1 天。五个月份降水集中期最小值分别出现在德都站、五常站、齐齐哈尔站、德都站和依安站，其中，9 月的依安站最小，仅为 128.9°，即 9 月 11 日，这表明依安站 9 月最大降水量出现在中旬初期，6 月的五常站降水集中期最大，达到了 175.4°，即 6 月 15 日，这表明五常站 6 月最大降水量出现在中旬中期；五个月份降水集中期最大值分别出现在肇州站、泰来站、北安站、木兰站和呼兰站，其中，8 月的木兰站降水集中期最小，仅为 185.2°，即 8 月 16 日，这表明木兰站 8 月最大降水量出现在中旬中期，7 月的北安站降水集中期最大，达到了 219.6°，即 7 月 19 日，这表明北安站 7 月最大降水量出现在中旬末期。

　　对比不同站点不同月份集中度和集中期，虽然在数字上相差不大，但对作物生育期用水而言则存在较大差异，尤其是在作物需水关键期，1 天或 2 天的差异就有可能对作物的产量产生较大的影响。关于降水量对作物产量的影响此处不再赘述，后续章节中将详细分析。

7.4.2　生育期月尺度降水集中度和降水集中期时间趋势特征

　　根据前述理论，采用第 2 章中 MK 检验法计算黑龙江省松嫩平原生育期 5～9 月降水集中度和集中期变化趋势的检验统计量 Z 值，并绘制空间趋势分布图，如图 7-7、图 7-8 所示。

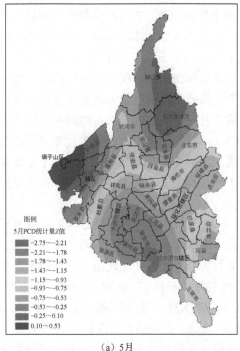

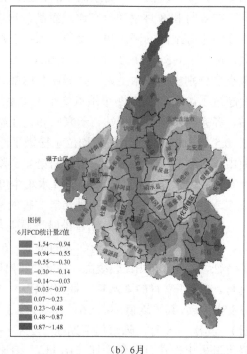

(a) 5月　　　　　　　　　　　　　　　　(b) 6月

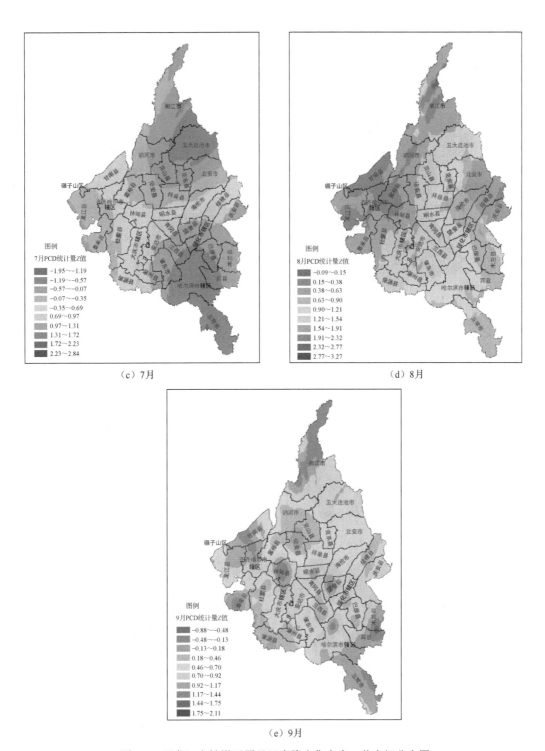

（c）7月　　　　　　　　　　　　　　（d）8月

（e）9月

图 7-7　黑龙江省松嫩平原月尺度降水集中度 Z 值空间分布图

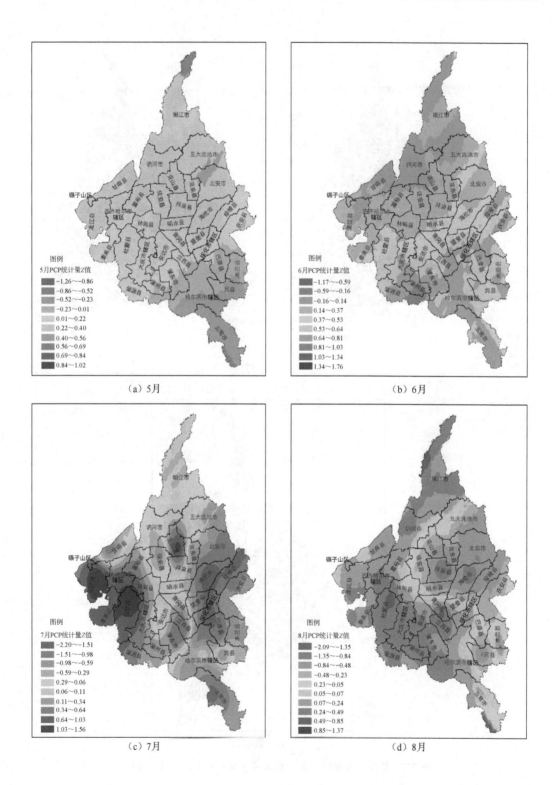

（a）5月　　　　　　　　　　　　　　（b）6月

（c）7月　　　　　　　　　　　　　　（d）8月

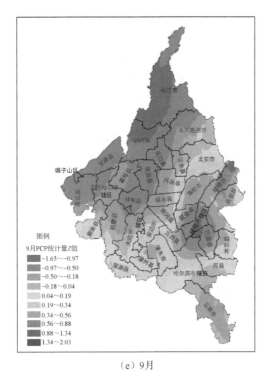

（e）9月

图 7-8　黑龙江省松嫩平原月尺度降水集中期 Z 值空间特征图

由图 7-7 可知：①5 月降水集中度整体呈现出一定的下降趋势，这与年尺度和生育期尺度的变化规律相似，且南部的肇州县、安达市、双城市、哈尔滨市等地区下降趋势显著。仅有甘南县、宾县、五大连池市、齐齐哈尔市和龙江县等地区呈现出一定的上升趋势，但均不显著；②6 月降水集中度空间趋势特征显著，中部、北部和南部整体呈现上升趋势、西部和东部整体呈现下降趋势，但上升或下降趋势均不显著；③7 月降水集中度整体呈现出一定的上升趋势，且南部的呼兰站和阿城站的上升趋势显著，仅有北部的北安市、五大连池市和西部的龙江县等地区呈现出一定的下降趋势，但均不显著；④8 月降水集中度变化趋势与 7 月相似，整体呈现出上升趋势，且西部的泰来县、讷河市、富裕县、齐齐哈尔市等地区上升趋势显著，仅有克东站和庆安站呈现出一定的下降趋势，但均不显著；⑤9 月降水集中度变化趋势与 7 月和 8 月相似，但空间分布比较凌乱，下降趋势交织在上升趋势范围内，但多数站点上升或下降趋势均不显著，仅有林甸站降水集中度统计量 Z 值的绝对值大于 1.96，上升趋势显著。由此可见，生育期不同月份降水集中度时间趋势不尽相同，5 月降水集中程度在近 60 年呈现出更加均匀的分布趋势，而 6~9 月则正好相反，其降水集中程度更加不均匀，短期内易造成洪涝和干旱，对于作物需水和正常的生长发育是不利的。

由图 7-8 可知：①5 月降水集中期整体呈现出一定的上升趋势，仅有南部的部分地区为下降趋势，由于其统计量 Z 值的绝对值均小于 1.96，上升或下降趋势均不显著；②6 月降水集中期变化趋势与 5 月相似，整体呈现上升趋势，仅有中部和中北部的讷河市、拜泉县、克山县等地区为下降趋势，但整体上升或下降趋势均不显著；③7 月降水集中期变化趋势与 5 月和 6 月有所差异，整体上东部呈下降趋势、西部呈上升趋势，且东部的海伦市、绥化市等地区下降趋势显著，其他趋势均不显著；④8 月降水集中期变化趋势与 7 月相似，且中部和中东部的拜泉县和宾县等地区的下降趋势显著，其他趋势均不显著；⑤9 月降水集中期北部、西部和南部的部分地区呈现下降趋势，其他均为上升趋势，且绥化站降水集中期统计量 Z 值的绝对值均大于 1.96，上升趋势显著。由此可见，生育期不同月份降水集中期时间趋势也各不相同，5 月和 6 月最大降水量出现时间有普遍延后的趋势；7 月和 8 月西部最大降水量出现时间普遍存在延后的趋势，而东部则普遍存在提前的趋势；9 月北部、西部和南部的部分地区最大降水量出现时间有普遍提前的趋势，其他则延后。

7.5　不同尺度降水集中度和降水集中期的相关分析

根据黑龙江省松嫩平原 35 个站点 1961～2018 年不同尺度降水集中度和降水集中期数据，将 35 个站点每年的降水集中度和降水集中期数据进行平均，计算松嫩平原 1961～2018 年不同尺度降水集中度和降水集中期，采用第 2 章相关系数法计算不同尺度降水集中度和降水集中期的相关系数，其结果如表 7-4 和表 7-5 所示。

表 7-4　不同尺度降水集中度相关性分析

尺度	年	生育期	5 月	6 月	7 月	8 月	9 月
年	1	0.5387	0.2065	-0.0817	-0.4632	-0.3632	-0.1309
生育期	**0.5387**	1	0.1350	0.2269	-0.1988	-0.2341	0.2616
5 月	0.2065	0.1350	1	-0.1905	-0.2010	-0.0644	-0.1978
6 月	-0.0817	0.2269	-0.1905	1	0.3341	-0.0991	0.1623
7 月	**-0.4632**	-0.1988	-0.2010	**0.3341**	1	0.3140	0.0647
8 月	**-0.3632**	-0.2341	-0.0644	-0.0991	0.3140	1	-0.1060
9 月	-0.1309	0.2616	-0.1978	0.1623	0.0647	-0.1060	1

注：加粗数据表示在 0.01 水平下显著。

表 7-5　不同尺度降水集中期相关性分析

尺度	年	生育期	5 月	6 月	7 月	8 月	9 月
年	1	0.7569	-0.0801	0.1049	0.0974	-0.0445	-0.1029
生育期	**0.7569**	1	-0.1450	0.0174	0.2042	-0.0271	-0.0861
5 月	-0.0801	-0.1450	1	0.1243	-0.2094	0.1358	-0.0603
6 月	0.1049	0.0174	0.1243	1	-0.1119	-0.2229	-0.0602
7 月	0.0974	0.2042	-0.2094	-0.1119	1	-0.0723	0.0713
8 月	-0.0445	-0.0271	0.1358	-0.2229	-0.0723	1	0.0313
9 月	-0.1029	-0.0861	-0.0603	-0.0602	0.0713	0.0313	1

注：加粗数据表示在 0.01 水平下显著。

　　由表 7-4 可知：不同尺度降水集中度相关性各不相同。其中，年尺度与生育期尺度降水集中度相关系数最大，为 0.5387，呈正相关，在 0.01 水平下显著（$r_{58,0.01}=0.33$），即生育期尺度降水越集中，则年尺度降水也越集中；其次为年尺度与 7 月、年尺度与 8 月，相关系数分别为 -0.4632 和 -0.3632，均呈负相关，在 0.01 水平下均显著，即 7 月和 8 月降水越集中，则年尺度降水越不集中；最后为 6 月和 7 月，相关系数为 0.3341，呈正相关，在 0.01 水平下显著（$r_{58,0.01}=0.33$），即 6 月降水越集中，则 7 月降水也越集中。根据前述第 4 章和第 5 章的分析结果，生育期月降水量在数量上占年降水量的比例较大，生育期月降水量越大则年降水量也越大，但空间非均匀性方面并非呈正相关，这正好体现了不同尺度降水的随机性和不确定性。

　　由表 7-5 可知：不同尺度降水集中期相关性也各不相同，不同尺度之间有的呈现正相关，有的呈现负相关，但仅有年尺度与生育期尺度的相关系数在 0.01 水平下显著，为 0.7569，其余均不显著。可见年尺度最大降水出现时间与生育期尺度具有一定的同步性，其他各尺度最大降水出现时间相互之间影响不大。

第 8 章　极端降水及旱涝变化研究

在全球变暖的大背景下，极端降水事件在多数区域呈现出了增加的趋势，但并不像极端气温具有全球一致性[305]。2012 年，IPCC 发布的《管理极端事件和灾害风险，提升气候变化适应能力》（Managing the Risks of Extreme Events and Disasters to Advance Climate Change Adaptation）报告中指出："全球大部分地区强降雨发生的频率或占总降水量的比例升高了，但由于现阶段科学研究缺少统一的认识，全球范围内的具体极端事件的变化趋势可能比局部范围内的更可靠。"[179,306]由此可见，开展局部范围内极端事件，尤其是降水极端事件研究对于揭示局部区域极端降水事件的变化规律、规避洪涝灾害风险具有重要的意义。黑龙江省作为农业大省和国家重要的商品粮生产基地，每年为国家提供 70%以上的商品粮，对于保障我国粮食安全具有重要的战略地位，但由于地理环境、海陆气团和季风的交替影响，洪涝、干旱等灾害频繁。据统计，2014 年，黑龙江省全省作物受旱面积达 947.86 万亩，洪灾损失超 11 亿。因此，本章将采用反映极端降水事件的 16 个极端降水指数，重点研究黑龙江省极端降水事件的时空变化规律及旱涝时空变化特征。

8.1　极端降水事件的划分

根据《降水量等级》（GB/T 28592—2012）标准和中国气象局颁布的降水强度等级划分标准（内陆部分），我国降水强度等级划分标准如表 8-1 所示。

表 8-1　我国降水强度等级划分标准

降水强度	24h 降水总量/mm	12h 降水总量/mm
小雨、阵雨	0.1～9.9	≤4.9
小雨—中雨	5.0～16.9	3.0～9.9
中雨	10.0～24.9	5.0～14.9
中雨—大雨	17.0～37.9	10.0～22.9
大雨	25.0～49.9	15.0～29.9
大雨—暴雨	33.0～74.9	23.0～49.9
暴雨	50.0～99.9	30.0～69.9
暴雨—大暴雨	75.0～174.9	50.0～104.9
大暴雨	100.0～249.9	70.0～139.9
大暴雨—特大暴雨	175.0～299.9	105.0～169.9
特大暴雨	≥250.0	≥140.0

由表 8-1 可知，24h 降水总量在[25,49.9]mm 或 12h 降水总量在[15,29.9]mm 称为大雨；24h 降水总量在[50,99.9]mm 或 12h 降水总量在[30,69.9]mm 称为暴雨；24h 降水总量超过 250mm 或 12h 降水总量超过 140mm 称为特大暴雨；但并未对极端降水事件的降水总量进行界定，即不能简单地将暴雨以上或者特大暴雨理解为极端降水。对于水资源紧缺地区，尤其是降水量较少的干旱区，极端降水不一定能够达到暴雨，甚至达不到大雨的级别。因此，需要采用科学合理的方法来界定极端降水事件降水量的大小，即极端降水发生的阈值，当超过该阈值时，即认为发生了极端降水事件。

8.1.1 极端降水阈值

目前常用的极端降水阈值确定方法有固定阈值法和百分位阈值法。固定阈值法根据历史降水，将已经达到暴雨级别的降水量作为阈值，超过该阈值的降水事件即为极端降水事件。但由于不同区域降水量差异较大，根据本书前述分析可知，黑龙江省东部和东北部的三江平原降水较多，而西部的齐齐哈尔等地降水量较少，空间分布差异较大。如果采用相同的阈值来界定全省的极端降水事件，对西部地区而言，显然不合理，其极端降水事件不一定能够达到暴雨级别。而百分位阈值法根据历史降水时间序列，选取合适的频率，如 90%、95%、99%，通过将逐日降水时间序列按照升序排列，选取对应频率的降水量作为该站点的阈值，当超过该阈值时，即认为发生了极端降水事件。因此，本书采用百分位阈值法确定极端降水的相关阈值[307,308]。其具体的计算过程如下。

方法 1：将黑龙江省 31 个站点的逐日降水时间序列 x_i' 按照降水量大小升序排列，得到的新序列为 x_i，则百分位阈值为

$$x = (1-\alpha)x_i + \alpha x_{i+1} \tag{8-1}$$

式中，i 为逐日降水时间序列排序的序号，$i=\text{Int}[q(n+1)]$，$\text{Int}[]$为取整行数，q 为对应的百分数；α 为权重系数，$\alpha = q(n+1)-i$。

方法 2：将黑龙江省 31 个站点的逐日降水时间序列 x_i' 按照降水量大小升序排列，得到的新序列为 x_i，值小于序号 i 对应降水量出现的概率为

$$p = \frac{i-0.31}{n+0.38} \tag{8-2}$$

式中，n 为逐日降水时间序列的长度。当求某一站点降水量的阈值时（按 $n=365$），90 百分位阈值对应为 $i=329$（$p_{329,0.9}=89.95\%$）和 $i=330$（$p_{330,0.9}=90.23\%$）降水量的线性插值。

在运用上述两种方法求解降水时间序列的阈值时，均需假定降水时间序列服从均匀分布，而实际降水时间序列，尤其是逐日降水时间序列并不服从均匀分布，计算时应考虑降水时间序列的实际概率分布。由于标准正态分布曲线可以准确找到 Z 值对应的概率密度，为了避免上述问题，本书首先将逐日降水时间序列的概率分布转化为标准正态分布，根据标准正态分布确定某一百分位数（90 百分位或 95 百分位）所对应的 Z 值，再将 Z 值转化为所对应的降水量，主要具体过程如下。

方法 3：首先将黑龙江省 31 个站点的逐日降水时间序列进行标准化处理，公式为

$$x_i = \frac{x_i' - \mathrm{mean}(x')}{\mathrm{std}(x')} \tag{8-3}$$

式中，$\mathrm{mean}(x')$ 为黑龙江省 31 个站点的逐日降水时间序列的平均值；$\mathrm{std}(x')$ 为黑龙江省 31 个站点的逐日降水时间序列的标准差。

然后将标准化处理后的逐日降水时间序列按照式（8-4）计算 Z 值：

$$Z = \frac{6}{C_s}\left(\frac{C_s}{2}x + 1\right)^{1/3} - \frac{6}{C_s} + \frac{C_s}{6} \tag{8-4}$$

式中，C_s 为 x' 的偏态系数，计算公式见 4.4.1 节。查标准正态分布表确定 90 百分位、95 百分位和 99 百分位对应的 Z 值分别为 1.285、1.645 和 2.32，按照式（8-5）转化为实际的降水量，即所对应的百分位降水阈值为

$$x = \frac{2\mathrm{std}(x')}{C_s}\left\{\left[\frac{C_s}{6}\left(Z_i + \frac{6}{C_s} - \frac{C_s}{6}\right)\right]^3 - 1\right\} + \mathrm{mean}(x') \tag{8-5}$$

8.1.2　极端降水指标

1998～2001 年，世界气象组织在气候变化监测会议中提出了一套极端气候指标，27 个核心指标中有 11 个指标用于描述极端降水事件，该方法已被广泛应用于极端气候事件研究中[309-311]。本书在上述指标的基础上，结合黑龙江省气候特点和已有研究成果，界定了 18 个极端降水指标，共包括四大类，即绝对指标、相对指标、强度指标和持续指标，如表 8-2 所示。

表 8-2　黑龙江省 18 个极端降水指标定义

指标类型	极端降水指标	简写	定义
绝对指标	降水日数	PD	年内降水的日数（d）
	痕雨日数	Pr1	年内日降水量≥1mm 的日数（d）
	小雨日数	Pr5	年内日降水量≥5mm 的日数（d）
	中雨日数	Pr10	年内日降水量≥10mm 的日数（d）
	大雨日数	Pr25	年内日降水量≥25mm 的日数（d）
相对指标	异常降水日数	P90	年内日降水量高于 90%阈值日数之和（d）
	较极端降水日数	P95	年内日降水量高于 95%阈值日数之和（d）
	极端降水日数	P99	年内日降水量高于 99%阈值日数之和（d）
	异常降水总量	P90a	年内日降水量高于 90%阈值降水量之和（mm）
	较极端降水总量	P95a	年内日降水量高于 95%阈值降水量之和（mm）
	极端降水总量	P99a	年内日降水量高于 99%阈值降水量之和（mm）
强度指标	1 日最大降水量	P1d	年内 1 日降水量最大值（mm）
	5 日最大降水量	P5d	年内连续 5 日降水量最大值（mm）
	年降水强度	API	年内降水量与日降水量≥1mm 日数之比（mm/d）
持续指标	持续无雨日数	CDD	年内日降水量连续<1mm 日数最大值（d）
	持续降水日数	CWD	年内日降水量连续≥1mm 日数最大值（d）
	汛期降水量	FSP	年内 6～9 月（生长季）降水量之和（mm）
	生育期降水量	GPP	年内 4～9 月（生长季）降水量之和（mm）

8.2　极端降水阈值变化规律分析

8.2.1　极端降水阈值计算

根据 8.1 节的理论，计算黑龙江省 31 个站点 90 百分位、95 百分位和 99 百分位所对应的降水阈值。由于方法 1 和方法 2 计算过程和计算结果类似，仅给出方法 1 和方法 3 的计算结果，如表 8-3 所示。

表 8-3　黑龙江省 31 个站点两种方法降水阈值计算结果

站点	方法 1/mm			方法 3/mm			站点	方法 1/mm			方法 3/mm		
	90 百分位	95 百分位	99 百分位	90 百分位	95 百分位	99 百分位		90 百分位	95 百分位	99 百分位	90 百分位	95 百分位	99 百分位
伊春	20	22	24	21	26	34	新林	17	19	22	18	23	32
佳木斯	22	24	26	22	27	36	明水	22	23	26	22	27	36
依兰	22	23	26	22	27	35	泰来	23	25	28	24	28	37
克山	21	23	25	22	27	36	漠河	18	19	22	18	24	34
北安	21	22	25	21	26	35	牡丹江	22	23	26	22	27	35
呼玛	20	22	25	21	26	36	绥化	22	24	26	23	28	36
哈尔滨	23	24	27	23	28	36	绥芬河	19	21	24	20	24	31
塔河	18	20	23	19	24	33	肇州	23	25	27	24	28	37
嫩江	20	22	25	21	26	35	虎林	21	23	25	22	26	34
孙吴	19	21	24	20	25	34	通河	22	23	25	22	27	35
安达	23	24	27	23	28	37	铁力	21	23	25	22	27	35
宝清	22	24	26	22	27	35	鸡西	21	23	26	22	26	34
富裕	22	24	26	22	27	36	鹤岗	21	23	26	21	26	35
富锦	22	23	26	22	27	36	黑河	20	22	25	21	26	35
尚志	21	23	25	22	27	35	齐齐哈尔	23	24	27	23	28	37
拜泉	21	23	25	22	27	36	极差	6	6	6	6	5	6

由表 8-3 可知，考虑降水时间序列分布后的方法 3，90 百分位、95 百分位和 99 百分位所对应的降水阈值明显高于方法 1，而不同方法之间三个百分位所对应降水阈值的极差基本相同。但方法 1 忽略了降水时间序列的实际概率分布，导致结果的稳定性下降。因此，本书采用方法 3 确定的三个阈值计算极端降水指标和分析不同阈值降水量空间分布。

8.2.2　变化规律分析

采用本书第 2 章 ArcGIS 地统计分析模块中的普通克里金插值法绘制黑龙江省降水时间序列不同极端降水阈值空间分布图，结果如图 8-1 所示。

由图 8-1 和表 8-3 可知，全省不同百分位降水阈值空间分布规律相似，西部三个百分位降水阈值均较大，而大兴安岭地区均较小。其中，90 百分位降水阈值最大值为 24mm，位于泰来站和肇州站，最小值为 18mm，位于新林站；95 百分位降水阈值最大

值为 28mm，位于泰来站、肇州站、绥化站、齐齐哈尔站、安达站和哈尔滨站，最小值
为 23mm，位于新林站；99 百分位降水阈值最大值为 37mm，位于泰来站、肇州站和安
达站，最小值为 31mm，位于绥芬河站。为了进一步揭示不同百分位降水阈值的变化规
律和空间分布，绘制各站点不同百分位降水阈值柱状图，如图 8-2 所示。

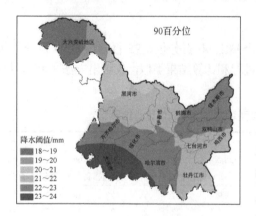
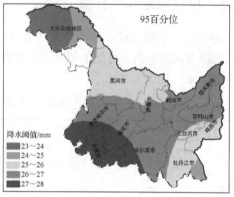
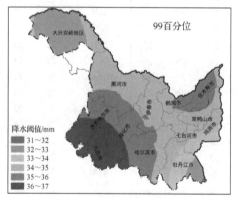

图 8-1　黑龙江省不同百分位降水阈值空间分布

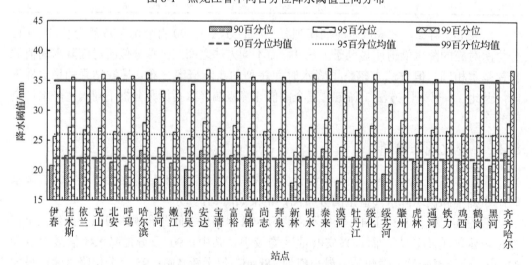

图 8-2　黑龙江省各站点不同百分位降水阈值

由图 8-2 可知：90 百分位降水阈值有 8 个站点超过了 22mm 平均值线，占所有站点的比例为 25.8%；95 百分位降水阈值有 18 个站点超过了 26mm 平均值线，占所有站点的比例为 58.1%；99 百分位降水阈值有 11 个站点超过了 35mm 平均值线，占所有站点的比例为 35.5%。由此可见，空间上 90 百分位和 99 百分位降水阈值高区域偏少，而 95 百分位降水阈值高区域偏多。

8.3　极端降水指数变化规律分析

8.3.1　极端降水指数趋势线拟合

根据表 8-2 中界定的 18 个极端降水指标，采用黑龙江省 31 个站点的逐日降水时间序列分别计算绝对指标、相对指标、强度指标和持续指标的具体数值。考虑到篇幅，本书仅给出 31 个站点 18 个指标变化曲线趋势线拟合方程的相关系数和检验 P 值以及各指标在研究时段的气候变化倾向率，具体见表 8-4～表 8-6。

由表 8-4、表 8-5 可知，不同站点 18 个极端降水指标与时间拟合的趋势线的相关系数和检验 P 值存在较大差异，计算其变异系数分别达到了 0.7636 和 0.6649，均为强变异。根据计算结果，中雨日数 Pr10 趋势线拟合方程相关系数小于 0.1 的站点最多，达到了 21 个，占站点总数的 67.7%；降水日数 PD 趋势线方程相关系数小于 0.1 的站点最少，仅为 7 个，占站点总数的 22.6%。统计所有极端降水指数趋势线方程检验相关系数小于 0.1 的站点总数为 258 个，占站点总数的 46.2%；当相关系数阈值达到 0.4 时，仅有降水日数 PD、极端降水总量 P99a、持续无雨日数 CDD 三个指标分别具有 8 个、1 个和 1 个站点趋势线方程相关系数超过 0.4，其余各个站点各个极端降水指标的相关系数均小于 0.4，即所有极端降水指数趋势线方程检验相关系数大于 0.4 的站点占所有指标站点总数的比例不足 2%。

表 8-4　黑龙江省各气象站点极端降水指标相关系数

站点	PD	Pr1	Pr5	Pr10	Pr25	P90	P95	P99	P90a	P95a	P99a	P1d	P5d	API	CDD	CWD	FSP	GPP
伊春	0.2653	0.0279	0.0683	0.0802	0.1700	0.1665	0.1931	0.1015	0.1530	0.1619	0.0841	0.0398	0.0335	0.3463	0.1568	0.2148	0.0365	0.0152
佳木斯	0.4566	0.1932	0.0301	0.0226	0.0933	0.0040	0.0017	0.0498	0.0253	0.0265	0.0655	0.0967	0.1277	0.2335	0.2078	0.2392	0.1680	0.1356
依兰	0.3383	0.1452	0.2141	0.0547	0.0633	0.0735	0.0240	0.0160	0.0443	0.0146	0.0099	0.0070	0.0584	0.0962	0.2129	0.0204	0.1644	0.1439
克山	0.3827	0.1388	0.0644	0.0171	0.0469	0.1055	0.0584	0.0060	0.0609	0.0253	0.0220	0.1687	0.0978	0.1977	0.1616	0.0373	0.0483	0.0309
北安	0.0948	0.0806	0.1550	0.0688	0.1329	0.0151	0.1446	0.0759	0.0164	0.0880	0.0178	0.0227	0.0246	0.0582	0.1184	0.2895	0.0281	0.0111
呼玛	0.4556	0.2793	0.2035	0.0899	0.1189	0.0044	0.1032	0.0308	0.0180	0.0741	0.0088	0.1128	0.1815	0.1767	0.2160	0.1899	0.2215	0.1764
哈尔滨	0.3908	0.2136	0.1895	0.1983	0.1530	0.0591	0.1508	0.1125	0.1061	0.1477	0.1215	0.0803	0.1347	0.0330	0.0357	0.2217	0.2294	0.1796
塔河	0.0344	0.0561	0.1451	0.0462	0.0618	0.0414	0.0939	0.1568	0.0553	0.0873	0.1088	0.1115	0.0482	0.2031	0.1498	0.0828	0.0114	0.0322
嫩江	0.3910	0.1855	0.2119	0.1395	0.1139	0.0845	0.1086	0.0012	0.0975	0.1064	0.0258	0.0959	0.0800	0.0181	0.1591	0.1062	0.2210	0.1857
孙吴	0.4650	0.1553	0.1949	0.2596	0.1571	0.0845	0.1452	0.1398	0.1009	0.1334	0.0991	0.0627	0.1979	0.0756	0.0796	0.1239	0.2520	0.2356
安达	0.0947	0.0212	0.0598	0.1731	0.0068	0.0286	0.0025	0.0595	0.1037	0.0933	0.1271	0.1586	0.2459	0.0804	0.1491	0.1912	0.0875	0.0232
宝清	0.4106	0.2188	0.1748	0.1024	0.2789	0.1753	0.2399	0.2569	0.2744	0.3087	0.3096	0.2813	0.3326	0.0789	0.0303	0.2008	0.3602	0.2912
富裕	0.0497	0.0751	0.0251	0.0577	0.1425	0.0979	0.1415	0.1854	0.1467	0.1653	0.1853	0.1690	0.1446	0.2724	0.1700	0.0409	0.0843	0.1053

续表

站点	PD	Pr1	Pr5	Pr10	Pr25	P90	P95	P99	P90a	P95a	P99a	P1d	P5d	API	CDD	CWD	FSP	GPP
富锦	0.2216	0.1096	0.0132	0.1791	0.1377	0.1940	0.0912	0.0804	0.1696	0.0889	0.0785	0.1633	0.0917	0.0256	0.0604	0.0066	0.2100	0.1540
尚志	0.4053	0.1451	0.1974	0.1617	0.0704	0.1328	0.1623	0.1644	0.1443	0.1625	0.1499	0.0805	0.0564	0.0602	0.1472	0.0150	0.2781	0.2503
拜泉	0.1089	0.1295	0.0172	0.0023	0.0209	0.0080	0.0530	0.0557	0.0183	0.0543	0.0547	0.0462	0.0489	0.1004	0.0616	0.0654	0.0293	0.0128
新林	0.1761	0.0777	0.0116	0.0109	0.2171	0.1417	0.1733	0.1172	0.1168	0.1266	0.0682	0.0394	0.1256	0.1676	0.3713	0.0641	0.1115	0.0398
明水	0.4602	0.2055	0.0345	0.0256	0.1674	0.0720	0.0980	0.1504	0.1429	0.1515	0.1714	0.1895	0.2824	0.3519	0.2938	0.1083	0.0193	0.0346
泰来	0.1118	0.0320	0.0898	0.0245	0.1150	0.0578	0.0714	0.1121	0.0837	0.0885	0.1207	0.1195	0.0442	0.1380	0.2041	0.1568	0.0721	0.0138
漠河	0.2900	0.2770	0.0912	0.0657	0.1451	0.2653	0.1023	0.1761	0.2311	0.1224	0.1465	0.0734	0.0552	0.3355	0.2408	0.1832	0.0600	0.1089
牡丹江	0.3377	0.2529	0.0742	0.0924	0.1497	0.1224	0.1503	0.1293	0.0778	0.0820	0.0503	0.1170	0.0739	0.1596	0.1046	0.0022	0.1964	0.1176
绥化	0.1234	0.0943	0.0829	0.0868	0.2029	0.1946	0.2017	0.1736	0.1164	0.0965	0.0456	0.0840	0.0532	0.0937	0.1514	0.0659	0.1049	0.0300
绥芬河	0.3444	0.0473	0.0939	0.1003	0.0546	0.0340	0.0495	0.0246	0.0525	0.0626	0.0509	0.0534	0.0763	0.3328	0.5450	0.0901	0.0969	0.0304
肇州	0.0882	0.0180	0.0375	0.1334	0.1187	0.1890	0.2373	0.3390	0.3599	0.3961	0.4433	0.3968	0.3681	0.2870	0.3380	0.1970	0.3715	0.2996
虎林	0.4698	0.1533	0.0246	0.0525	0.0391	0.0335	0.0096	0.0514	0.0272	0.0004	0.0404	0.1403	0.0970	0.2858	0.0226	0.0938	0.1135	0.0519
通河	0.2706	0.2550	0.1558	0.2651	0.1970	0.2252	0.1182	0.1347	0.1627	0.0857	0.0834	0.0478	0.0760	0.0519	0.1815	0.1319	0.2339	0.2308
铁力	0.0199	0.2300	0.1233	0.0511	0.2194	0.1513	0.2114	0.1111	0.1309	0.1485	0.0661	0.0083	0.0641	0.1079	0.0203	0.1040	0.0735	0.0343
鸡西	0.4463	0.1309	0.0717	0.0377	0.0329	0.0559	0.0201	0.0206	0.1159	0.1002	0.1246	0.2516	0.1777	0.1601	0.0167	0.2008	0.1944	0.1498
鹤岗	0.1183	0.0658	0.1340	0.0213	0.0995	0.0376	0.1756	0.1006	0.1206	0.2102	0.1767	0.3526	0.3096	0.3310	0.0267	0.1138	0.0023	0.0607
黑河	0.1000	0.0143	0.0153	0.0144	0.1649	0.0259	0.1152	0.1225	0.0058	0.0758	0.0790	0.0195	0.1572	0.0106	0.1959	0.0838	0.1471	0.1011
齐齐哈尔	0.0857	0.1231	0.0325	0.0033	0.1193	0.0513	0.1639	0.1975	0.1478	0.2085	0.2076	0.1907	0.0631	0.1488	0.2107	0.0167	0.0303	0.0050

表8-5　黑龙江省各气象站点极端降水指标检验 P 值

站点	PD	Pr1	Pr5	Pr10	Pr25	P90	P95	P99	P90a	P95a	P99a	P1d	P5d	API	CDD	CWD	FSP	GPP
伊春	0.0405	0.8327	0.6039	0.5422	0.1940	0.2036	0.1393	0.4402	0.2432	0.2166	0.5232	0.7626	0.7993	0.0067	0.2317	0.0993	0.7818	0.9080
佳木斯	0.0001	0.1261	0.8136	0.8590	0.4632	0.9747	0.9893	0.6962	0.8429	0.8352	0.6073	0.4471	0.3145	0.0634	0.0995	0.0570	0.1846	0.2853
依兰	0.0108	0.2857	0.1131	0.6888	0.6432	0.5905	0.8605	0.9067	0.7458	0.9148	0.9425	0.9590	0.6692	0.4808	0.1151	0.8812	0.2260	0.2901
克山	0.0018	0.2742	0.6134	0.8931	0.7128	0.4067	0.6467	0.9625	0.6325	0.8424	0.8631	0.1827	0.4418	0.1173	0.2022	0.7697	0.7046	0.8087
北安	0.4832	0.5511	0.2497	0.6110	0.3245	0.9114	0.2832	0.5748	0.9038	0.5153	0.8955	0.8668	0.8560	0.6672	0.3803	0.0290	0.8356	0.9348
呼玛	0.0002	0.0292	0.1157	0.4908	0.3615	0.9732	0.4287	0.8136	0.8908	0.5702	0.9463	0.3867	0.1616	0.1730	0.0945	0.1427	0.0863	0.1738
哈尔滨	0.0014	0.0902	0.1338	0.1162	0.2276	0.6428	0.2344	0.3762	0.4042	0.2441	0.3388	0.5281	0.2886	0.7954	0.7796	0.0783	0.0683	0.1557
塔河	0.8205	0.7109	0.3361	0.7604	0.6832	0.7848	0.5348	0.2980	0.7151	0.5639	0.4717	0.4607	0.7505	0.1758	0.3204	0.5843	0.9401	0.8316
嫩江	0.0014	0.1422	0.0928	0.2716	0.3703	0.5070	0.3932	0.9924	0.4432	0.4029	0.8397	0.4508	0.5296	0.8874	0.2091	0.4035	0.0792	0.1417
孙吴	0.0002	0.2322	0.1322	0.0434	0.2267	0.5175	0.2642	0.2826	0.4390	0.3055	0.4475	0.6313	0.1263	0.5625	0.5422	0.3413	0.0501	0.0676
安达	0.4605	0.8692	0.6417	0.1749	0.9581	0.8239	0.9847	0.6430	0.4187	0.4671	0.3210	0.2145	0.0520	0.5311	0.2435	0.1334	0.4954	0.8566
宝清	0.0014	0.0990	0.1893	0.4444	0.0340	0.1882	0.0697	0.0516	0.0371	0.0184	0.0180	0.0324	0.0107	0.5562	0.8215	0.1307	0.0055	0.0266
富裕	0.7088	0.5720	0.8506	0.6644	0.2818	0.4606	0.2852	0.1598	0.2676	0.2108	0.1601	0.2006	0.2745	0.0369	0.1980	0.7582	0.5255	0.4273
富锦	0.0809	0.3925	0.9182	0.1602	0.2818	0.1277	0.4770	0.5312	0.1840	0.4883	0.5406	0.2011	0.4747	0.8421	0.6384	0.9590	0.0985	0.2283
尚志	0.0010	0.2564	0.1209	0.2053	0.5834	0.2996	0.2038	0.1978	0.2593	0.2032	0.2408	0.5307	0.6609	0.6394	0.2498	0.9073	0.0273	0.0479
拜泉	0.3956	0.3118	0.8936	0.9860	0.8709	0.9501	0.6799	0.6647	0.8870	0.6723	0.6701	0.7190	0.7037	0.4338	0.6314	0.6105	0.8200	0.9209
新林	0.2586	0.6206	0.9414	0.9448	0.1621	0.3646	0.2665	0.4543	0.4557	0.4186	0.6639	0.8019	0.4222	0.2826	0.0142	0.6829	0.4764	0.8000
明水	0.0002	0.1091	0.7900	0.8433	0.1934	0.5781	0.4487	0.2432	0.2679	0.2399	0.1828	0.1401	0.0262	0.0050	0.0205	0.4021	0.8814	0.7896

续表

站点	PD	Pr1	Pr5	Pr10	Pr25	P90	P95	P99	P90a	P95a	P99a	P1d	P5d	API	CDD	CWD	FSP	GPP
泰来	0.4079	0.8129	0.5067	0.8567	0.3942	0.6694	0.5974	0.4065	0.5360	0.5128	0.3711	0.3761	0.7441	0.3060	0.1277	0.2440	0.5940	0.9189
漠河	0.0272	0.0353	0.4959	0.6240	0.2771	0.0442	0.4450	0.1860	0.0810	0.3599	0.2726	0.5838	0.6806	0.0100	0.0686	0.1686	0.6547	0.4159
牡丹江	0.0064	0.0438	0.5601	0.4677	0.2377	0.3352	0.2357	0.3084	0.5412	0.5197	0.6931	0.3574	0.5618	0.2077	0.4109	0.9865	0.1199	0.3545
绥化	0.3351	0.4624	0.5182	0.4987	0.1108	0.1265	0.1129	0.1735	0.3637	0.4519	0.7229	0.5126	0.6787	0.4651	0.2363	0.6076	0.4131	0.8155
绥芬河	0.0057	0.7130	0.4640	0.4341	0.6707	0.7915	0.6998	0.8484	0.6829	0.6262	0.6922	0.6774	0.5522	0.0077	0.0000	0.4825	0.4501	0.8129
肇州	0.6617	0.9288	0.8527	0.5072	0.5553	0.3450	0.2334	0.0837	0.0652	0.0408	0.0206	0.0404	0.0589	0.1467	0.0846	0.3246	0.0564	0.1290
虎林	0.0002	0.2506	0.8546	0.6957	0.7707	0.8030	0.9430	0.7018	0.8395	0.9979	0.7631	0.2935	0.4690	0.0297	0.8661	0.4835	0.3963	0.6990
通河	0.0319	0.0437	0.2229	0.0357	0.1218	0.0759	0.3561	0.2927	0.2026	0.5041	0.5157	0.7101	0.5540	0.6861	0.1546	0.3029	0.0650	0.0688
铁力	0.8819	0.0824	0.3565	0.7031	0.0980	0.2568	0.1111	0.4062	0.3273	0.2659	0.6220	0.9504	0.6328	0.4203	0.8796	0.4371	0.5835	0.7985
鸡西	0.0002	0.3024	0.5735	0.7672	0.7964	0.6611	0.8749	0.8718	0.3618	0.4310	0.3267	0.0449	0.1602	0.2064	0.8959	0.1116	0.1237	0.2373
鹤岗	0.3990	0.6397	0.3386	0.8799	0.4784	0.7893	0.2084	0.4734	0.3899	0.1308	0.2056	0.0096	0.0241	0.0155	0.8495	0.4172	0.9870	0.6659
黑河	0.4632	0.9168	0.9109	0.9164	0.2246	0.8497	0.3977	0.3685	0.9661	0.5785	0.5628	0.8863	0.2472	0.9384	0.1478	0.5394	0.2794	0.4586
齐齐哈尔	0.5009	0.3323	0.7989	0.9793	0.3479	0.6872	0.1955	0.1178	0.2438	0.0982	0.0998	0.1311	0.6205	0.2405	0.0946	0.8956	0.8119	0.9687

表 8-6　黑龙江省极端降水指标气候变化倾向率

站点	PD /d	Pr1 /d	Pr5 /d	Pr10 /d	Pr25 /d	P90 /d	P95 /d	P99 /d	P90a /mm	P95a /mm	P99a /mm	P1d /mm	P5d /mm	API /(mm/d)	CDD /d	CWD /d	FSP /mm	GPP /mm
伊春	-3.52	0.20	-0.28	-0.22	0.24	0.29	0.27	0.10	9.74	9.50	4.19	0.54	-0.62	0.16	-1.27	-0.24	-2.84	-1.23
佳木斯	-3.96	-1.12	-0.11	0.06	0.11	-0.01	0.00	-0.03	-1.15	-1.15	-2.32	-0.93	-1.91	0.11	1.30	-0.18	-10.70	-8.73
依兰	-3.15	-0.98	-0.83	-0.16	0.08	0.10	0.03	0.02	2.62	0.81	0.53	-0.10	1.22	0.06	-1.11	-0.02	-12.75	-11.13
克山	-2.68	-0.69	-0.18	0.04	0.06	0.17	0.07	0.00	3.66	1.31	-0.99	-2.42	-1.99	0.12	-1.26	0.03	-3.43	-2.18
北安	-0.94	0.53	0.63	0.19	-0.20	-0.03	-0.21	-0.06	-1.02	-5.05	-0.78	0.29	-0.46	0.04	0.85	0.27	-2.29	0.92
呼玛	-4.49	-1.64	-0.67	-0.21	-0.11	0.00	-0.09	-0.01	-0.66	-2.53	0.21	0.95	-2.18	0.07	-1.79	-0.20	-11.58	-8.97
哈尔滨	-2.78	-1.10	-0.59	-0.41	-0.14	-0.06	-0.14	-0.08	-5.24	-7.11	-5.28	-1.09	-2.56	0.02	0.29	-0.17	-13.14	-10.14
塔河	0.58	0.59	0.81	0.15	0.07	0.08	0.12	0.10	2.99	3.78	3.20	0.96	0.94	0.13	-1.74	-0.09	-0.95	2.76
嫩江	-2.73	-0.90	-0.62	-0.28	-0.11	-0.10	-0.10	0.00	-3.99	-3.94	-0.76	-0.84	-1.07	0.01	1.45	-0.07	-12.70	-10.34
孙吴	-4.25	-1.05	-0.66	-0.63	-0.20	-0.12	-0.18	-0.10	-5.15	-6.36	-3.57	0.66	-3.01	0.03	0.74	-0.11	-17.24	-16.02
安达	-0.67	0.10	-0.17	-0.36	0.01	0.03	0.00	0.04	4.01	3.78	4.53	1.95	4.11	0.04	-1.49	0.15	-4.26	-1.20
宝清	-3.96	-1.28	-0.70	-0.27	-0.36	-0.24	-0.27	-0.21	-15.38	-15.79	-13.64	-3.37	-6.31	-0.05	-0.30	-0.17	-24.59	-20.72
富裕	-0.43	0.41	-0.08	0.14	0.17	0.13	0.16	0.16	8.17	8.72	8.92	2.30	3.04	0.18	-1.77	0.03	5.56	7.24
富锦	-2.10	-0.69	0.05	-0.48	-0.14	-0.26	-0.09	-0.04	-7.53	-3.45	-2.14	-1.40	-1.12	-0.01	-0.46	0.00	-12.09	-9.62
尚志	-4.74	-0.93	-0.76	-0.48	-0.10	-0.20	-0.21	-0.14	-9.12	-9.61	-7.46	-1.03	-1.28	0.03	1.13	0.01	-21.90	-20.02
拜泉	-0.91	0.71	0.05	-0.01	0.03	-0.01	0.07	0.05	1.10	2.97	2.65	0.56	-0.87	0.05	0.47	-0.06	-2.06	0.90
新林	-2.20	-0.68	-0.05	0.03	0.31	0.26	0.26	0.12	7.06	6.92	3.03	-0.46	-2.09	0.08	-5.39	-0.11	-8.61	-2.92
明水	-3.66	-1.01	-0.11	-0.07	0.21	0.09	0.12	0.12	7.43	7.76	7.49	2.07	5.42	0.21	2.73	-0.08	1.28	2.33
泰来	-0.74	0.16	0.31	0.06	0.13	0.07	0.06	0.07	3.71	3.38	3.86	1.24	0.79	0.10	-2.65	0.16	-4.56	0.88
漠河	-3.17	1.54	0.28	0.15	0.14	0.34	0.10	0.09	9.18	4.55	3.81	0.74	1.06	0.15	-2.50	-0.17	3.17	5.76
牡丹江	-2.26	-1.26	-0.24	0.20	0.16	0.16	0.15	0.09	3.59	3.40	1.74	-1.43	-1.15	0.07	0.07	0.00	-10.56	-6.15
绥化	-1.06	0.53	0.28	0.19	-0.21	-0.24	-0.19	-0.11	-5.12	-3.91	-1.70	0.95	0.86	0.04	-0.55	0.06	-5.92	-1.77
绥芬河	-3.71	0.30	0.35	0.29	-0.07	-0.05	-0.06	-0.02	-2.89	-3.07	-2.12	-0.62	-1.18	0.15	-4.43	0.09	-5.91	1.96
肇州	-1.48	-0.21	-0.27	-0.70	-0.26	-0.49	-0.42	-0.49	-35.20	-33.96	-36.68	-13.42	-15.12	-0.39	-8.15	0.36	-53.96	-43.38
虎林	-4.29	-0.88	-0.10	0.15	0.05	0.05	-0.01	0.05	1.50	-0.02	1.82	-1.54	-1.68	0.17	-0.19	-0.07	-6.85	-3.39

续表

站点	PD /d	Pr1 /d	Pr5 /d	Pr10 /d	Pr25 /d	P90 /d	P95 /d	P99 /d	P90a /mm	P95a /mm	P99a /mm	P1d /mm	P5d /mm	API /(mm/d)	CDD /d	CWD /d	FSP /mm	GPP /mm
通河	-2.88	-1.80	-0.61	-0.70	-0.24	-0.31	-0.13	-0.11	-8.66	-4.24	-3.40	-0.61	1.42	-0.02	1.61	0.09	-15.59	-16.03
铁力	-0.25	1.84	0.63	0.17	-0.29	-0.24	-0.26	-0.10	-7.72	-8.22	-3.28	0.10	-1.44	0.06	0.16	0.12	-6.43	-3.10
鸡西	-3.79	-0.65	-0.23	-0.09	0.04	-0.07	-0.02	-0.01	-5.21	-4.22	-4.22	-3.11	-3.31	0.07	0.13	0.16	-10.67	-8.63
鹤岗	-1.46	-0.59	0.71	-0.08	0.16	0.08	0.26	0.10	8.74	13.23	8.95	4.55	7.75	0.23	0.25	-0.13	0.21	5.98
黑河	-0.94	0.09	0.06	-0.04	0.19	-0.04	0.13	0.10	-0.32	3.62	3.20	-0.20	-2.59	0.00	-2.41	-0.07	-10.98	-7.28
齐齐哈尔	-0.56	-0.58	-0.09	0.01	0.12	0.05	0.14	0.12	5.91	8.12	7.26	2.14	1.15	0.08	-2.22	-0.02	-1.48	0.25

从检验 P 值看,降水日数 PD 趋势线方程的检验 P 值小于 0.05 的站点最多(在 0.05 水平线下其对应的趋势线方程具有显著性),达到了 17 个,占站点总数的 54.8%;小雨日数 Pr5、较极端降水日数 P95 和极端降水日数 P99 三个指标所有站点的趋势线方程的检验 P 值均大于 0.05(在 0.05 水平线下其对应的趋势线方程不显著),其他各个极端降水指数趋势线方程的检验 P 值小于 0.05 的站点均在 7 个以内。统计所有极端降水指数趋势线方程检验 P 值小于 0.05 的站点总数仅为 52 个,仅占 9.3%,不足 1/10。由此可见,黑龙江省极端降水指数的线性变化趋势相对较弱。

由表 8-6 可知,降水日数 PD 气候变化倾向率小于 0 的站点最多,达到了 30 个,即黑龙江省所有站点降水日数 PD 在研究时段均减少(塔河站除外)。年降水强度 API 气候变化倾向率小于 0 的站点最少,仅为 5 个,不足站点总数的 1/6,即除宝清站、肇州站、富锦站、绥芬河站和通河站外,黑龙江省其他各个站点年降水强度降水日数 PD 在研究时段均减小(塔河站除外)。统计所有极端降水指数气候变化倾向率小于 0 的站点总数为 318 个,占站点总数的 57.0%。求解黑龙江省各个站点极端降水指标气候变化倾向率的平均值发现:除年降水强度 API 在研究时段平均每 10 年日降水量增加 0.064mm 外,其他各个极端降水指标气候变化倾向率均为负值,其中,生育期降水量 GPP 气候变化倾向率绝对值最大,为-5.93mm/10a。

8.3.2 基于 MK 检验法的极端降水变化趋势分析

为了进一步揭示黑龙江省极端降水的变化趋势,采用 MK 检验法计算 31 个站点 18 个极端降水指标的统计量 Z 值,绘制 Z 值变化规律柱状图。同时,为了便于比较不同站点不同极端降水指标趋势的显著性,将±1.96 容许限也绘制在 Z 值柱状图中,当某站点某指标 Z 值柱超过±1.96 时,即表明该站点的该指标具有显著的变化趋势,当 Z 值大于 0 时为增加趋势,当 Z 值小于 0 时为减小趋势。极端降水绝对指标、相对指标、强度指标和持续指标 Z 值柱状图分别见图 8-3、图 8-4、图 8-5 和图 8-6。对比图 8-3、图 8-4、图 8-5、图 8-6 和表 8-6,气候变化倾向率方法和 MK 检验法得出的黑龙江省极端降水指标的趋势具有一定的差异性,但差异性不大。

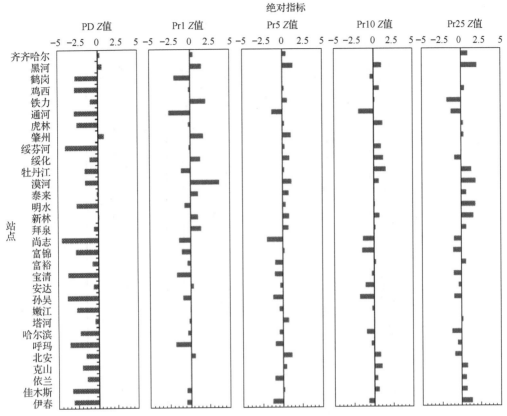

图 8-3　黑龙江省极端降水绝对指标 Z 值

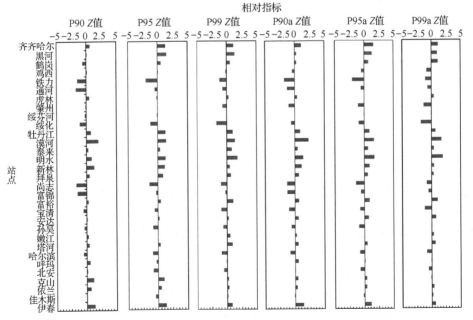

图 8-4　黑龙江省极端降水相对指标 Z 值

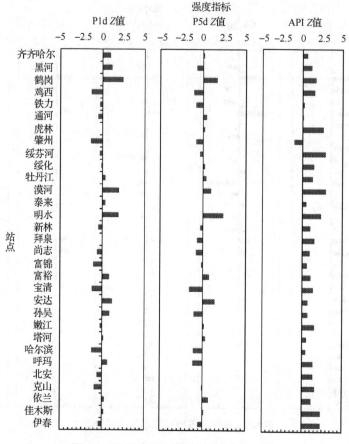

图 8-5　黑龙江省极端降水强度指标 Z 值

1. 绝对指标分析

由图 8-3 可知,在研究时段内,绝对指标 Z 值大于 0 的站点个数分别为 4 个、13 个、19 个、17 个和 18 个,分别占站点总数的 12.9%、41.9%、61.3%、54.8% 和 58.1%,小雨日数 Pr5 Z 值大于 0 的站点最多,其次为大雨日数 Pr25,降水日数 PD Z 值大于 0 的站点最少,这些站点的极端降水的绝对指标具有一定的上升趋势,其余站点均具有一定的下降趋势,其中超过 ±1.96 容许限的站点数分别为 16 个(其中 16 个小于-1.96)、3 个(其中 2 个小于-1.96)、0 个、0 个和 1 个。由此可见,全省降水日数 PD 具有显著的上升趋势,结合表 8-6,平均每 10 年降水日数 PD 减少 2.36d,其中呼玛站日降水日数减少最多,达到了 4.74d/10a,铁力站日降水日数减少最少,仅为 0.25d/10a。对于痕雨日数 Pr1,肇州站的 Z 值最大,为 1.5648,呈现增加趋势,但不显著;通河站的 Z 值最小,为-2.7007,呈现减少趋势,且显著,平均每 10 年减少 1.8d;对于小雨日数 Pr5,黑河站的 Z 值最大,为 1.3280,呈现增加趋势,但不显著;尚志站的 Z 值最小,为-1.9478,呈现减少趋势,接近显著,平均每 10 年减少 0.76d;对于中雨日数 Pr10,牡丹江站的 Z 值最大,为 1.4699,呈现增加趋势,但不显著;通河站的 Z 值最小,为-1.8855,呈现减少趋势,接近显著,平均每 10 年减少 0.70d;对于大雨日数 Pr25,黑河站的 Z 值最大,为1.9919,呈现增加趋势,且显著,平均每10年增加0.19d;铁力站的 Z 值最小,为-1.8305,呈现减少趋势,接近显著,平均每10年减少0.29d。

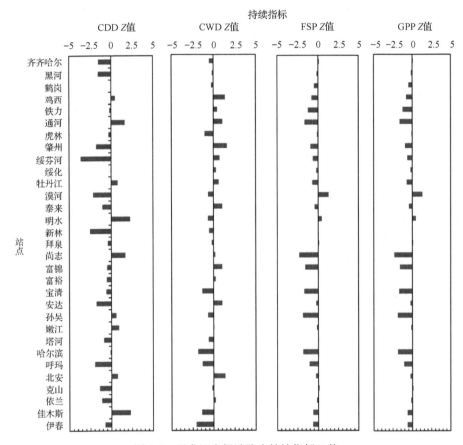

图 8-6　黑龙江省极端降水持续指标 Z 值

2. 相对指标分析

由图 8-4 可知,在研究时段内,相对指标 Z 值大于 0 的站点个数分别为 20 个、16 个、19 个、20 个、17 个和 18 个,分别占站点总数的 64.5%、51.6%、61.3%、64.5%、54.8% 和 58.1%,异常降水日数 P90 和异常降水总量 P90a Z 值大于 0 的站点最多,其次为极端降水日数 P99,这些站点极端降水的相对指标具有一定的上升趋势,其余站点均具有一定的下降趋势,其中超过±1.96 容许限的站点数分别为 1 个、1 个(其中 1 个小于-1.96)、0 个、1 个、1 个(其中 1 个小于-1.96)和 1 个。由此可见,全省极端降水的相对指标趋势变化不显著。对于异常降水日数 P90,漠河站的 Z 值最大,为 1.9648,呈现增加趋势,且显著,平均每 10 年增加 0.34d;尚志站的 Z 值最小,为-1.7113,呈现减少趋势,且不显著。对于较极端降水日数 P95,黑河站的 Z 值最大,为 1.4995,呈现增加趋势,且不显著;铁力站的 Z 值最小,为-1.9789,呈现减少趋势,且显著,平均每 10 年减少 0.26d。对于极端降水日数 P99,明水站的 Z 值最大,为 1.7922,呈现增加趋势,且不显著;绥化站的 Z 值最小,为-1.7237,呈现减少趋势,且不显著。对于异常降水总量 P90a,漠

河站的 Z 值最大，为 2.2687，呈现增加趋势，且显著，平均每 10 年增加 9.18mm；铁力站的 Z 值最小，为 -1.7033，呈现减少趋势，且不显著。对于较极端降水总量 P95a，明水站的 Z 值最大，为 1.6838，呈现增加趋势，且不显著；铁力站的 Z 值最小，为 -2.0284，呈现减少趋势，且显著，平均每 10 年减少 8.22mm。对于极端降水总量 P99a，明水站的 Z 值最大，为 1.9772，呈现增加趋势，且显著，平均每 10 年增加 7.49mm；绥化站的 Z 值最小，为 -1.8295，呈现减少趋势，接近显著，平均每 10 年减少 1.70mm。通过上述分析可知，极端降水日数 P99 和极端降水总量 P99a Z 值最大和最小对应的站点、较极端降水日数 P95 和较极端降水总量 P95a Z 值最小对应的站点、异常降水日数 P90 和异常降水总量 P90a Z 值最大对应的站点均相同，体现了日降水量和降水日数分布的均匀性。

3. 强度指标分析

由图 8-5 可知，在研究时段内，强度指标 Z 值大于 0 的站点个数分别为 14 个、15 个和 30 个，分别占站点总数的 45.2%、48.4% 和 96.8%，年降水强度 API Z 值大于 0 的站点最多，其次为 5 日最大降水量 P5d，1 日最大降水量 P1d Z 值大于 0 的站点最少，这些站点的极端降水的绝对指标具有一定的上升趋势，其余站点均具有一定的下降趋势，其中超过 1.96 容许限的站点数分别为 1 个、1 个和 6 个。由此可见，全省极端降水的强度指标变化趋势不显著。对于 1 日最大降水量 P1d，鹤岗站的 Z 值最大，为 2.3798，呈现增加趋势，且显著，平均每 10 年增加 4.55mm；肇州站的 Z 值最小，为 -1.3779，呈现减少趋势，且不显著；对于 5 日最大降水量 P5d，明水站的 Z 值最大，为 2.3790，呈现增加趋势，且显著，平均每 10 年增加 2.07mm；宝清站的 Z 值最小，为 -1.5902，呈现减少趋势，且不显著；对于年降水强度 API，漠河站的 Z 值最大，为 2.9472，呈现增加趋势，且显著，平均每 10 年增加 0.74mm；肇州站的 Z 值最小，为 -1.051，呈现减少趋势，且不显著。

4. 持续指标分析

由图 8-6 可知，在研究时段内，持续指标 Z 值大于 0 的站点个数分别为 9 个、15 个、6 个和 12 个，分别占站点总数的 29.0%、48.4%、19.4% 和 38.7%，均未超过站点总数的 50%，其中，持续降水日数 CWD Z 值大于 0 的站点最多，其次为生育期降水量 GPP，汛期降水量 FSP Z 值大于 0 的站点最少，这些站点的极端降水的绝对指标具有一定的上升趋势，其余站点均具有一定的下降趋势，其中超过 ±1.96 容许限的站点数分别为 6 个（其中 4 个小于 -1.96）、1 个（其中 1 个小于 -1.96）、1 个（其中 1 个小于 -1.96）和 1 个（其中 1 个小于 -1.96）。由此可见，全省极端降水的持续指标变化趋势也不显著。对于持续无雨日数 CDD，佳木斯站的 Z 值最大，为 2.2899，呈现增加趋势，且显著，平均每 10 年增加 1.30d；绥芬河站的 Z 值最小，为 -3.6404，呈现减少趋势，且显著，平均每 10 年减少 4.43d；对于持续降水日数 CWD，肇州站的 Z 值最大，为 1.5881，呈现增加趋势，但不显著；伊春站的 Z 值最小，为 -2.0728，呈现减少趋势，且显著，平均每 10 年减少 0.24d；汛期降水量 FSP 和生育期降水量 GPP Z 值最大和最小站点均为漠河站和尚志站，分别为 1.2934 和 1.2368、-2.3087 和-2.4456，其中尚志站的两个指标均具有显著下降趋势，平均每 10 年分别下降 21.90mm、20.02mm。

8.4　标准化降水指数选取

当前，描述干湿事件的指标很多，常用的指标包括帕默尔干旱指数（Palmer drought severity index, PDSI）[312]、标准化蒸散发指数（standardized precipitation evapotranspiration index, SPEI）[313]、标准化降水指数（standardized precipitation index, SPI）[314]等，基于土壤水分平衡的 PDSI，其对数据的要求相对较高，也缺乏适应干旱固有的多标量性质的灵活性。SPEI 能够识别出干旱的加剧与蒸发需要更多的水分有关系，且 SPEI 也具有和 SPI 一样多尺度的特点。但是，这个方法也有缺点，因为松花江流域的许多测站都存在着低温现象，当潜在蒸散量（potential evapotranspiration, PET）为零时，参数没有定义，因此，该参数不适用于中高纬度的寒区。因此，本书选择具有多尺度特征、应用广泛的标准化降水指数 SPI。

SPI 基于累计降水量，用来量化不同时间尺度上降水量的赤字/盈余。它可以跟踪不同时间尺度的干湿事件并且可以灵活地选择时间段。随着时间尺度的变长，月降水量对总量的贡献减少。一般来说，短时间尺度的 SPI3 和 SPI6 对于描述影响农业实践的干旱事件存在普遍共识，而在较长的时间尺度上（SPI12 和 SPI24），它更适合用于水资源管理。24 个月的时间尺度可以捕捉低频变率，同时能够避免明显的年度周期，已被证明是一个合适的时间尺度用来描述区域干湿变化特征[315]。因此，本书选择 SPI3 和 SPI24 分别分析短时间尺度和长时间尺度流域干湿变化特征，为农业生产和区域水资源管理提供参考。

降水量一般不服从正态分布，而是一种偏态分布，标准化降水指数先采用伽马（Gamma）分布对降水量进行描述，再将偏态概率分布进行正态标准化处理，最后用标准化降水累计概率分布划分旱涝等级，如表 8-7 所示。

表 8-7　SPI 等级

概率/%	SPI	等级
2.30	$\geqslant 2$	重度洪涝
4.40	(1.5,2]	中度洪涝
9.20	(1,1.5]	轻度洪涝
68.20	(-1,1]	正常
9.20	(-1.5,-1]	轻度干旱
4.40	(-2,-1.5]	中度干旱
2.30	$\leqslant -2$	重度干旱

假设 x 为某一时间尺度（1 月、3 月、6 月、12 月等）累计降水量，服从伽马分布，概率密度函数为

$$g(x) = \frac{1}{\beta^\alpha \Gamma(\alpha)} x^{\alpha-1} e^{-x/\beta}, \quad x > 0 \tag{8-6}$$

式中，$\Gamma(\alpha)$ 为伽马分布函数；α 为形状参数；β 为尺度参数；x 为降水量。

用极大似然法估计参数 α 和 β 的值，然后，用所得到的参数计算给定月份的观测降水事件的累计概率，由于伽马分布函数未定义降水量为 0 时的概率分布，而降水值有可能为 0，所以累计函数变为

$$H(x) = q + (1-q) G(x) \tag{8-7}$$

式中，q 代表降水值为 0 时的概率；$G(x)$ 是不完全的伽马方程，表示 $g(x)$ 的累计概率。

将 $H(x)$ 通过式（8-8）转化为标准正态分布函数，即得到 SPI：

$$Z = \text{SPI} = -\left(t - \frac{c_0 + c_1 t + c_2 t^2}{1 + d_1 t + d_2 t^2 + d_3 t^3} \right), \quad 0 < H(x) \leqslant 0.5 \tag{8-8}$$

$$Z = \text{SPI} = +\left(t - \frac{c_0 + c_1 t + c_2 t^2}{1 + d_1 t + d_2 t^2 + d_3 t^3} \right), \quad 0.5 < H(x) \leqslant 1 \tag{8-9}$$

式中，

$$t = \sqrt{\ln\left(\frac{1}{(H(x))^2} \right)}, \quad 0 < H(x) \leqslant 0.5 \tag{8-10}$$

$$t = \sqrt{\ln\left(\frac{1}{(1-H(x))^2} \right)}, \quad 0.5 < H(x) \leqslant 1 \tag{8-11}$$

式中，c_0，c_1，c_2，d_1，d_2，d_3 为伽马分布函数转化为累计概率简化近似求解公式的计算参数，具体取值为 $c_0 = 2.5155117$，$c_1 = 0.802853$，$c_2 = 0.010328$，$d_1 = 1.432788$，$d_2 = 0.189269$，$d_3 = 0.001308$。

8.5　各季节旱涝时空变化特征

在本书中，我们将旋转主成分分析应用在黑龙江省所选每个站的 SPI3 时间序列，将具有相同干湿变化特征的点进行分类，旋转荷载向量 R-loading 能够很好地反映旱涝的空间变化特征用作气候分区。

旋转主成分（PC）的累计方差在 60% 以上被认为合理的[316]，如表 8-8 所示，累计方差最小为 62%，因此春季选择四个主成分，夏季、秋季和冬季选择三个主成分是合理的，即将四季旱涝变化特征分别分为 4 个、3 个、3 个、3 个区域。由于旋转荷载值表示 SPI 序列和相应主成分之间的相关关系，根据 Li 等[316]的研究结果，旋转荷载值的合理阈值是 0.6 时能够反映不同分区的一般旱涝演变规律，利用 IDW 计算得到结果。选择的旋转荷载向量 R-loading，能够反映黑龙江省 SPI3 的空间分布模式。利用其相应的 SPI3 数据，体现相应模式的时间格局，用来研究春夏秋冬旱涝的时空分布特征。MK 检验法和 Morlet 小波分析分别用来分析区域湿润化趋势和周期性变化特征。

表 8-8 各季节方差贡献率

季节	累计方差	PC1	PC2	PC3	PC4
春季	0.74	0.29	0.19	0.18	0.08
夏季	0.64	0.33	0.24	0.07	—
秋季	0.62	0.27	0.23	0.12	—
冬季	0.69	0.31	0.28	0.10	—

8.5.1 春季旱涝时空变化特征

春季旱涝气候分区如图 8-7（a）所示。第一旋转荷载向量 R-loading 1 主要集中在黑龙江省东部及中部部分区域 [图 8-7（a）]，表明第一部分的主成分分析区主要描述 SPI3 在黑龙江省东部及中部部分城市的变化情况，相应的趋势分析用来描述 SPI3 的变化趋势。图 8-7（b）表明，MK 趋势分析的 SPI3 时间序列在 1960~2000 年中期存在一个微小的上升趋势，在 2000 年中后期发生突然变化，增长趋势明显，在 95% 的置信度水平下显著。五年滑动平均同样也表明 SPI3 在 1960~2000 年中期呈现缓慢的增长趋势，在 2000 年中期之后增长显著。黑龙江省东部及部分中部地区 SPI3 的小波系数实部时频分布如图 8-8（a）所示，从较大时间尺度来看，黑龙江省中部及东部部分地区并无明显周期性特征。从中小时间尺度来看，主要周期为 8 年左右和 16 年左右，正负位相交替出现，在 8 年的时间尺度上，小波系数在整个研究时域主要经历了 7 次旱涝交替；在 16 年的时间尺度上，小波系数在整个研究时域主要经历了 4 次旱涝交替。

第二旋转荷载向量 R-loading 2 主要集中在黑龙江省中西部地区，表明第二部分的主成分分析区主要描述 SPI3 在黑龙江省中西部地区的变化情况，相应的趋势分析用来描述 SPI3 的变化趋势。图 8-7（c）表明，MK 趋势分析的 SPI3 时间序列呈现增长的趋势，在 1960~2000 年呈现轻微增长趋势，2000 年中期后发生突然变化，呈现明显的增长趋势，在 95% 的置信度水平下显著。五年滑动平均也表明 SPI3 在 1960~2000 年中期呈现小幅波动增长趋势，2000 年中期后呈现明显的增长趋势。黑龙江省中部及部分西部地区 SPI3 的小波系数实部时频分布如图 8-8（b）所示，从大时间尺度来看，黑龙江省中部及部分西部地区并无明显周期。从中小时间尺度看，主要周期为 8 年左右和 16 年左右，正负位相交替出现，在 8 年的主要周期上，小波系数在整个研究时域主要经历了 7 次旱涝交替；对于 16 年的主要周期，小波系数在整个研究时域主要经历了 4 次旱涝交替。

第三旋转荷载向量 R-loading 3 主要集中在黑龙江省南部地区及西南少数地区。图 8-7（d）MK 趋势分析表明，黑龙江省南部及西南少数地区的 SPI3 呈现出增长的趋势，1960~2000 年早期增长变化比较平缓，2000 年前期发生突变，之后呈现出明显的上升趋势，95% 的置信度水平下显著。五年滑动平均也出现和 MK 趋势分析同样的结果。黑龙江省南部地区 SPI3 的小波系数实部时频分布如图 8-8（c）所示，从大时间尺度来看，并无明显周期；从中小时间尺度来看，主要周期为 4 年左右和 8 年左右。在 8 年左右的主要周期上，正负位相交替出现，小波系数在整个研究时域主要经历了 8 次旱涝交替，但对于 4 年的更小时间尺度，虽然也有旱涝交替变化，但表现得有些凌乱。

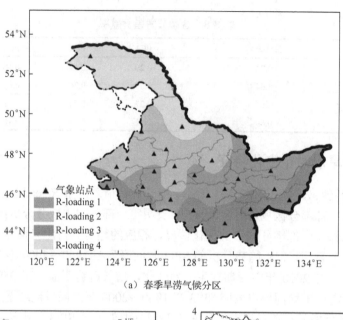

（a）春季旱涝气候分区

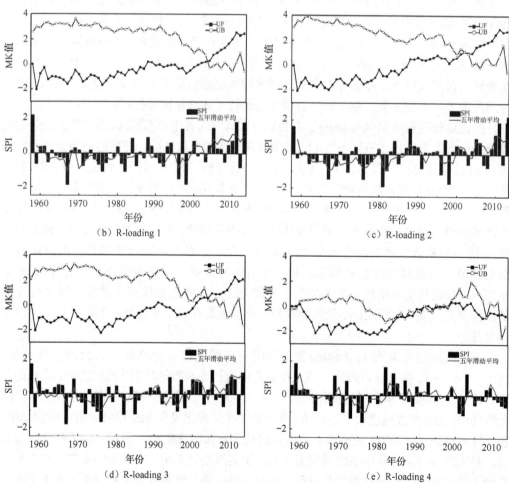

图 8-7　黑龙江省春季旱涝气候分区、1960～2015 年 SPI3 的 MK 趋势分析及五年滑动平均

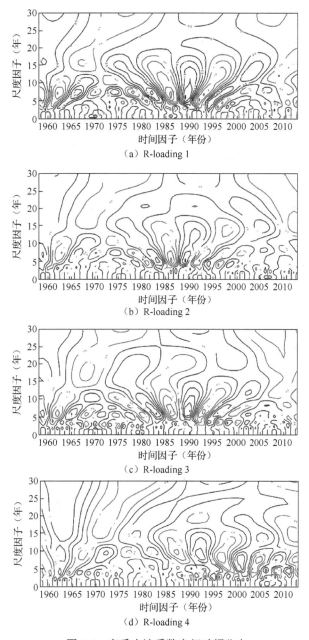

（a）R-loading 1

（b）R-loading 2

（c）R-loading 3

（d）R-loading 4

图 8-8　春季小波系数实部时频分布

　　第四旋转荷载向量 R-loading 4 主要集中在黑龙江省北部地区。图 8-7（e）MK 趋势分析表明，黑龙江省北部的 SPI3 呈现出轻微下降的趋势。1960 年到 20 世纪 80 年代中期表现出波动的下降趋势，但是下降趋势明显，在 95%的置信度水平下显著，20 世纪 80 年代到 2000 年 SPI3 略有增长趋势，2000～2013 年呈现下降趋势，但并未超过 95%的置信度水平，因此下降趋势并不显著。黑龙江省北部地区 SPI3 的小波系数实部时频分布如图 8-8（d）所示，从大时间尺度来看，黑龙江省北部地区并无明显周期。从中小时间尺度来看，主要周期为 8 年左右和 16 年左右，正负位相交替出现，在 8 年的主要周期上，小波系数在整个研究时域主要经历了 6 次旱涝交替；对于 16 年的主要周期，小波系数在整个研究时域主要经历了 3 次旱涝交替。

8.5.2　夏季旱涝时空变化特征

夏季旱涝气候分区如图 8-9（a）所示。夏季第一旋转荷载向量 R-loading 1 主要集中在黑龙江省中西部地区，这表明第一部分的主成分分析区主要描述 SPI3 在黑龙江省中西部地区的变化情况，相应的趋势分析用来描述 SPI3 的变化趋势。由图 8-9（b）可知，该区域 SPI3 呈现先减小后增加的趋势，20 世纪 60 年代早期到中期呈现出减小的趋势，未超过 95% 的显著性检验，减小趋势不明显。20 世纪 60 年代中期到 2000 年无明显增长或减少趋势，在 2000 年左右发生突变，呈现增长趋势，但并不显著。五年滑动平均也表明，该区域呈现湿润趋势。黑龙江省中西部地区 SPI3 的小波系数实部时频分布如图 8-10（a）所示，从大时间尺度来看，黑龙江省中西部地区存在 22 年左右的周期，小波系数在整个研究时域内主要经历了 2.5 次旱涝交替过程；从中小时间尺度来看，8～15 年的时间尺度也很突出，其中心尺度在 12 年左右，正负位相交替出现，小波系数在整个研究时域经历了 4.5 次旱涝交替过程；但对于 2～5 年的更小时间尺度，虽然也有旱涝交替过程，但表现得有些凌乱。

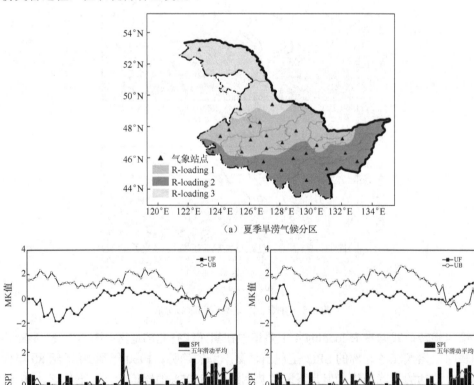

（a）夏季旱涝气候分区

（b）R-loading 1　　　　　　　　　　　（c）R-loading 2

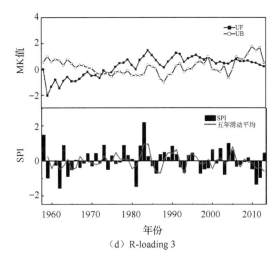

（d）R-loading 3

图 8-9　黑龙江省夏季旱涝气候分区、1960～2015 年 SPI3 的 MK 趋势分析及五年滑动平均

夏季的第二旋转荷载向量 R-loading 2 主要集中在黑龙江省南部地区，由图 8-9（c）可知，MK 趋势分析和五年滑动平均分析结果同第一主成分分析结果相似，呈现湿润趋势。SPI3 的小波系数实部时频分布如图 8-10（b）所示，从大时间尺度来看，黑龙江省南部地区可能存在 22 年左右的周期，小波系数在整个研究时域内主要经历了 2.5 次旱涝交替过程；从中小时间尺度来看，1993 年后，8～12 年的时间尺度也很突出，正负位相交替出现，小波系数在整个研究时域经历了 3.5 次旱涝交替过程；但对 2～5 年的更小时间尺度来说，周期性特征表现得并不好。

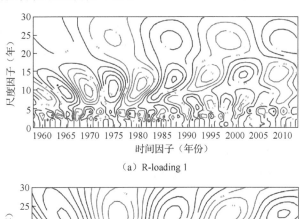

（a）R-loading 1

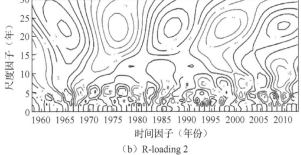

（b）R-loading 2

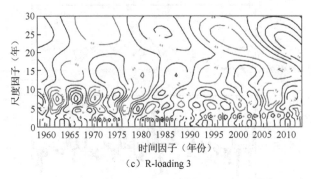

（c）R-loading 3

图 8-10　黑龙江省夏季小波系数实部时频分布

夏季的第三旋转荷载向量 R-loading 3 主要集中在黑龙江省北部，由图 8-9（d）可知，黑龙江省北部 SPI3 值整体呈现先增加后减小的趋势，1960 年到 20 世纪 90 年代早期总体呈现出上升趋势，但上升趋势并不明显。20 世纪 90 年代以后呈现出减少趋势，也未通过 95% 的置信度水平，所以下降趋势并不显著。同时五年滑动平均也表明黑龙江省北部呈现出干旱趋势。SPI3 的小波系数实部时频分布如图 8-10（c）所示，从大时间尺度来看，黑龙江省北部存在 22 年左右的周期，小波系数在整个研究时域内主要经历了 2.5 次旱涝交替；在中小时间尺度上，存在 8 年左右的周期，正负位相交替出现，小波系数在整个研究时域经历了 6.5 个旱涝交替过程；但对于 2～5 年的更小时间尺度，虽然也有旱涝交替过程，但表现得有些凌乱。

8.5.3　秋季旱涝时空变化特征

秋季旱涝气候分区如图 8-11（a）所示。秋季的第一旋转荷载向量 R-loading 1 主要集中在黑龙江省中部地区，图 8-11（b）MK 趋势分析表现出在 20 世纪 60 年代早期到中期 SPI3 呈增加趋势，并且超过了 95% 的置信水平，20 世纪 60 年代中期到 80 年代早期，SPI3 呈现减小的趋势，60 年代后期发生突变，并在 70 年代中后期到 80 年代中期存在显著减小。80 年代中期到 2013 年 SPI3 略有下降，但并不显著。如图 8-12（a）中部 SPI3 小波系数实部时频所示，从大时间尺度来看，黑龙江省中部地区存在 32 年左右的周期，小波系数在整个研究时域内主要经历了 2 次旱涝交替过程；从中小时间尺度来看，8～12 年的时间尺度也很突出，其中心尺度在 10 年左右，正负位相交替出现，小波系数在整个研究时域经历了 5.5 次旱涝交替过程；但对于 2～5 年的更小时间尺度，虽然也有旱涝交替过程，但表现得并不明显。

秋季的第二旋转荷载向量 R-loading 2 主要集中在黑龙江省南部区域。图 8-11（c）MK 趋势分析表现出在 1960 年到 20 世纪 60 年代早期呈现显著增长趋势，60 年代早期到 80 年代早期呈现下降趋势，60 年代后期发生突变，呈现明显下降趋势，80 年代早期到 90 年代中期呈现略微增长趋势，之后的 SPI3 呈现微小下降趋势。如图 8-12（b）南部 SPI3 第二旋转荷载向量 R-loading 2 小波系数实部时频所示，从大时间尺度来看，黑龙江省南部地区存在 32 年左右的周期，小波系数在整个研究时域内主要经历了 2 次旱涝交替过程；从中小时间尺度来看，8～12 年的时间尺度也很突出，其中心尺度在 10

年左右，正负位相交替出现，小波系数在整个研究时域经历了 5.5 次旱涝交替过程；但对于 2～5 年的更小时间尺度，虽然也有旱涝交替过程，但表现得并不明显。

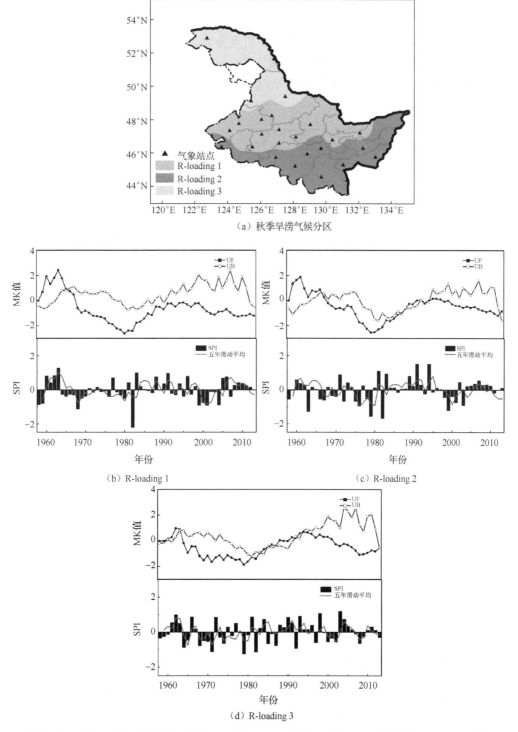

（a）秋季旱涝气候分区

（b）R-loading 1　　　　　　　　　　　　　　　　　　　　（c）R-loading 2

（d）R-loading 3

图 8-11　黑龙江省秋季旱涝气候分区、1960～2015 年 SPI3 的 MK 趋势分析及五年滑动平均

秋季的第三旋转荷载向量 R-loading 3 主要集中在黑龙江省北部地区。图 8-11（d）MK 趋势分析表明黑龙江省北部 SPI3 的值整体变化趋势不明显，1960~1980 年呈现减小趋势，1980 年到 20 世纪 90 年代中期略有增加，90 年代中期之后有减小的趋势。如图 8-12（c）中部 SPI3 小波系数实部时频所示，从大时间尺度来看，黑龙江省中西部地区存在 32 年左右的周期；从中小时间尺度来看，8~12 年的时间尺度也很突出，其中心尺度在 10 年左右，正负位相交替出现，小波系数在整个研究时域经历了 5.5 次旱涝交替过程；但对于 2~5 年的更小时间尺度，虽然也有旱涝交替过程，周期性特征表现得并不明显。

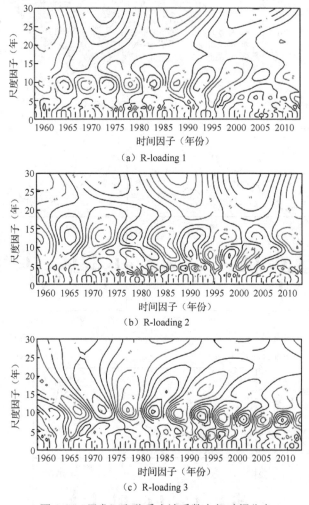

图 8-12　黑龙江省秋季小波系数实部时频分布

8.5.4　冬季旱涝时空变化特征

冬季旱涝气候分区如图 8-13（a）所示。冬季第一旋转荷载向量 R-loading 1 主要集中在黑龙江省中西部地区，图 8-13（b）MK 趋势分析表明该区域 SPI3 值呈现先减后增的趋势。1960 年到 20 世纪 80 年代中期，SPI3 值呈现下降趋势，60 年代中期发生突变，并在 70 年代中期后减小趋势显著。80 年代中期到 2000 年左右略有增加，2000 年以后略有减小，趋势不显著。

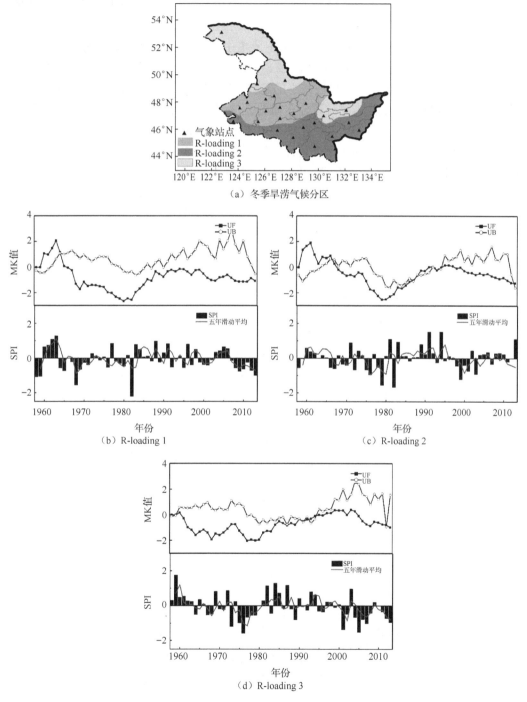

图 8-13　黑龙江省冬季旱涝气候分区、1960～2015 年 SPI3 的 MK 趋势分析及五年滑动平均

　　冬季第二旋转荷载向量 R-loading 2 主要集中在黑龙江省南部地区，图 8-13（c）MK 趋势分析表明冬季 SPI3 整体呈现下降趋势，1960 年到 20 世纪 80 年代早期呈现减小的趋势，70 年代后期～80 年代初期减小趋势显著。80 年代早期～90 年代初期呈现增加趋势，但并不显著。90 年代后略有减小。

　　冬季第三旋转荷载向量 R-loading 3 主要集中在黑龙江省北部以及东部少部分地区，图 8-13（d）MK 趋势分析表明该区域 SPI3 的值整体呈现减小的趋势，但并不显著。1960 年到 20 世纪 70 年代后期呈现减小的趋势，70 年代后期～21 世纪早期呈现增加的趋势。冬季 SPI3 小波系数实部时频分布如图 8-14 所示，从大时间尺度来看，黑龙江省中部和南部存在 28 年左右的周期，北部存在 32 年左右的周期；在中小时间尺度，而且都存在以 10 年左右为中心的周期性特征，经历 6 次、5.5 次、6 次的旱涝交替；在更小的时间尺度上，虽然存在旱涝交替，但是表现得并不明显。

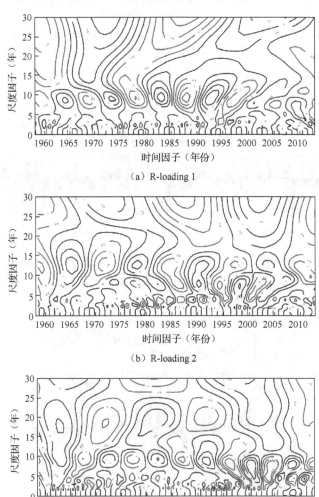

（a）R-loading 1

（b）R-loading 2

（c）R-loading 3

图 8-14　黑龙江省冬季小波系数实部时频分布

第9章 雨水资源化潜力研究

已有研究表明：科学合理地开发和利用降水资源对于修复和促进自然界水循环具有重要的作用[317,318]。降水作为一种潜在的资源，对于解决全球性水资源紧缺和水危机具有重要的理论价值[319,320]。根据前述分析可知：松嫩平原水资源相对紧缺，尤其是黑龙江省西部半干旱区，年平均降水量仅有 300mm 左右，如何准确估算松嫩平原雨水资源的开发潜力，提高雨水资源的利用效率，对于缓解农业水资源紧缺具有重要的实践价值。因此，本章在前述降水时空演变规律和非均匀性特征分析的基础上，通过构建基于 SWAT 的雨水资源化潜力模型，计算松嫩平原雨水资源化潜力，进而为研究雨水资源化对农业生产的影响提供前期基础。

9.1 雨水资源化潜力概述

9.1.1 雨水资源化潜力的内涵

雨水资源化是指人们通过调控降水在下垫面的时空分布，使之能够被开发和利用，进而产生价值的过程，即雨水转化为可利用资源的过程[199,200]。从雨水的自然属性和社会属性来看，雨水资源化存在两种途径：一是雨水作为一种自然产物，在自然状态下通过入渗、产流、汇流等形式供给作物生长，即自然资源化过程；二是雨水作为一种社会产物，通过人类活动干扰，使其转化为资源供农业生产或人畜等利用，即人为资源化过程。雨水资源化潜力不仅包括自然资源化过程的潜力，而且也应该包括人为资源化过程的潜力，因此，本书在前人研究的基础[205,321-325]上认为：雨水资源化潜力为在当前的社会发展和科学技术条件下，以水生态文明建设为前提和保障，通过自然资源化过程和人为资源化过程，将雨水转化为雨水资源的最大能力。

9.1.2 雨水资源化潜力计算方法

根据上述内涵，雨水资源化潜力是指通过各种方式和技术将雨水转化为资源的理论最大值。对一个封闭的区域或流域而言，降水是其陆地各种形态水资源的补给来源，若以年为计算单位，则年内降水总量可视为区域或流域内水资源的可更新量，当区域或流域无外来水源时，雨水资源总潜力则为该流域或区域的年降水总量，计算公式如下：

$$R_t = \sum_{i=1}^{n} P_i \times A_i \times 10^3 \tag{9-1}$$

式中，R_t 为区域或流域第 t 年的雨水资源总潜力，m^3；P_i 为区域或流域第 i 个分区的年降水量，mm；A_i 为区域或流域第 i 个站点的控制面积，km^2。

由上述概念可知，雨水资源总潜力与区域或流域的年降水量有关。根据前述分析的结果，不同站点不同年份的降水量存在较大的差异，故其总潜力也会随之变化，参考已有文献研究成果[201,205,326,327]，一般采用不同降水频率条件下的降水总量作为区域或流域的雨水资源总潜力。

式（9-1）仅从降水总量的角度计算了雨水资源的潜力，并未考虑降水的再分配过程。参考已有文献[326]绘制降水再分配过程概念图，如图 9-1 所示。

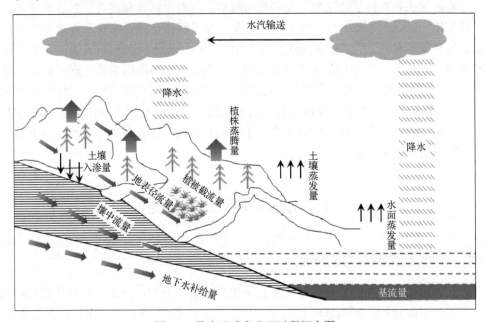

图 9-1　降水形成和分配过程概念图

由图 9-1 可知，雨水降到地面以后主要转化为以下几部分：植被截流量、地表径流量、土壤蒸发量、植株蒸腾量、土壤入渗量、壤中流量、地下水补给量和基流量，则某区域或流域 i 个分区的年降水量可表示为

$$P_i = \Delta R_{截i} + \Delta R_i + \Delta E_{si} + \Delta E_{ti} + \Delta R_{壤i} + \Delta S_i + \Delta G_i + \Delta BF_i \tag{9-2}$$

式中，$\Delta R_{截i}$ 为植被截流量，mm；ΔR_i 为地表径流量，mm；ΔE_{si} 为土壤蒸发量，mm；ΔE_{ti} 为植株蒸腾量，mm；$\Delta R_{壤i}$ 为壤中流量，mm；ΔS_i 为土壤含水量（土壤有效水净增加量），mm；ΔG_i 为地下水补给量，mm；ΔBF_i 为基流量，mm。

则 t 年雨水资源潜力的公式可以转化为

$$R_t = \sum_{i=1}^{n} (\Delta R_{截i} + \Delta R_i + \Delta E_{si} + \Delta E_{ti} + \Delta R_{壤i} + \Delta S_i + \Delta G_i + \Delta BF_i) \times A_i \times 10^3 \tag{9-3}$$

式（9-3）中的植被截流量 $\Delta R_{截i}$、土壤蒸发量 ΔE_{si}、植株蒸腾量 ΔE_{ti} 等无效损失是不可避免的，人类也不可能完全利用。另外，土壤蒸发量 ΔE_{si} 实际并非无效损失，而是已经被作物有效利用。因此，对于某一区域或流域的可利用雨水资源化潜力可采用下式表示：

$$\mathrm{PAR}_t = R_t - \Delta P_1 - \Delta P_2 \tag{9-4}$$

式中，PAR_t 为可利用雨水资源化潜力，mm；ΔP_1 为已利用的水量，mm；ΔP_2 为不可利用的水量，mm。

对黑龙江省松嫩平原而言，黑土和黑钙土的面积达到了 60% 以上，主要分布在东部地区，而风沙土主要分布在西部半干旱区，面积相对较少，故其产流方式多以饱和产流和蓄满产流为主，这个特点决定了 $\Delta R_{截i}$ 难以被人类利用；黑龙江省松嫩平原地下水埋深空间差异较大，如绥化等部分地区最大埋深达到了 45m 左右（局部漏斗），而山前倾斜平原枯水期的地下水埋深仅为 3.0~5.0m，已有研究表明：黑龙江省松嫩平原大气降水补给地下水的量占总补给量的 70% 左右[328]，故在可利用雨水资源潜力中应该考虑地下水补给量 ΔG_i 和基流量 $\Delta \mathrm{BF}_i$，这与已有关于黄土高原的研究有所不同[10,201,204]。根据上述分析，式（9-4）可转化为

$$\mathrm{PAR}_t = \sum_{i=1}^{n} (\Delta R_i + \Delta S_i + \Delta G_i + \Delta \mathrm{BF}_i) \times A_i \times 10^3 \tag{9-5}$$

式中，

$$\Delta S_i = \begin{cases} S_{\mathrm{end}} - S_{\mathrm{beg}}, & \Delta S_i > 0 \\ 0, & \Delta S_i < 0 \end{cases} \tag{9-6}$$

式中，S_{beg} 为降雨初期土壤的有效水量，mm；S_{end} 为降雨末期土壤的有效水量，mm。本书通过构建 SWAT 模型对上述参数进行计算，下面简要介绍 SWAT 模型的理论和具体的建模思路。

9.2　雨水资源化潜力计算的 SWAT 模型构建

SWAT 模型的前身是小流域水资源模拟器 SWRRB（simulator for water resources in rural basins），起始于 20 世纪 70 年代，当时仅能模拟小流域土地利用对土壤水分、泥沙运移等的影响。20 世纪 80 年代，SWRRB 模型在模拟大尺度流域时的不足日益凸显，虽然开发了 ROTO 模型配合 SWRRB 模型使用，但模型的输入参数过于烦琐。1994 年，在美国农业部（United States Department of Agriculture，USDA）农业研究中心 Jeff Arnold 博士的主持下，研发了最初的 SWAT 模型，并将其用于评估不同土地利用及管理手段对大尺度流域的水循环、泥沙和非点源污染的影响，是一种基于 GIS 基础的分布式水文模型，具有较强的物理机制。模型的优势在于输入参数简单、所需驱动数据容易获取且计算效率高，适用于模拟大尺度长期的水文循环和物质运移[329-331]。

SWAT 模型主要包括四大子模块，分别为水文模块、土壤侵蚀与泥沙输运模块、营养物质输运模块和植物生长与经营模块。本节采用的是 SWAT 模型的水文模块，它主要包括两部分，分别为陆面水循环和河道水文过程。陆面水循环主要模拟每个子流域向河道输入的水量、泥沙量和营养物质量；河道水文过程主要模拟河道内向流域出口输送的水量、泥沙量和营养物质量。

9.2.1　SWAT 模型数据库建立

本书使用 ArcSWAT 插件，基于 ArcGIS 软件平台，对黑龙江省松嫩平原的降水径流过程进行模拟。由于 SWAT 模型基于流域数据进行分析计算，而本书中的黑龙江省松嫩平原并非封闭流域，因此，本书在构建 SWAT 模型时，以嫩江流域的数据为基础，计算的结果根据面积比例进行核算。SWAT 模型的构建需要大量的基础数据，包括黑龙江省松嫩平原的地形、土地利用、土壤以及水文气象数据等，如表 9-1 所示。

表 9-1　SWAT 模型所需数据

数据类型		数据格式	参数	应用模块
空间数据	DEM	Grid	高程、坡面与河道的坡度、坡长和坡向	地表径流、流域划分、壤中流、水系生成
	土地利用	Grid/Shape	叶面积指数、植被根深、径流曲线数、冠层高度、曼宁系数	子流域划分、水文响应单元划分
	土壤类型	Grid/Shape	密度、饱和水传导率、持水率颗粒含量、根系深度	水文响应单元划分、土壤数据库
属性数据	气象数据	DBF/txt	日最高/最低气温、日降水量、相对湿度、风速、太阳辐射	地表径流、蒸散发
	水文数据	DBF/txt	月径流量	模型验证、地下水

1. 数字高程模型

数字高程模型（digital elevation model, DEM）是地形地貌属性信息的一种数字表达方式，SWAT 模型在进行流域划分、水系生成和水文过程模拟时均以 DEM 数据为基础。本书的地形数据是从中国科学院地理空间数据云（http://www.gscloud.cn/）下载的分辨率为 30m 的 DEM，通过 ArcGIS 对下载的 DEM 进行拼接、裁剪，形成研究区地形数据，分析可知：嫩江流域地势大概为东西高中部低。

2. 土地利用数据

土地利用数据是指流域内部不同的地面覆盖类型以及每种类型的空间分布状况，它反映了某一时期嫩江流域的土地利用情况，是 SWAT 模型对降水径流量过程模拟不可缺少的数据。本书土地利用数据来自于清华大学（http://data-starcloud.pcl.ac.cn/zh），最终提取研究区 2010 年的土地利用数据。由于 SWAT 模型采用的土地利用分类系统是美国国家地质调查局（United States Geological Survey, USGS）的土地利用分类系统，通过建立索引表对流域内的土地利用类型进行代码转换。表 9-2 列出了本书土地利用类型代码转化分类，共分为 6 类，土地利用空间分布图如图 9-2 所示。

表 9-2　土地利用类型代码转化分类表

土地利用类型	代表种类	SWAT 代码
耕地	稻田、旱田等	AGRL
果园	果园、茶园、其他园地	ORCD
林地	有林地、灌木林地、其他林地	FRST
草地	人造草原、草原、保护草原	PAST
干草	其他草地	HAY
公共用地	机关团体用地 、风景名胜设施用地等	UINS

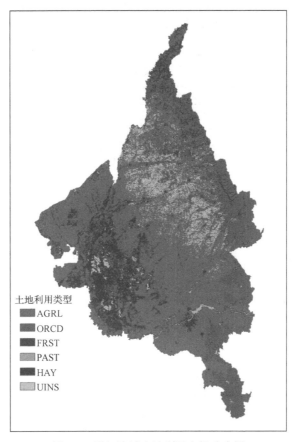

土地利用类型
AGRL
ORCD
FRST
PAST
HAY
UINS

图 9-2　嫩江流域土地利用空间分布图

3. 土壤数据

嫩江流域内土壤分布、土壤类型及其理化性质均会对 SWAT 模拟降水径流过程精度造成影响，是模型运行最基本的参数。本书土壤数据来自联合国粮农组织（Food and Agriculture Organization of the United Nations, FAO）和维也纳国际应用系统分析研究所（International Institute for Applied Systems Analysis, IIASA）构建的世界和谐土壤数据库（Harmonized World Soil Data, HWSD）（http://www.fao.org/soils-portal/data-hub/en/）。一般来讲，土壤性质在短时期内不会发生变化，只需考虑区域可能存在空间差异性，相同的土壤类型中，黏土、壤土以及砂土的含量可能不同，从而导致其有不同的物理性质。将土壤数据进行重分类，在嫩江域提取 34 种土壤类型（表 9-3），土壤类型空间分布图如图 9-3 所示。土壤物理属性数据是 SWAT 模型所需要的重要参数，其中主要包含土壤质地、土壤容重等，将计算出的土壤参数输入模型数据库中，表 9-4 列出了所需土壤物理属性的种类与定义。

本书土壤数据所采用的土壤粒径标准与 SWAT 要求的美国国家标准相同，土壤粒径分类标准如表 9-5 所示。另外，土壤名称、土壤分层数、土壤剖面最大根系深度、土壤层结构、土壤表层到土壤底层的深度、有机碳含量、黏土含量、壤土含量、砂土含量、砾石含量可以从 HWSD 属性数据库中直接获得。土层有效持水量、饱和水力传导系数、土壤容重可运用美国华盛顿州立大学开发的土壤水特性软件 SPAW（Soil-Plant-Atmosphere-Water）进行计算。

表 9-3　土壤类型统计表

序号	SWAT 代码	中文名称	序号	SWAT 代码	中文名称
1	FLc	石灰性冲积土	18	KSh	普通栗钙土
2	GLe	饱和潜育土	19	LPe	饱和薄层土
3	GLk	钙质潜育土	20	LVh	弱发育淋溶土
4	GLm	松软潜育土	21	LVa	漂白淋溶土
5	ANh	普通暗色土	22	LVj	水淋溶土
6	ANu	暗红色土	23	LVg	潜育淋溶土
7	ARh	普通红砂土	24	PDd	不饱和灰化土
8	ARb	过渡性红砂土	25	PHh	薄层黑土
9	ARc	石灰性红砂土	26	PHc	石灰性黑土
10	ATc	堆积红砂土	27	PHj	水黑土
11	CHh	黑钙土	28	PHg	潜育黑土
12	CHk	钙质黑钙土	29	SCm	松软盐土
13	CHl	淋溶黑钙土	30	SCg	潜育盐土
14	CHg	潜育黑钙土	31	SNg	潜育碱土
15	CMe	饱和始成土	32	DS	沙丘砂
16	HSs	化合有机土	33	WR	水体
17	HSf	纤维有机土	34	UR	城市

表 9-4　SWAT 模型土壤物理参数表

名称	定义	名称	定义
TITLE/TEXT	说明文件	SOL-K	饱和水力传导系数（mm/h）
SNAME	土壤名称	SOL-CBN	有机碳含量
NLAYERS	土壤分层数	CLAY	黏土含量
HYDGRP	土壤水文分组	SILT	壤土含量
SOL-ZMX	土壤剖面最大根系深度（mm）	SAND	砂土含量
TEXTURE	土壤层结构	GRAVEL	砾石含量
SOL-Z	土壤表层到土壤底层的深度（mm）	SOL-ALB	地表反射率，默认为 0.01
SOL-BD	土壤湿密度（g/cm^3）	USLE-K	USLE 方程中土壤侵蚀力因子
SOL-AWC	土层可利用的有效水（mm）	SOL-EC	电导率（dS/m），默认为 0

注：USLE 为通用土壤流失方程（the universal soil loss equation）。

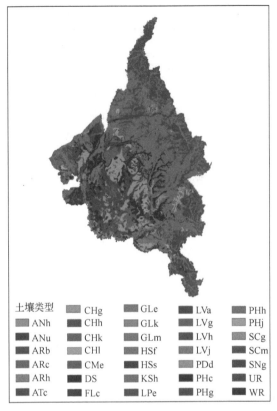

图 9-3　嫩江流域土壤类型空间分布图

表 9-5　土壤粒径分类标准

名称	黏粒	粉砂	砂砾	石砾
USDA 分类颗粒直径/mm	<0.002	0.002~0.05	0.05~2.0	>2.0

4. 气象数据

SWAT 模型采用的气象数据为项目区 35 个气象站点的最高气温、最低气温、日照时数、平均风速、平均相对湿度和降水数据。

5. 水文数据

模型校准采用 2008~2016 年研究区内同盟、富拉尔基和大赉三个水文站的月径流数据。

9.2.2　HRU 与研究分区的划分

子流域的划分是 SWAT 模型进行模拟的基础，是之后划分水文响应单元（hydrological response unit, HRU）的基础，也是降雨径流过程模拟中进行流域汇流最重要的部分[332]。根据 DEM 数据对河网进行划分，汇水面积设置得越小，生成的子流域个数就越多，水系模拟也会随之更为准确。但模型的计算效率会随着子流域的增加、数据量的提高而降低,子流域数量的增加,会使得模型模拟的准确程度呈现先增后减的趋势,随后趋于稳定。本书根据天然河网和盆地地形,将研究区划分为 24 个子流域,如图 9-4 所示。

　　划分后的子流域由于受流域地质地形条件、土地利用情况、土壤状况等方面的影响,同一个子流域内可能存在不同的水文响应结果。所以,为了反映这些方面带来的多元的影响,需要在划分后的子流域上进行进一步的细化,那就是 HRU 的划分。将按照 USGC 标准重分类的土地利用类型图、土壤类型图导入 SWAT 模型中,将多重坡度进行叠加,并把土地利用的阈值、土壤类型的阈值和坡度的阈值均设为 10%,把这些子流域划分成 177 个 HRU。同时为了便于数据统计分析和处理,SWAT 模型运行结束后,计算雨水资源化潜力时的子流域分区按照子流域特性进行合并,合并后的分区如图 9-5 所示。

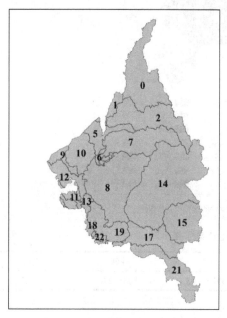 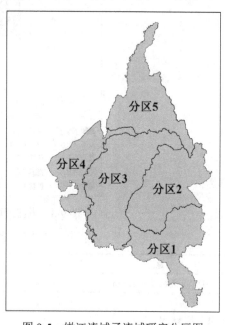

图 9-4　嫩江流域子流域划分　　　　　　图 9-5　嫩江流域子流域研究分区图

9.2.3　SWAT 模型参数率定

　　作为 SWAT 开发的子界面,SWAT-CUP2012 可以进行模型参数的灵敏度分析、率定和验证。模型率定前采用 SWAT-CUP 软件对径流模拟影响较大的参数进行敏感性分析。ArcSWAT 包含大量的水文参数,并非所有参数都对模型结果有显著影响,因此需选择对研究区影响较大的参数,来提高模型计算的准确性。

　　采用大赉、同盟和富拉尔基三个水文站实测月径流量与模拟月径流值对 SWAT 模型进行校准。2008 年作为模型的预热期,2009~2016 年作为率定期。首先利用 SWAT-CUP 模型内部敏感性分析的 LH-OAT 方法,基于水文站实测数据计算所选 12 个参数的敏感性。然后通过 SWAT-CUP 模型中 SUFI-2 算法进行每次为 1000 次的迭代,确定参数的最优值,进而对 SWAT 模型进行校准。表 9-6 中列出了选取的所有参数和这些参数的详细说明以及最优值。

表 9-6　研究区 SWAT 模型所选参数

编号	参数名称	单位	定义	数值
1	CN2	—	SCS 径流曲线数	19.32
2	ALPHA_BF	d	基流 α 因子	0.16
3	GW_DELAY	d	地下水延迟时间	144.04
4	ESCO	—	土壤蒸发补偿系数	1.37
5	SOL_AWC	mm/mm	土壤层的可用水容量	0.28
6	SOL_K	mm/h	土壤水力传导率	144.60
7	CH_K2	mm/h	主河道河床曼宁系数	233.91
8	GWQMN	mm	发生回归流所需的浅层含水层的水位阈值	333.75
9	GW_REVAP	—	地下水的再蒸发系数	0.15
10	REVAPMN	mm	浅层地下水再蒸发系数	2.55
11	SFTMP	℃	降雪气温	-3.18
12	SMTMP	℃	融雪基温	1.84

9.2.4　SWAT 模型评价标准

参考相关文献，本书选择纳什系数 NSE、确定系数（可决指数）R^2 和百分比偏差 PBIAS 三个指标来评价研究区 SWAT 模型模拟的适应性，纳什系数 NSE 的计算公式见式（9-7），确定系数 R^2 的计算公式见式（9-8），百分比偏差 PBIAS 的计算公式见式（9-9）：

$$\text{NSE} = 1 - \frac{\sum_{i=1}^{n}\left(\hat{Q}_i - \bar{Q}_i\right)^2}{\sum_{i=1}^{n}\left(Q_i - \bar{Q}_i\right)^2} \tag{9-7}$$

$$R^2 = \frac{\left[\sum_{i=1}^{n}(\hat{Q}_i - \bar{Q}_i)(Q_i - \bar{Q}_i)\right]^2}{\sum_{i=1}^{n}\left(\hat{Q}_i - \bar{Q}_i\right)^2 \sum_{i=1}^{n}\left(Q_i - \bar{Q}_i\right)^2} \tag{9-8}$$

$$\text{PBLAS} = \frac{\sum_{i=1}^{n}(\hat{Q}_i - \bar{Q}_i)}{\sum_{i=1}^{n} Q_i} \tag{9-9}$$

式中，$\hat{Q}$ 为模拟的流量，m^3/s；Q 为实测的流量，m^3/s。当三个指标结果均满足给定标准 NSE>0.5，R^2>0.7，PBIAS<±25%时，则表明模型精度符合要求，能够用于研究流域降水汇流过程模拟和相关影响分析[333]。

9.2.5　SWAT 模型径流模拟结果

模型校准中大赉站的 R^2、NSE、PBIAS 分别为 0.83、0.78 和 14%；同盟站的 R^2、NSE、PBIAS 分别为 0.79、0.68 和 21%；富拉尔基站的 R^2、NSE、PBIAS 分别为 0.84、0.74 和 14%，均大于给定精度标准，这表明所构建的 SWAT 模型适用于此研究区域的研究。图 9-6 显示了研究区水文站的实测流量与模拟流量之间的对比结果。径流实测值和模拟值出现峰值的时间一致,衰退时期也一致,其中,大赉站 2011 年模拟效果最好,同盟站和富拉尔基站 2013 年模拟效果最好,但是,模拟值和观测值之间还是存在一定差异。总体而言,SWAT 模型在此研究区域的模拟效果较好。

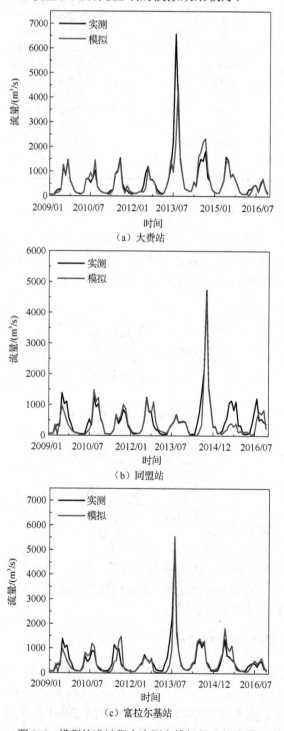

(a) 大赉站

(b) 同盟站

(c) 富拉尔基站

图 9-6 模型校准过程中实测和模拟的月径流量

9.3　雨水资源化潜力计算与分析

由前述第 2 章分析可知，整个黑龙江省冬季寒冷，无作物种植，因此本节仅计算作物生育期 5～9 月的雨水资源化潜力。考虑到径流数据仅收集到了大赉、同盟和富拉尔基三个水文站 2008～2016 年的数据，将研究区 35 个降水站点 2008～2016 年的逐日降水数据作为率定后 SWAT 模型的输入，用于计算研究区的雨水资源化潜力。2008～2016 年各分区生育期多年平均雨水资源化潜力计算结果见表 9-7，2008～2016 年各分区生育期历年雨水资源化潜力计算结果如表 9-8～表 9-12 所示。

表 9-7　黑龙江省松嫩平原 2008～2016 年各分区生育期多年平均雨水资源化潜力

分区	面积/ 万 km²	地下水补给量 /mm	产流量 /mm	基流量 /mm	土壤水增量/mm	雨水资源化潜力	
						mm（水层深度）	亿 m³（用水量）
1	2.85	91.25	92.68	4.86	45.08	233.86	66.65
2	3.38	12.88	161.96	2.38	20.99	198.22	67.00
3	4.45	83.32	101.97	4.21	20.03	209.53	93.24
4	2.17	41.69	101.97	14.12	40.71	198.49	43.07
5	3.09	59.60	124.72	18.79	35.79	238.89	73.82
平均	—	57.75	116.66	8.87	32.52	215.80	—
合计	15.95	—	—	—	—	—	343.78

注：因数据四舍五入，合计数值可能与各行数值加和不完全相等。

由表 9-7 可知：（1）黑龙江省松嫩平原生育期多年平均可利用雨水资源化潜力为 343.78 亿 m³，与生育期多年平均雨水总量 683.71 亿 m³ 相比，其百分比达到了 50.28%，平均水层深度为 215.80mm，其中，地下水补给量占比为 26.76%、地表径流量占比为 54.06%，基流量占比为 4.11%，土壤水增量占比为 15.07%；黑龙江省松嫩平原雨水资源化潜力最大的为分区 3，其雨水资源化潜力达到了 93.24 亿 m³，占研究区总量的 27.12%；雨水资源化潜力最小的为分区 4，其雨水资源化潜力仅为 43.07 亿 m³，占研究区总量的 12.53%。

（2）从单位面积上的雨水资源化潜力来看，分区 5 的最大，为 23.89 万 m³/km²，分区 2 的最小，为 19.82 万 m³/km²。可见，黑龙江省松嫩平原生育期雨水资源化潜力在空间上具有一定的差异性，这与第 3 章研究区生育期降水量空间分布特征基本相似。

（3）从雨水资源化潜力的构成来看，各分区产流量在雨水资源化潜力中占比均较大，如分区 2，其产流量达到了 161.96mm，占分区雨水资源化的比例达到了 80% 以上。根据黑龙江省人民政府公布的水土流失重点防治区可知：位于松嫩平原的哈尔滨市、齐齐哈尔市、大庆市、五常市、五大连池市、北安市、讷河市、克山县、克东县、拜泉县、依安县、绥化市、望奎县、巴彦县、兰西县、明水县、青冈县、宾县、富裕县、林甸县、肇东市、肇源县、肇州县、安达市、泰来县、杜蒙县、海伦市、绥棱县、庆安县西南部、甘南县、龙江县东部、嫩江市为重点治理区，几乎包含了松嫩平原的所有区域。因此，对松嫩平原而言，可重点开发和应用降水径流汇集、径流蓄存和集雨补灌等相关技术，为农田防护林、防风固沙林以及退耕还林还草工程提供充足的水源，以达到合理利用和调控地表径流，减缓水土流失造成的危害等双重效果。

（4）从各分区的土壤水增量来看，分区 1 的最大，超过了 45mm，是分区 2 和分区 3 土壤水增量的 2 倍以上。因此，对于分区 1（松嫩平原西部半干旱区），在今后节水灌溉技术研究和实际生产应用过程中，应加大对土壤扩蓄增容、土壤保水剂和抗旱剂、土壤水与作物水高效转化等方面的技术研发和应用工作，进而充分利用雨水资源，保护区域生态安全，促进区域环境可持续发展。

表 9-8　黑龙江省松嫩平原 2008～2016 年分区 1 生育期雨水资源化潜力

年份	面积/万 km²	地下水补给量/mm	产流量/mm	基流量/mm	土壤水增量/mm	雨水资源化潜力	
						mm（水层深度）	亿 m³（用水量）
2008		35.84	56.58	0.45	32.74	125.61	35.80
2009		67.45	66.18	5.08	51.77	190.48	54.29
2010		69.09	64.91	0.00	56.00	190.00	54.15
2011		74.46	42.93	0.07	40.76	158.22	45.09
2012	2.85	80.41	100.23	4.40	76.14	261.17	74.43
2013		102.15	209.20	9.68	33.96	355.00	101.18
2014		204.15	122.69	13.52	25.26	365.62	104.20
2015		155.62	127.38	9.83	46.81	339.65	96.80
2016		32.05	43.98	0.70	42.28	119.01	33.92
均值		91.25	92.68	4.86	45.08	233.86	66.65
变差系数		0.5781	0.5497	0.9856	0.3161	0.3991	0.3991

表 9-9　黑龙江省松嫩平原 2008～2016 年分区 2 生育期雨水资源化潜力

年份	面积/万 km²	地下水补给量/mm	产流量/mm	基流量/mm	土壤水增量/mm	雨水资源化潜力	
						mm（水层深度）	亿 m³（用水量）
2008		0.00	144.38	0.00	4.58	148.96	50.35
2009		0.00	132.72	0.00	35.47	168.19	56.85
2010		0.00	182.20	0.00	8.80	191.00	64.56
2011		95.18	147.78	21.44	0.00	264.40	89.37
2012	3.38	0.00	174.33	0.00	42.32	216.64	73.22
2013		20.73	314.10	0.00	24.68	359.50	121.51
2014		0.01	134.07	0.00	8.92	143.00	48.33
2015		0.00	133.94	0.00	33.80	167.74	56.70
2016		0.00	94.13	0.00	30.38	124.52	42.09
均值		12.88	161.96	2.38	20.99	198.22	67.00
变差系数		2.3142	0.3638	2.8311	0.6985	0.3508	0.3508

表 9-10　黑龙江省松嫩平原 2008～2016 年分区 3 生育期雨水资源化潜力

年份	面积/万 km²	地下水补给量/mm	产流量/mm	基流量/mm	土壤水增量/mm	雨水资源化潜力	
						mm（水层深度）	亿 m³（用水量）
2008		89.70	32.47	3.18	19.35	144.70	64.39
2009		66.50	77.13	1.03	34.74	179.40	79.83
2010		49.10	70.95	1.81	6.54	128.40	57.14
2011		74.88	53.03	1.88	23.81	153.60	68.35
2012	4.45	93.85	91.84	1.17	33.71	220.56	98.15
2013		58.95	179.76	13.56	11.58	263.84	117.41
2014		59.86	204.40	11.32	12.15	287.73	128.04
2015		129.79	90.79	3.79	13.14	237.51	105.69
2016		127.28	117.35	0.15	25.24	270.02	120.16
均值		83.32	101.97	4.21	20.03	209.53	93.24
变差系数		0.3326	0.5252	1.0805	0.4732	0.2683	0.2683

表 9-11　黑龙江省松嫩平原 2008～2016 年分区 4 生育期雨水资源化潜力

年份	面积/万 km²	地下水补给量/mm	产流量/mm	基流量/mm	土壤水增量/mm	雨水资源化潜力	
						mm（水层深度）	亿 m³（用水量）
2008		9.63	64.53	7.37	51.71	133.24	28.91
2009		64.48	107.30	16.17	58.27	246.22	53.43
2010		10.70	107.88	8.71	17.66	144.95	31.45
2011		50.09	51.95	4.68	50.68	157.41	34.16
2012	2.17	19.60	155.74	11.00	65.03	251.38	54.55
2013		40.70	109.41	25.24	22.53	197.88	42.94
2014		30.20	167.33	30.46	32.48	260.47	56.52
2015		69.86	72.90	7.80	24.21	174.77	37.93
2016		79.98	80.65	15.68	43.78	220.09	47.76
均值		41.69	101.97	14.12	40.71	198.49	43.07
变差系数		0.5907	0.3653	0.5835	0.3954	0.2300	0.2300

表 9-12　黑龙江省松嫩平原 2008～2016 年分区 5 生育期雨水资源化潜力

年份	面积/万 km²	地下水补给量/mm	产流量/mm	基流量/mm	土壤水增量/mm	雨水资源化潜力	
						mm（水层深度）	亿 m³（用水量）
2008		4.09	48.54	0.00	50.78	103.41	31.95
2009		52.55	135.94	16.38	48.26	253.14	78.22
2010		32.79	148.75	29.88	34.62	246.04	76.03
2011		53.97	56.56	0.62	47.17	158.32	48.92
2012	3.09	55.65	141.76	9.61	36.93	243.96	75.38
2013		51.25	165.82	56.75	19.54	293.36	90.65
2014		106.23	161.89	11.26	34.52	313.90	97.00
2015		106.85	151.08	39.21	21.04	318.18	98.32
2016		73.02	112.12	5.36	29.22	219.72	67.89
均值		59.60	124.72	18.79	35.79	238.89	73.82
变差系数		0.5173	0.3313	0.9702	0.3002	0.2804	0.2804

由表 9-8～表 9-12 可知：各分区不同年份雨水资源化潜力及其构成存在较大的差异，具体分析如下。

（1）对于分区 1，2008 年的雨水资源化潜力最小，仅为 35.80 亿 m³，不足最大年份 2014 年的 1/2；在构成上，地下水补给量和产流量占比最大，超过了分区雨水资源总潜力的 75%；各年份雨水资源化潜力构成也存在较大的差异，2016 年地表水产流量仅为 43.98mm，而 2013 年到达了 209.20mm，几乎达到了 2016 年的 5 倍。

（2）分区 2 的雨水资源化潜力构成与分区 1 存在较大的差异，地表水产流量在分区雨水资源化潜力中占比最大，达到了 81.7%，其余各部分均较小，尤其是地下水补给量和基流量，仅在部分年份有值，其余几乎为 0。这与分区 2 的地下水位埋深较大有关，已有研究表明，分区 2 的绥化市等地区地下水埋深超过了 40m，雨水对其补给的潜力已经很小了。

（3）与分区 1 相似，分区 3 雨水资源化潜力各部分组成中，地下水补给量和产流量占比最大，达到了 88.43%，基流量最小，仅为雨水资源化潜力的 2%；从各年份的变化规律来看，由于产流量本身数值较大，其极差也较大，达到了 171.93mm，但从变差系数来看，基流量的变差系数最大，达到了 1.0805，即基流量在 2008～2016 年波动性最大；其次为产流量，变差系数为 0.5252；地下水补给量最小，变差系数为 0.3326。

（4）与分区 2 相似，分区 4 地表水产流量在分区雨水资源化潜力中占比最大，达到了 51.37%，其余各部分均相对较小，尤其是基流量，仅为 14.12mm；从各年份的波动性来看，雨水资源化潜力四个组成部分的变差系数相差不大，均在 0.37～0.59，其中，地下水补给量的变差系数最大，为 0.5907；地表水产流量的变差系数最小，为 0.3653。

（5）与分区 1、分区 2 和分 4 相似，分区 5 地表水产流量在分区雨水资源化潜力中占比最大，达到了 52.21%，其余各部分均相对较小，尤其是基流量，仅为 18.79mm；从各年份的波动性来看，基流量的波动性最大，其变差系数达到了 0.9702；土壤水增量的波动性最小，其变差系数为 0.3002。

第10章 不同区域降水对农业生产的影响

农业对气候条件，尤其是降水条件具有较大的依赖性，已有研究表明：降水对作物总产量的贡献率在3%~14%[334,335]，我国降水量减少1%将导致灌溉面积减少1%以上，粮食产量减少75亿千克左右[336]。2016年，黑龙江省粮食产量达到了6058.6万吨，为保障区域和国家粮食安全做出了突出的贡献，但由于黑龙江省水利基础设施建设滞后，降水资源时空分布不均衡，许多地区还存在"靠天吃饭"的现象，因此，研究降水变化对农业生产的影响，建立降水与主要作物产量之间的关系，揭示降水时空演变对区域农业生产的影响，对于保障黑龙江省粮食产能和高效利用雨水资源具有重要的理论意义。本书中的农业生产主要侧重于粮食产量。由于黑龙江省各行政区粮食产量长时间序列获取困难，本章重点从全省和松嫩平原的角度分析降水对粮食产量的驱动机制。

10.1 降水年型与作物产量年型的匹配关系分析

10.1.1 作物产量分离

影响粮食产量的外界因素按其性质可分为三类：第一类为科技进步、农业政策方针、经济投入等，这一类因素决定了农业生产水平，是一个长周期的渐变过程。随着人类科学技术水平的提升，农业生产水平也会进一步提高，该类因素所影响的产量称为趋势产量。第二类为区域气象条件，即区域降水、气温等气候条件的随机波动对短周期粮食产量波动的影响，该类因素所影响的粮食产量称为气象产量。第三类为随机因素，即一些不可控的、非人为和非气象条件对产量的不确定性影响。该类因素对粮食产量的影响所占比例较少，一般可以忽略不计[334,337-341]。具体表达式如下：

$$Y = Y_t + Y_m + Y_r \tag{10-1}$$

式中，Y表示粮食产量（以单产表示，kg/hm^2）；Y_t表示趋势产量（kg/hm^2）；Y_m表示气象产量；Y_r表示随机产量，可忽略。

10.1.2 年型界定

本书的降水年型主要包括三种：丰水年、平水年和枯水年。其中，丰水年与平水年、平水年与枯水年之间的年降水阈值采用频率分析中的皮尔逊III型分布曲线确定，丰水年与平水年降水阈值采用75%频率对应的年降水量（$R_{75\%}$），平水年与枯水年降水阈值采用25%频率对应的年降水量（$R_{25\%}$），即大于$R_{75\%}$的年份为丰水年，位于[$R_{75\%}$, $R_{25\%}$]的年份为平水年，小于 $R_{25\%}$ 为枯水年。皮尔逊Ⅲ型分布曲线的概率密度函数如下：

$$f(x) = \frac{\beta^{\alpha}}{\Gamma(\alpha)}(x-\alpha_0)^{\alpha-1}\mathrm{e}^{-\beta(x-\alpha_0)} \tag{10-2}$$

式中，$\Gamma(\alpha)$ 为 α 的伽马分布函数；α、β、α_0 分别为皮尔逊Ⅲ型分布的形状、尺度和位置参数，$\alpha > 0$、$\beta > 0$。相关参数采用矩法进行估计。

结合黑龙江省农业实际情况，主要粮食作物选择水稻、小麦和玉米，产量包括粮食单产、水稻单产、小麦单产和玉米单产。对应于粮食产量分离公式中的参数如表 10-1 所示。对应于降水年型，本书的粮食产量年型也包括三种，分别为高产年、平产年和低产年。参考降水阈值的确定方法，粮食产量阈值的确定也采用皮尔逊Ⅲ型分布曲线确定。

表 10-1 粮食产量分离参数表

项目	粮食产量 Y	趋势产量 Y_t	气象产量 Y_m
粮食单产	Y_f	Y_{ft}	Y_{fm}
水稻单产	Y_r	Y_{rt}	Y_{rm}
小麦单产	Y_w	Y_{wt}	Y_{wm}
玉米单产	Y_c	Y_{ct}	Y_{cm}

10.1.3 年型匹配分析

由于粮食产量中的趋势产量主要取决于科技进步、人力物力投入等因素，为了便于与降水年型比较，在进行粮食产量阈值确定时，重点对气象产量进行频率分析。根据前述理论，黑龙江省粮食产量分离过程如图 10-1 所示。

由图 10-1 可知，粮食单产、水稻单产、小麦单产和玉米单产在研究时段均具有显著的变化趋势，通过添加趋势线，其相关系数分别达到了 0.9236、0.9395、0.7927 和 0.7997，在 0.01 水平下均显著（$R_{0.01,34}=0.412$）。由于扣除趋势产量后，部分年份气象产量将出现负值，为了便于采用皮尔逊Ⅲ型分布曲线进行频率分析，分别将粮食单产、水稻单产、小麦单产和玉米单产的气象产量沿 y 轴进行平移，平移量分别为各气象产量最小值的绝对值，变换后的气象产量均大于 0。

采用皮尔逊Ⅲ型分布曲线分别对黑龙江省 1980~2015 年降水量、粮食、水稻、小麦和玉米单产趋势产量序列进行频率分析，具体结果见图 10-2。

由图 10-2 可以看出，皮尔逊Ⅲ型分布曲线通过调整统计参数，不仅可以准确地拟合年降水时间序列，而且也可以准确拟合粮食、水稻、小麦和玉米单产趋势产量序列。根据图 10-2 中横坐标 25% 和 75% 频率所对应的纵坐标数值，即可以确定出年降水、粮食、水稻、小麦和玉米单产气象产量的年型阈值以及不同年份所属的年型，具体结果见表 10-2。由表 10-2 可得如下结论。

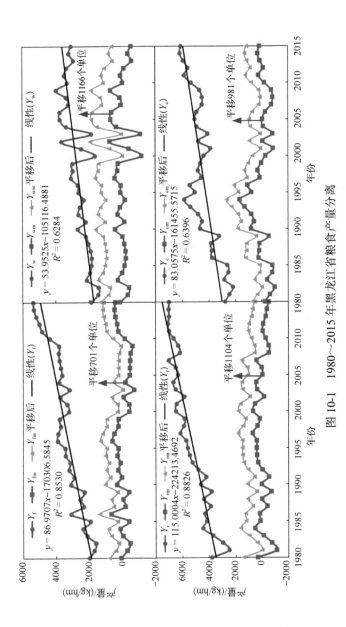

图 10-1　1980~2015 年黑龙江省粮食产量分离

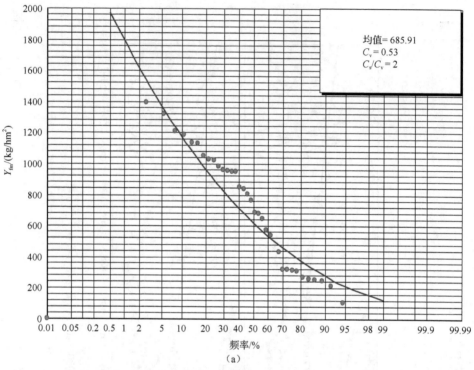

（a）

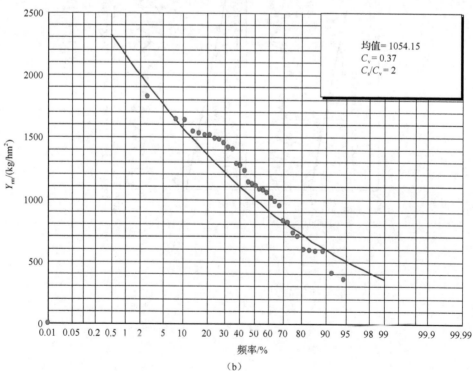

（b）

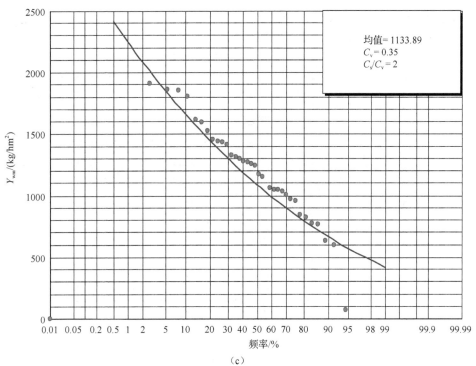

（c）

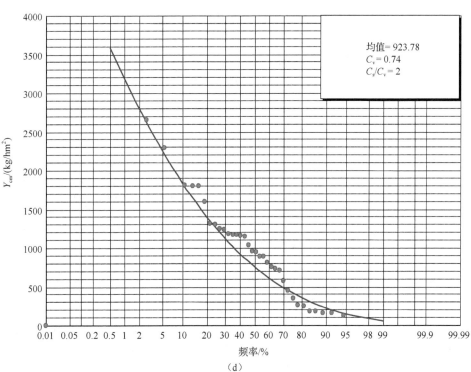

（d）

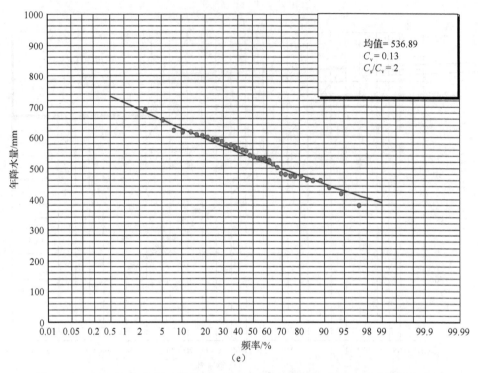

图 10-2 黑龙江省降水量、粮食、水稻、小麦和玉米单产趋势产量序列频率分析

表 10-2 黑龙江省年降水量和粮食产量年型计算

项目	年型	阈值/mm	年份
年降水量	丰水年	>582	1981、1983、1984、1985、1987、1991、1994、1998、2009、2012、2013
	平水年	[488,582]	1980、1988、1990、1993、1996、1997、1999、2002、2003、2005、2006、2010、2014、2015
	枯水年	<488	1982、1986、1989、1992、1995、2000、2001、2004、2007、2008、2011
粮食	丰产年	>884	1986、1990、1992、1994、1995、1996、1997、1998、1999、2011、2012、2013、2014、2015
	平产年	[419,884]	1980、1981、1983、1984、1987、1988、1991、1993、2002、2004、2010
	低产年	<419	1982、1985、1989、2000、2001、2003、2005、2006、2007、2008、2009
水稻	丰产年	>1285	1980、1984、1993、1994、1995、1996、1997、1998、2000、2001、2003、2004、2007
	平产年	[772,1285]	1983、1985、1986、1988、1990、1992、1999、2002、2005、2006、2010、2011、2012、2013
	低产年	<772	1981、1982、1987、1989、1991、2008、2009、2014、2015
小麦	丰产年	>1371	1983、1990、1992、1997、1998、1999、2002、2004、2005、2006、2009
	平产年	[847,1371]	1980、1984、1985、1986、1988、1993、1994、1995、1996、2000、2001、2003、2007、2011、2012
	低产年	<847	1981、1982、1987、1989、1991、2008、2010、2013、2014、2015
玉米	丰产年	>1251	1990、1991、1992、1993、1994、1995、1996、1998、2014
	平产年	[422,1251]	1980、1983、1986、1987、1988、1989、1997、1999、2000、2002、2004、2005、2006、2010、2011、2012、2013、2015
	低产年	<422	1981、1982、1984、1985、2001、2003、2007、2008、2009

（1）对于丰水年，有四个年份与粮食丰产年相同，分别为 1994 年、1998 年、2012 年和 2013 年，有五个年份与粮食平产年相同，分别为 1981 年、1983 年、1984 年、1987 年和 1991 年，有两个年份与粮食低产年相同，分别为 1985 年和 2009 年；有三个年份与水稻丰产年相同，分别为 1984 年、1994 年和 1998 年，有四个年份与水稻平产年相同，分别为 1983 年、1985 年、2012 年和 2013 年，有四个年份与水稻低产年相同，分别为 1981 年、1987 年、1991 年和 2009 年；有三个年份与小麦丰产年相同，分别为 1983 年、1998 年和 2009 年，有四个年份与小麦平产年相同，分别为 1984 年、1985 年、1994 年和 2012 年，有四个年份与小麦低产年相同，分别为 1981 年、1987 年、1991 年和 2013 年；有三个年份与玉米丰产年相同，分别为 1991 年、1994 年和 1998 年，有四个年份与玉米平产年相同，分别为 1983 年、1987 年、2012 年和 2013 年，有四个年份与玉米低产年相同，分别为 1981 年、1984 年、1985 年和 2009 年。

（2）对于平水年，有六个年份与粮食丰产年相同，分别为 1990 年、1996 年、1997 年、1999 年、2014 年和 2015 年，有五个年份与粮食平产年相同，分别为 1980 年、1988 年、1993 年、2002 年和 2010 年，有三个年份与粮食低产年相同，分别为 2003 年、2005 年和 2006 年；有五个年份与水稻丰产年相同，分别为 1980 年、1993 年、1996 年、1997 年和 2003 年，有七个年份与水稻平产年相同，分别为 1988 年、1990 年、1999 年、2002 年、2005 年、2006 年和 2010 年，有两个年份与水稻低产年相同，分别为 2014 年和 2015 年；有六个年份与小麦丰产年相同，分别为 1990 年、1997 年、1999 年、2002 年、2005 年和 2006 年，有五个年份与小麦平产年相同，分别为 1980 年、1988 年、1993 年、1996 年和 2003 年，有三个年份与小麦低产年相同，分别为 2010 年、2014 年和 2015 年；有四个年份与玉米丰产年相同，分别为 1990 年、1993 年、1996 年和 2014 年，有九个年份与玉米平产年相同，分别为 1980 年、1988 年、1997 年、1999 年、2002 年、2005 年、2006 年、2010 年和 2015 年，有一个年份与玉米低产年相同，为 2003 年。

（3）对于枯水年，有四个年份与粮食丰产年相同，分别为 1986 年、1992 年、1995 年和 2011 年，有一个年份与粮食平产年相同，为 2004 年，有六个年份与粮食低产年相同，分别为 1982 年、1989 年、2000 年、2001 年、2007 年和 2008 年；有五个年份与水稻丰产年相同，分别为 1995 年、2000 年、2001 年、2004 年和 2007 年，有三个年份与水稻平产年相同，分别为 1986 年、1992 年和 2011 年，有三个年份与水稻低产年相同，分别为 1982 年、1989 年和 2008 年；有两个年份与小麦丰产年相同，分别为 1992 年和 2004 年，有六个年份与小麦平产年相同，分别为 1986 年、1995 年、2000 年、2001 年、2007 年和 2011 年；有三个年份与小麦低产年相同，分别为 1982 年、1989 年和 2008 年；有两个年份与玉米丰产年相同，分别为 1992 年和 1995 年，有五个年份与玉米平产年相同，分别为 1986 年、1989 年、2000 年、2004 年和 2011 年，有四个年份与玉米低产年相同，分别为 1982 年、2001 年、2007 年和 2008 年。

可见，丰水年与各种作物丰产年、平水年与各种作物平产年、枯水年与各种作物低产年之间并不是一一对应的，而是存在一定的发生概率，即匹配概率。本书界定匹配概率为降水某一年型年份集与作物产量某一年型年份集的交集基数与降水某一年型集基数的比值，计算公式如下：

$$P_{ijk} = \frac{length(intersect\left[Year_i, Year_{kj}\right])}{length(Year_i)} \times 100\% \tag{10-3}$$

式中，$Year_i$ 为降水第 i 个年型的年份集，i 取丰水年、平水年和枯水年；$Year_{kj}$ 为第 k 种作物第 j 个年型的年份集，本书中 k 取粮食、水稻、小麦和玉米，j 取丰产年、平产年和低产年；intersect 表示取交集；length 表示获取集合的大小。根据上述分析，采用本书所界定的匹配概率的计算公式，即可确定出年降水量年型与粮食产量气象分量年型之间的匹配关系，具体结果见表 10-3。

表 10-3　黑龙江省年降水量和粮食产量年型匹配分析

作物产量年型		降水年型概率/%			平均概率/%
		丰水年	平水年	枯水年	
粮食	丰产年	36.4	42.9	36.4	38.5
	平产年	45.5	35.7	9.1	30.1
	低产年	18.2	21.4	54.5	31.4
水稻	丰产年	27.3	35.7	45.5	36.1
	平产年	36.4	50.0	27.3	37.9
	低产年	36.4	14.3	27.3	26.0
小麦	丰产年	27.3	42.9	18.2	29.4
	平产年	36.4	35.7	54.5	42.2
	低产年	36.4	21.4	27.3	28.4
玉米	丰产年	27.3	28.6	18.2	24.7
	平产年	36.4	64.3	45.5	48.7
	低产年	36.4	7.1	36.4	26.6

由表 10-3 可知：对于丰水年，粮食平产的概率最高，为 45.5%，而水稻、小麦和玉米三种作物丰产的概率最低，均为 27.3%；对于平水年，粮食、小麦丰产的概率最高，均为 42.9%，水稻和玉米平产的概率最高，分别为 50% 和 64.3%；对于枯水年，粮食低产的概率最高，为 54.5%，小麦和玉米丰产的概率最低，均为 18.2%，而水稻丰产的概率最高，为 45.5%。通过分析不同水平年年内降水分布发现，上述降水年型与作物产量年型不对应主要是降水年内分配不均导致的，丰水年降水量虽然较多，但与作物生育期不匹配，易导致农田旱涝灾害，引起水稻、小麦和玉米等大田作物的减产或平产。而粮食产量中由于包含作物较多（水稻、玉米、小麦、大豆、高粱、薯类等），使其更倾向于平产。枯水年降水量虽然偏少，但由于部分年份降水量在生育期内的分配与作物需水规律相类似，因此产生了枯水年水稻丰产的现象，但整体上枯水年倾向于平产或低产。

根据表 10-3 分别计算不同作物气象产量对不同降水年型的平均概率，列于表 10-3 的最后一列，该匹配概率平均值反映了无论年内降水量多少，某种作物气象产量趋向于丰产、平产或低产的概率。从表 10-3 最后一列可以看出，无论年内降水多少，粮食产量的气象产量更趋向于丰产，但丰产平均概率与平产、低产平均概率相差不多，极差仅为 8.4%；而水稻、小麦和玉米三种作物的气象产量更趋向于平产，不同产量年型的平均概率极差分别达到了 11.9%、13.8% 和 24%。由此可见，降水对作物生长固然重要，对于增加土壤墒情具有重要的意义，但并不是粮食丰产的决定因素。

为了进一步确定降水在粮食产量中的贡献率，参考相关文献，界定不同作物气象产量绝对值的平均值与实际作物产量平均值的比值为气象产量的贡献率，由于本书气象因素仅考虑降水，故该比值为降水对粮食产量的贡献率。经计算，降水对粮食、水稻、小麦和玉米的贡献率分别为 9.61%、6.51%、12.35%和 11.58%。这与张金艳等[335]得出了气象产量的贡献约占作物产量的 3%～14%的结论一致。可见，降水对水稻产量的贡献率最低，这可能与水稻需水量大，降水多少对其需水影响较小有关。

10.2　黑龙江省降水特征对农业生产的影响

10.2.1　降水量空间分布对农业生产的影响

根据前述第 5 章降水量时空演变规律，对黑龙江省而言，每年 5 月初开始种植，10 月底秋收结束。夏、秋季节降水量的减少将导致可利用的水资源量的减少，而冬、春季节降水量的增加将引起"春涝"，这必将给农业生产带来严重的负面影响，尤其是作为黑龙江省两大产粮基地的三江平原和松嫩平原，由于其主要以雨养农业为主，降水量的改变必将影响该地区的粮食产能。大兴安岭地区主要以林业为主，且为我国重点的国有林区，其降水量呈现出了上升的趋势，这对于林区林业的发展、生态环境的修复具有重要的意义。

另外降水量的多少决定了农业旱涝灾害的空间分布，农业旱涝灾害空间分布差异性是地区间粮食减产存在差异性的主要原因。因此，基于黑龙江省 12 个地级市和 1 个地区的多年平均农业旱涝灾害统计数据，分析黑龙江省旱涝灾害在空间上的分布（图 10-3）。

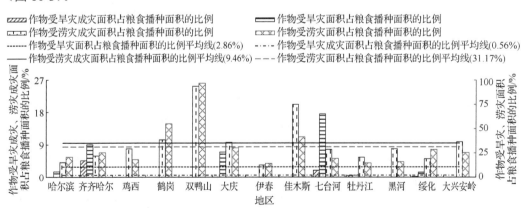

图 10-3　黑龙江省作物旱涝灾害空间分布

从图 10-3 中可以看出：黑龙江省受涝灾影响较大，全省平均作物受涝灾面积占粮食播种面积的比例达到了 30%以上，尤其是位于黑龙江省东部的双鸭山市、鹤岗市和佳木斯市，其作物受涝灾面积占粮食播种面积的比例均超过了全省平均值；全省作物受旱灾影响相对较小，其平均作物受旱灾面积占粮食播种面积的比例仅为2.86%，只有位于黑龙江省西部的齐齐哈尔市和黑龙江省东部的七台河市受旱灾影响较大，其作物受旱灾面积占粮食播种面积的比例超过了平均值1.5倍。可见，涝灾是影响黑龙江省粮食产能的主要因素。虽然涝灾对黑龙江省农业生产的影响较大，但由于采取了一定的工程技术措施，其涝灾成灾面积占粮食播种面积的比例并不高，仅为洪灾面积占粮食播种面积比例的1/3左右。如双鸭山市，其作物受涝灾面积几乎与粮食播种面积相同，但涝灾成灾面积占粮食播种面积的比例仅为25.29%。对旱灾成灾面积而言，由于近几年黑龙江省加大了抗旱资金的投入，仅2013年投入额就达1.38亿元，旱灾成灾面积大大减少，旱灾成灾面积占粮食播种面积的比例仅为旱灾面积占粮食播种面积比例的1/5左右。如七台河市，虽然旱灾面积较大，占到了粮食播种面积的17.62%，但成灾面积仅为1.89%，下降了近90%。结合上述分析，与第4章降水量时空分布相比，虽然双鸭山、鹤岗、佳木斯的涝灾相对比较严重，但未来降水量的减少趋势将在一定程度上缓解涝灾的危害；而黑龙江省西部，属于典型半干旱区，但未来降水量的增加趋势也将在一定程度上缓解旱灾的危害。

　　农业的可持续发展在很大程度上取决于灌溉设施的完善程度，如水库，水库库容反映了区域拦蓄径流和降水资源的能力，而有效灌溉面积在一定程度上反映了水资源的可利用情况。因此，基于黑龙江省多年平均水库库容和有效灌溉面积统计数据，分析黑龙江省灌溉设施的空间分布（图10-4）。

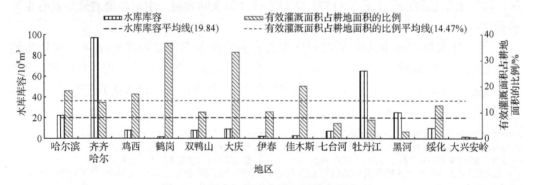

图10-4　黑龙江省农业灌溉设施空间分布

　　从图10-4中可以看出，黑龙江省水库库容与有效灌溉面积的分布不均衡。哈尔滨、鸡西、鹤岗、大庆、佳木斯等地的有效灌溉面积占耕地面积的比例较大，均超过了全省平均值14.47%，尤其是鹤岗和大庆，其有效灌溉面积占耕地面积的比例超过了全省平均值的2倍；大兴安岭的有效灌溉面积占耕地面积的比例最小，不足全省平均值的1/20。而水库库容的分布与有效灌溉面积占耕地面积的比例有所差异，大于全省水库库容平均值的地区为哈尔滨、齐齐哈尔、牡丹江和黑河，而水库库容最小的地区为鹤岗，其次为大兴安岭。计算该比例与水库库容的相关系数发现，其值仅为-0.1770，在0.05的显著水平下不显著，可见，水库库容与有效灌溉面积并不存在明显的相关关系，即水库库容越大，其有效灌溉面积的比例并非越大。但从实际考虑，水库库容与有效灌溉面积的不协调，在一定程度上浪费了水库资源，不利于有效灌溉面积和粮食产量的提升。另外，据水利部统计，2013年我国农田有效灌溉面积占耕地面积的比例为51.5%，而黑龙江省仅为 14.47%，不足全国的 1/3，因此，有效灌溉面积低下是影响黑龙江省粮食产能的重要制约因素。

齐齐哈尔属于典型的半干旱区，作物受旱灾面积和受旱灾成灾面积占粮食播种面积的比例均比较高，且有效灌溉面积也相对较多，但水库库容位于全省第一，可以有效拦蓄降水，这对于缓解干旱具有一定的作用；对鹤岗、大庆、佳木斯三个地区而言，其有效灌溉面积较大，而水库库容却较少，且作物受涝灾面积和受涝灾成灾面积占粮食播种面积的比例都比较高，因此，这三个地区应加大水利工程的投入和修建力度，尤其是水库，一方面可以降低涝灾造成的危害，另一方面也可以拦蓄洪水，补充灌溉。

10.2.2　降水量复杂性对农业生产的影响

由第 6 章可知，黑龙江省全省降水量复杂性排序为 7 月>5 月>8 月>4 月>夏>10 月>2 月>9 月>12 月>6 月>年>秋>3 月>11 月>冬>1 月>春，可见，作物生育期所属月份的降水量复杂性均较大，如生长初期的 4 月和 5 月，生长中期的 7 月和 8 月，表明其降水时间序列影响因子较多，相关的降水系统动力学结构复杂性较强。这一特征导致了生育期降水量在时间分配上的不均衡，一方面，对不同作物生育期需水具有较大的影响，另一方面也增加了作物生育期灌溉的不确定性。

根据第 6 章各个站点降水时间序列的复杂性计算结果，按照平均的方法将其换算为各行政区的降水时间序列复杂性（表 10-4），由于七台河市没有国家级雨量站，采用离其最近的鸡西站降水时间序列的复杂性代替，从空间的角度考虑，分析黑龙江省各行政区降水量复杂性与各年份粮食单产之间的关系（由于不同行政区作物种类不同，此处仅分析粮食单产与降水时间序列复杂性之间的关系），2010～2015 年黑龙江省各行政区粮食单产见表 10-4。根据表 10-4 中的数据，以降水时间序列复杂性作为横坐标，粮食单产作为纵坐标，绘制 2010～2015 年粮食单产与降水量复杂性的散点图，结果见图 10-5。

表 10-4　黑龙江省各行政区降水量复杂性和粮食单产

行政区	粮食单产/(kg/hm²)						复杂性
	2015 年	2014 年	2013 年	2012 年	2011 年	2010 年	
哈尔滨	7844	7842	7617	9018	8537	7627	1.0154
齐齐哈尔	5544	5393	5200	6143	4924	4606	1.0991
鸡西	6908	6715	6563	6884	6196	5564	1.1465
鹤岗	5526	5394	4689	5743	5314	4129	1.6924
双鸭山	7303	7255	6562	7034	6388	5817	0.9235
大庆	8106	8235	7970	9665	8545	7729	0.6558
伊春	3825	3730	3124	4200	3860	3520	1.0045
佳木斯	6978	7039	6516	7821	5901	4793	1.2089
七台河	5991	5997	5743	5402	4823	4485	1.3673
牡丹江	5576	5228	5241	5604	4671	5110	0.6618
黑河	3240	3153	2953	3490	2905	2363	0.9709
绥化	7539	7681	7494	9042	8142	7752	0.8555
大兴安岭	2376	2396	1577	2749	2665	2519	0.8209

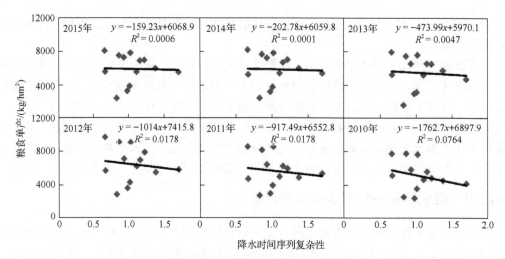

图 10-5　黑龙江省各行政区粮食单产与降水量复杂性关系分析

由图 10-5 可以看出，粮食单产与降水时间序列复杂性之间的散点呈现出随机性分布，其趋势性较弱，2010～2015 年内相关系数最大值仅为 0.2764，在 0.05 水平下不显著（$R_{0.05,11} = 0.5530$）。虽然各个年份与降水时间序列复杂性之间的相关性较弱，但从相关系数的大小可以看出，从 2010 年到 2015 年，随着年份的增加其相关系数呈现出了减小的趋势，即由 2010 年的 0.2764 减小到 2015 年的 0.0245。可见，随着时间的增长、科学技术的进步、农业经济投入的加大和水利设施的进一步完善，降水时间序列的复杂性对粮食单产的影响越来越小。另外，从空间上看，2010～2015 年线性趋势的斜率均为负值，即降水时间序列的复杂性与粮食单产之间为负相关，降水时间序列复杂性越大，其粮食单产越小；降水时间序列复杂性越小，其粮食单产越大。

为了进一步从空间上揭示降水时间序列复杂性与粮食单产之间的关系，在黑龙江省农业分区的基础上，结合行政分区，将黑龙江省分为三个分区，分别为：三江平原农牧区、松嫩平原农牧区和大小兴安岭林业区，其中三江平原农牧区（Ⅰ区）包括鸡西、鹤岗、双鸭山、佳木斯、七台河、牡丹江；松嫩平原农牧区（Ⅱ区）包括哈尔滨、齐齐哈尔、绥化和大庆；大小兴安岭林业区（Ⅲ区）包括伊春、黑河和大兴安岭。从分区的角度对其进行分析，分析结果见图 10-6。

由图 10-6 可以看出，大小兴安岭林业区（Ⅲ区）在 2010～2015 年，随着时间的增加降水时间序列复杂性与粮食单产之间的相关系数基本呈现出了增加的趋势，由 2010 年的 0.5408 增大到了 2015 年的 0.9714，在 0.05 水平下不显著（$R_{0.05,1} = 0.9970$），这与全省的趋势正好相反。2010 年底，国家发展和改革委员会、国家林业局出台了《大小兴安岭林区生态保护与经济转型规划（2010～2020 年）》，进一步加大了对林区生态环境的保护力度，增加了降水系统的动力学特征；而农业水利灌溉设施的修建在一定程度上会破坏生态环境，灌溉设施的减少增加了农业生产对降水的依赖性，进而导致上述现象的产生。

2010～2015 年，三江平原农牧区（Ⅰ区）和松嫩平原农牧区（Ⅱ区）降水时间序列复杂性与粮食单产之间的关系同全省一致。但 2010～2015 年各个年份三江平原农牧区（Ⅰ区）降水时间序列复杂性与粮食单产之间的关系要强于松嫩平原农牧区（Ⅱ区），这主要是Ⅰ区和Ⅱ区作物种类不同导致的，Ⅰ区水资源丰富，主要以水田为主，而Ⅱ区水资源相对匮乏，主要以旱田为主，从作物需水的角度，水田对降水的依赖性要大于旱田，从而产生了上述现象。

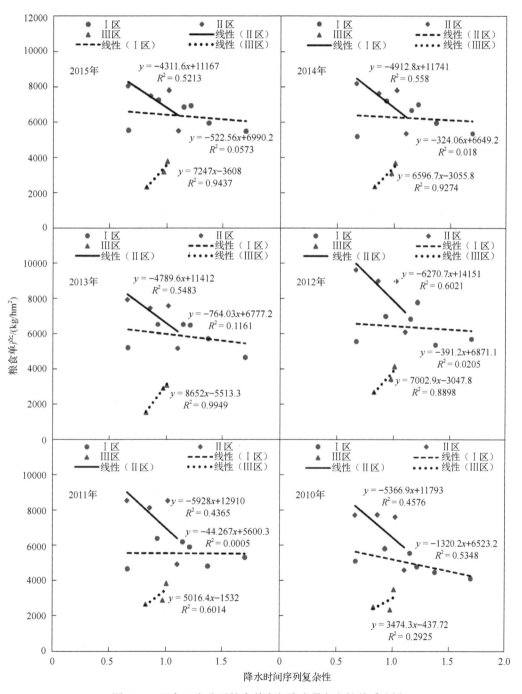

图 10-6 黑龙江省分区粮食单产与降水量复杂性关系分析

10.3　黑龙江省极端降水指数与作物产量的关系分析

根据第 8 章黑龙江省 31 个站点极端降水指数的计算结果，通过站点平均的方式计算黑龙江省的极端降水指数，并提取 1980～2015 年（2015 年的指标通过插补延长获取）的数据用于分析极端降水指数与粮食产量之间的关系。

10.3.1　灰色关联分析理论

灰色系统理论是由我国著名学者邓聚龙教授在 1982 年提出来的[342]，他通过对已知信息的充分开发和认知，巧妙地解决了"小样本""贫信息"等不确定性问题所带来的弊端，且简便易学，已被广泛应用在各个领域。

灰色系统理论经过 40 多年的发展，已形成了完整的结构体系，其主要内容包括灰色朦胧集理论体系、灰色关联分析体系、灰色序列生成方法体系、灰色模型预测体系四大技术体系。其中，灰色关联分析体系主要用于分析各要素间相互关系密切程度，与传统方法相比，该方法能够较好地解决因样本容量小且线性关系不显著条件下所导致的结果分辨率差的问题。因此，本书采用灰色关联分析中的绝对关联度对黑龙江省极端降水指数与粮食产量之间的相互关系进行识别。

10.3.2　绝对关联度分析

1. 数据预处理

将黑龙江省 1980～2015 年的粮食单产、水稻单产、小麦单产和玉米单产序列分别作为参考序列，同期的 18 个极端降水指标等序列作为比较序列，分别对其进行均值化处理，结果见图 10-7。具体公式见式（10-4）。

$$X_i(t) = \frac{x_i(t)}{\mathrm{mean}(x_i)} \tag{10-4}$$

式中，$x_i(t)$ 为 i 序列 t 时刻的观测值；$X_i(t)$ 为均值化后的序列；$\mathrm{mean}(x_i)$ 为 x_i 的平均值。

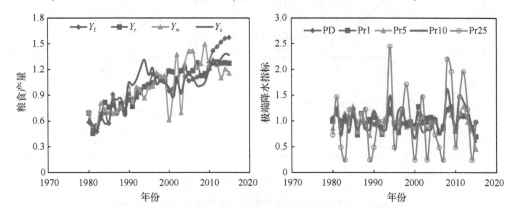

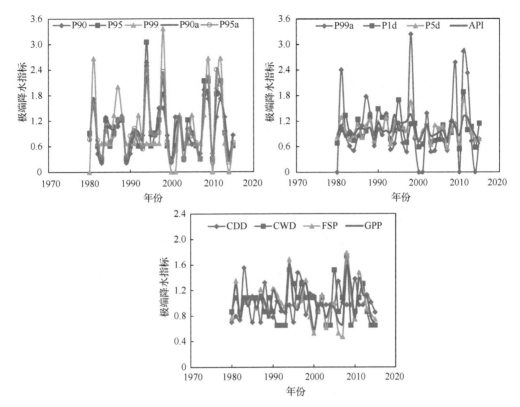

图 10-7　黑龙江省 1980~2015 年极端降水指数和作物产量均值化过程

2. 绝对关联系数计算

绝对关联系数按式（10-5）计算：

$$\xi_{0i}(t_k) = \frac{\Delta_{\min} + \xi \times \Delta_{\max}}{\Delta_{0i}(t_k) + \xi \times \Delta_{\max}} \tag{10-5}$$

式中，ξ 为分辨系数，一般取 0.5；$\Delta_{\min}$ 为各年 X_0 与 X_i 的最小绝对差值，即

$$\Delta_{\min} = \min\min(|X_0(t_k) - X_i(t_k)|), \quad k = 1980, 1981, \cdots, 2015; i = 1, 2, \cdots, 18 \tag{10-6}$$

$\Delta_{\max}$ 为各年 X_0 与 X_i 的最大绝对差值，即

$$\Delta_{\max} = \max\max(|X_0(t_k) - X_i(t_k)|), \quad k = 1980, 1981, \cdots, 2015; i = 1, 2, \cdots, 18 \tag{10-7}$$

$\Delta_{0i}(t_k)$ 为各年 X_0 与 X_i 的绝对差值，即

$$\Delta_{0i}(t_k) = |X_0(t_k) - X_i(t_k)|, \quad k = 1980, 1981, \cdots, 2015; i = 1, 2, \cdots, 18 \tag{10-8}$$

按照上述理论计算各年份极端降水指数与粮食单产、水稻单产、小麦单产和玉米单产的绝对关联系数，分别见图 10-8 至图 10-11 所示。

3. 绝对关联度计算与分析

绝对关联度计算公式如下：

$$r_{0i} = \frac{1}{n} \sum_{i=1980}^{2015} \xi_{0i}(t_k) \tag{10-9}$$

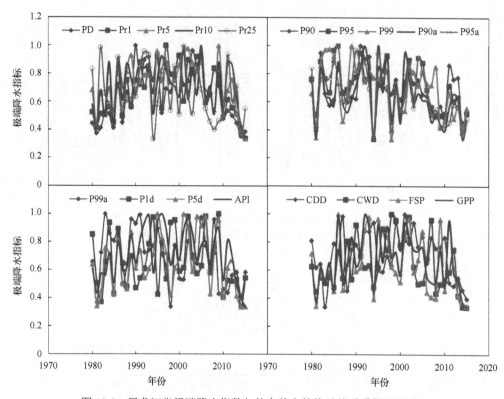

图 10-8 黑龙江省极端降水指数与粮食单产的绝对关联系数计算过程

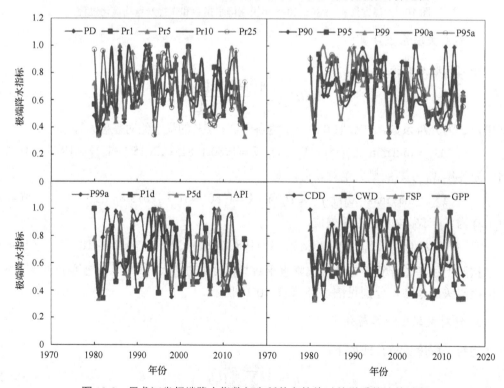

图 10-9 黑龙江省极端降水指数与水稻单产的绝对关联系数计算过程

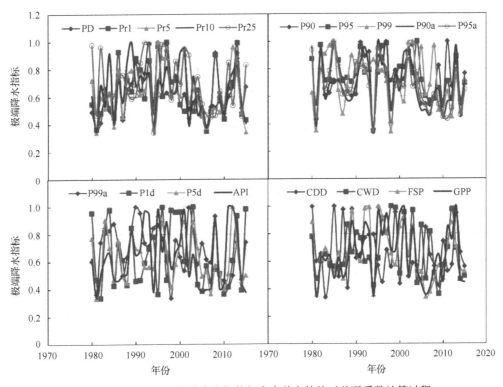

图 10-10　黑龙江省极端降水指数与小麦单产的绝对关联系数计算过程

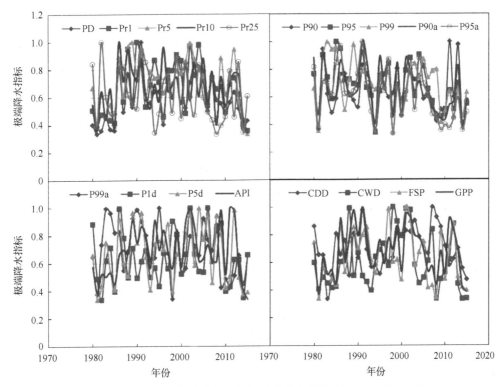

图 10-11　黑龙江省极端降水指数与玉米单产的绝对关联系数计算过程

计算黑龙江省 1980～2015 年的粮食单产、水稻单产、小麦单产和玉米单产序列与同期的 18 个极端降水指标的绝对关联度，具体结果如表 10-5 所示。

表 10-5　黑龙江省 1980～2015 年作物产量与极端降水指标绝对关联度计算成果

极端降水指标	Y_f		Y_r		Y_w		Y_c	
	关联度	排序	关联度	排序	关联度	排序	关联度	排序
PD	0.6589	14	0.6418	15	0.6620	14	0.5989	18
Pr1	0.6715	9	0.6815	8	0.6751	10	0.6638	9
Pr5	0.7159	1	0.6689	11	0.6830	6	0.7053	1
Pr10	0.7037	4	0.6952	5	0.6865	3	0.6637	10
Pr25	0.6675	11	0.6774	9	0.6730	11	0.6201	15
P90	0.6778	8	0.6946	6	0.6799	8	0.6406	12
P95	0.7011	5	0.6971	4	0.6863	4	0.6741	7
P99	0.6941	6	0.6923	7	0.6834	5	0.7015	2
P90a	0.6385	18	0.6478	13	0.6584	15	0.6546	11
P95a	0.6705	10	0.6435	14	0.6653	13	0.6123	16
P99a	0.6925	7	0.7120	3	0.6879	2	0.6974	4
P1d	0.6593	13	0.6240	17	0.6576	16	0.6387	13
P5d	0.6581	15	0.6721	10	0.6693	12	0.6688	8
API	0.7124	3	0.6597	12	0.6798	9	0.6853	5
CDD	0.7141	2	0.7134	2	0.6937	1	0.6993	3
CWD	0.6416	17	0.5930	18	0.6455	18	0.6040	17
FSP	0.6419	16	0.6336	16	0.6557	17	0.6376	14
GPP	0.6668	12	0.7153	1	0.6823	7	0.6836	6

由表 10-5 可知，极端降水指标对不同单产的影响程度排序各不相同，其中，小雨日数 Pr5 对粮食单产的影响最大，异常降水总量 P90a 对粮食单产的影响最小；生育期降水量 GPP 对水稻单产影响最大，持续降水日数 CWD 对水稻单产影响最小；持续无雨日数 CDD 对小麦单产影响最大，持续降水日数 CWD 对小麦单产影响最小；小雨日数 Pr5 对玉米单产影响最大，降水日数 PD 对玉米单产影响最小。

极端降水指标对粮食单产的影响程度排序为：Pr5＞CDD＞API＞Pr10＞P95＞P99＞P99a＞P90＞Pr1＞P95a＞Pr25＞GPP＞P1d＞PD＞P5d＞FSP＞CWD＞P90a。

极端降水指标对水稻单产的影响程度排序为：GPP＞CDD＞P99a＞P95＞Pr10＞P90＞P99＞Pr1＞Pr25＞P5d＞Pr5＞API＞P90a＞P95a＞PD＞FSP＞P1d＞CWD。

极端降水指标对小麦单产的影响程度排序为：CDD＞P99a＞Pr10＞P95＞P99＞Pr5＞GPP＞P90＞API＞Pr1＞Pr25＞P5d＞P95a＞PD＞P90a＞P1d＞FSP＞CWD。

极端降水指标对玉米单产的影响程度排序为：Pr5＞P99＞CDD＞P99a＞API＞GPP＞P95＞P5d＞Pr1＞Pr10＞P90a＞P90＞P1d＞FSP＞Pr25＞P95a＞CWD＞PD。

从另一个角度考虑，根据上述计算结果绘制黑龙江省 18 个极端降水指标与各单产的绝对关联度柱状图，并将 18 个极端降水指标对各单产的绝对关联度的平均值线绘制在柱状图上，结果见图 10-12。

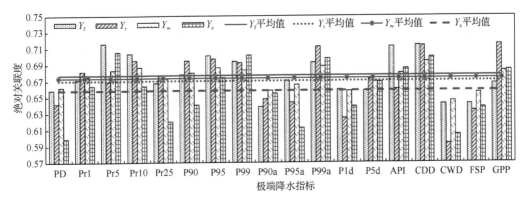

图 10-12 极端降水指标与粮食产量绝对关联度分析

由图 10-12 可知，对粮食单产而言，Pr5、Pr10、Pr25、P90、P95、P99、P99a、API 和 CDD 九个极端降水指标的绝对关联度超过了均值线，认为这九个量与粮食单产的关联性均较大，对粮食单产的变化均有较大影响，而其他九个极端降水指标的绝对关联度均低于均值线，对粮食单产变化的影响则较小。对水稻单产而言，Pr1、Pr10、Pr25、P90、P95、P99、P99a 和 CDD 八个极端降水指标的绝对关联度超过了均值线，认为这八个量与水稻单产的关联性均较大，对水稻单产的变化均有较大影响，而其他十个极端降水指标的绝对关联度均低于均值线，对水稻单产变化的影响则较小。对小麦单产而言，CDD、P99a、Pr10、P95、P99、Pr5、GPP、P90、API 和 Pr1 十个极端降水指标的绝对关联度超过了均值线，认为这十个量与小麦单产的关联性均较大，对小麦单产的变化均有较大影响，而其他八个极端降水指标的绝对关联度均低于均值线，对小麦单产变化的影响则较小。对玉米单产而言，Pr5、P99、CDD、P99a、API、GPP、P95、P5d、Pr1 和 Pr10 十个极端降水指标的绝对关联度超过了均值线，认为这十个量与玉米单产的关联性均较大，对玉米单产的变化均有较大影响，而其他八个极端降水指标的绝对关联度均低于均值线，对玉米单产变化的影响则较小。

10.4 松嫩平原作物单产影响因素识别

10.4.1 数据预处理

本节采用灰色关联分析中的绝对关联度对松嫩平原不同分区生育期降水量、不均匀性及雨水资源化潜力与作物单产的关系进行识别。将黑龙江省松嫩平原 2008～2016 年不同分区的水稻单产、玉米单产和大豆单产序列分别作为参考序列，同期的生育期降水量、降水集中度（PCD）、降水集中期（PCP）和雨水资源化潜力等降水因子序列作为比较序列，采用式（10-4）分别对其进行均值化处理（图 10-13～图 10-19）。

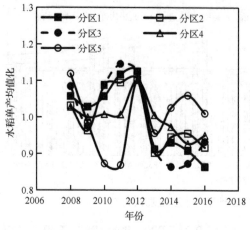

图 10-13　水稻单产均值化过程

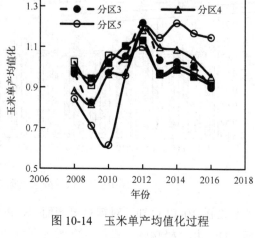

图 10-14　玉米单产均值化过程

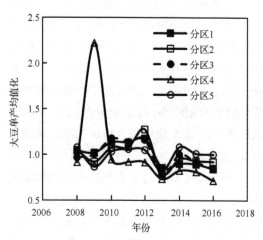

图 10-15　大豆单产均值化过程

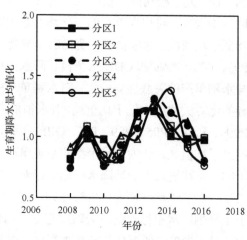

图 10-16　生育期降水量均值化过程

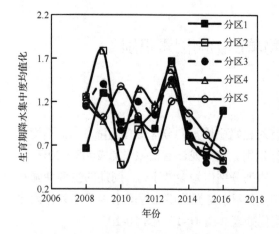

图 10-17　生育期降水集中度均值化过程

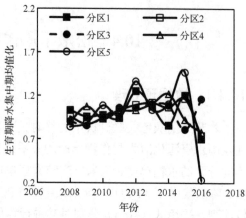

图 10-18　生育期降水集中期均值化过程

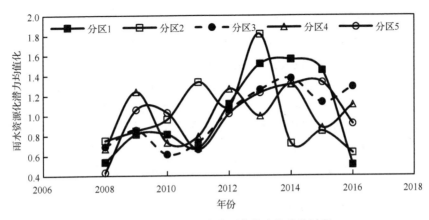

图 10-19　生育期雨水资源化潜力均值化过程

10.4.2　水稻单产影响因素分析

根据前述理论，计算不同分区生育期降水量、PCD、PCP 和雨水资源化潜力等降水因子与水稻单产的绝对关联度，见表 10-6。由表 10-6 可得如下结论。

表 10-6　不同分区降水因子与水稻单产的绝对关联分析

分区	降水因子	2008 年	2009 年	2010 年	2011 年	2012 年	2013 年	2014 年	2015 年	2016 年	平均
分区 1	降水量	0.626	0.917	0.850	0.577	0.852	0.569	0.847	0.844	0.782	0.763
	PCD	0.503	0.595	0.830	0.778	0.634	0.341	0.776	0.555	0.626	0.626
	PCP	0.959	0.862	0.845	0.701	0.764	0.716	0.856	0.574	0.715	0.777
	雨水资源化潜力	0.431	0.653	0.621	0.473	1.000	0.393	0.383	0.419	0.527	0.544
分区 2	降水量	0.694	0.801	0.632	0.677	0.889	0.602	0.769	0.994	0.866	0.769
	PCD	0.684	0.363	0.435	0.696	0.970	0.413	0.719	0.587	0.549	0.602
	PCP	0.876	0.851	0.777	0.899	1.000	0.689	0.804	0.696	0.735	0.814
	雨水资源化潜力	0.631	0.815	0.800	0.668	0.994	0.339	0.683	0.822	0.623	0.708
分区 3	降水量	0.529	0.900	0.542	0.669	1.000	0.479	0.532	0.652	0.820	0.680
	PCD	0.959	0.463	0.674	0.984	0.942	0.397	0.976	0.506	0.417	0.702
	PCP	0.720	0.823	0.798	0.912	0.967	0.697	0.656	0.965	0.648	0.799
	雨水资源化潜力	0.487	0.828	0.434	0.474	0.943	0.524	0.415	0.609	0.516	0.581
分区 4	降水量	0.663	0.937	0.489	1.000	0.649	0.424	0.730	0.507	0.592	0.666
	PCD	0.462	0.936	0.446	0.382	0.759	0.344	0.587	0.491	0.340	0.527
	PCP	0.628	0.744	0.753	0.954	0.768	0.673	0.461	0.995	0.555	0.726
	雨水资源化潜力	0.372	0.468	0.433	0.498	0.565	0.979	0.384	0.829	0.574	0.567
分区 5	降水量	0.589	0.928	1.000	0.922	0.892	0.603	0.550	0.765	0.652	0.767
	PCD	0.919	0.962	0.460	0.739	0.482	0.640	0.943	0.658	0.544	0.705
	PCP	0.615	0.840	0.680	0.815	0.631	0.875	0.878	0.516	0.352	0.689
	雨水资源化潜力	0.382	0.885	0.752	0.690	0.872	0.621	0.606	0.621	0.857	0.698

（1）从降水因子的角度来看，不同降水因子对水稻单产的影响具有一定的差异，五个分区降水因子与水稻单产绝对关联度由大到小排序依次为：PCP>降水量>PCD>雨水资源化潜力；PCP>降水量>雨水资源化潜力>PCD；PCP>PCD>降水量>雨水资源化潜力；

PCP>降水量>雨水资源化潜力>PCD；降水量>PCD>雨水资源化潜力>PCP。

（2）从各分区的角度来看，不同分区各降水因子对水稻单产的影响也具有一定的差异，降水量、PCD、PCP 和雨水资源化潜力与水稻单产的绝对关联度由大到小分区排序依次为：分区 5>分区 2>分区 1>分区 3>分区 4；分区 5>分区 3>分区 1>分区 2>分区 4；分区 2>分区 3>分区 1>分区 4>分区 5；分区 2>分区 5>分区 3>分区 4>分区 1。

可见，分区 1、分区 2、分区 3 和分区 4 的降水集中期（PCP）与水稻单产的绝对关联度均最大，分别达到了 0.777、0.814、0.799 和 0.726，故这四个分区 PCP 对水稻单产的影响也最大；各分区与水稻单产绝对关联度最小的降水因子中，分区 2 和分区 4 均为降水集中度（PCD），分区 1 和分区 3 均为雨水资源化潜力，分区 5 为 PCP，故各分区的这些因子对水稻单产的影响也最小。

10.4.3　玉米单产影响因素分析

根据前述理论，计算不同分区生育期降水量、PCD、PCP 和雨水资源化潜力等降水因子与玉米单产的绝对关联度，见表 10-7。由表 10-7 可得如下结论。

表 10-7　不同分区降水因子与玉米单产的绝对关联分析

分区	降水因子	2008 年	2009 年	2010 年	2011 年	2012 年	2013 年	2014 年	2015 年	2016 年	平均
分区 1	降水量	0.708	0.932	0.937	0.581	0.870	0.609	0.984	0.950	0.871	0.827
	PCD	0.548	0.518	0.911	0.801	0.621	0.347	0.692	0.512	0.674	0.625
	PCP	0.916	1.000	0.931	0.716	0.775	0.793	0.759	0.610	0.652	0.795
	雨水资源化潜力	0.459	0.763	0.656	0.471	0.999	0.405	0.396	0.431	0.486	0.563
分区 2	降水量	0.688	0.721	0.648	0.723	0.874	0.647	0.844	0.950	0.863	0.773
	PCD	0.664	0.337	0.436	0.746	0.956	0.428	0.645	0.561	0.533	0.589
	PCP	0.877	0.936	0.809	0.997	1.000	0.753	0.888	0.702	0.718	0.853
	雨水资源化潜力	0.624	0.890	0.835	0.607	0.994	0.346	0.615	0.786	0.607	0.700
分区 3	降水量	0.583	0.564	0.597	0.728	0.686	0.522	0.642	0.781	0.786	0.654
	PCD	0.630	0.344	0.779	0.681	0.656	0.419	0.762	0.378	0.392	0.560
	PCP	0.855	0.936	0.969	1.000	0.669	0.829	0.854	0.616	0.542	0.808
	雨水资源化潜力	0.528	0.929	0.460	0.489	0.656	0.581	0.469	0.714	0.440	0.585
分区 4	降水量	0.904	0.540	0.572	0.896	0.544	0.550	0.910	0.728	0.614	0.695
	PCD	0.370	0.591	0.518	0.380	1.000	0.428	0.468	0.409	0.357	0.502
	PCP	0.972	0.473	0.927	0.861	0.619	0.998	0.644	0.676	0.577	0.750
	雨水资源化潜力	0.526	0.350	0.500	0.567	0.753	0.709	0.510	0.600	0.607	0.569
分区 5	降水量	0.939	0.585	0.663	0.762	0.957	0.819	0.737	0.644	0.551	0.740
	PCD	0.581	0.597	0.377	0.860	0.453	0.882	0.763	0.574	0.479	0.618
	PCP	1.000	0.727	0.495	0.952	0.736	0.812	0.806	0.608	0.335	0.719
	雨水资源化潜力	0.531	0.570	0.527	0.610	0.725	0.851	0.829	0.740	0.672	0.673

（1）从降水因子的角度来看，不同降水因子对玉米单产的影响具有一定的差异，五个分区降水因子与玉米单产绝对关联度由大到小排序依次为：降水量>PCP>PCD>雨水资源化潜力；PCP>降水量>雨水资源化潜力>PCD；PCP>降水量>雨水资源化潜力>PCD；

PCP>降水量>雨水资源化潜力>PCD；降水量>PCP>雨水资源化潜力>PCD。

（2）从各分区的角度来看，不同分区各降水因子对玉米单产的影响也具有一定的差异，降水量、PCD、PCP 和雨水资源化潜力与玉米单产的绝对关联度由大到小分区排序依次为：分区 1>分区 2>分区 5>分区 4>分区 3；分区 1>分区 5>分区 2>分区 3>分区 4；分区 2>分区 3>分区 1>分区 4>分区 5；分区 2>分区 5>分区 3>分区 4>分区 1。

可见，分区 2、分区 3 和分区 4 的降水集中期（PCP）与玉米单产的绝对关联度均最大，分别达到 0.853、0.808 和 0.750，故这四个分区 PCP 对玉米单产的影响也最大；分区 2、分区 3、分区 4 和分区 5 的降水集中度（PCD）与玉米单产的绝对关联度均最小，分别仅为 0.589、0.560、0.502 和 0.618，故这四个分区 PCD 对玉米单产的影响也最小。与水稻单产相比，除了分区 1 以外，其他几个分区绝对关联度最大的降水因子均相同，而影响最小的降水因子则差异较大。另外，雨水资源化潜力与水稻单产、玉米单产的绝对关联度在五个分区的排序完全一致。

10.4.4　大豆单产影响因素分析

根据前述理论，计算不同分区生育期降水量、PCD、PCP 和雨水资源化潜力等降水因子与大豆单产的绝对关联度，见表 10-8。由表 10-8 可得如下结论。

表 10-8　不同分区降水因子与大豆单产的绝对关联分析

分区	降水因子	2008 年	2009 年	2010 年	2011 年	2012 年	2013 年	2014 年	2015 年	2016 年	平均
分区1	降水量	0.660	0.942	0.742	0.581	0.967	0.544	0.807	0.832	0.763	0.760
	PCD	0.532	0.606	0.728	0.766	0.602	0.341	0.839	0.584	0.623	0.625
	PCP	1.000	0.888	0.739	0.696	0.862	0.666	0.925	0.581	0.760	0.791
	雨水资源化潜力	0.457	0.680	0.571	0.481	0.891	0.389	0.389	0.431	0.562	0.539
分区2	降水量	0.706	0.775	0.672	0.722	0.850	0.559	0.806	1.000	0.893	0.776
	PCD	0.733	0.381	0.471	0.741	0.794	0.407	0.740	0.638	0.580	0.609
	PCP	0.869	0.940	0.814	0.940	0.758	0.623	0.840	0.703	0.759	0.805
	雨水资源化潜力	0.648	0.900	0.837	0.686	0.756	0.342	0.706	0.880	0.653	0.712
分区3	降水量	0.680	0.954	0.506	0.700	0.894	0.436	0.710	0.738	1.000	0.735
	PCD	0.733	0.517	0.599	0.953	0.854	0.375	0.915	0.508	0.500	0.662
	PCP	0.955	0.784	0.679	0.916	0.872	0.573	0.903	0.852	0.590	0.792
	雨水资源化潜力	0.621	0.788	0.424	0.512	0.855	0.466	0.539	0.691	0.494	0.599
分区4	降水量	0.998	0.341	0.799	0.874	0.902	0.528	0.732	0.660	0.879	0.746
	PCD	0.635	0.334	0.759	0.593	0.710	0.481	1.000	0.860	0.783	0.684
	PCP	0.981	0.352	0.989	0.862	0.841	0.624	0.612	0.850	0.909	0.780
	雨水资源化潜力	0.721	0.388	0.746	0.833	0.641	0.704	0.562	0.902	0.614	0.679
分区5	降水量	0.594	0.696	0.685	0.616	0.763	0.478	0.567	0.804	0.630	0.648
	PCD	0.807	0.716	0.534	0.952	0.489	0.502	0.983	0.681	0.524	0.688
	PCP	0.622	0.960	0.886	0.846	0.555	0.646	0.955	0.462	0.337	0.696
	雨水资源化潜力	0.377	0.670	1.000	0.498	0.940	0.490	0.630	0.550	0.834	0.665

（1）从降水因子的角度来看，不同降水因子对大豆单产的影响具有一定的差异，五个分区降水因子与大豆单产绝对关联度由大到小排序依次为：PCP>降水量>PCD>雨水资源化潜力；PCP>降水量>雨水资源化潜力>PCD；PCP>降水量>PCD>雨水资源化潜力；PCP>降水量>PCD>雨水资源化潜力；PCP>PCD>雨水资源化潜力>降水量。

（2）从各分区的角度来看，不同分区各降水因子对大豆单产的影响也具有一定的差异，降水量、PCD、PCP 和雨水资源化潜力与玉米单产的绝对关联度由大到小分区排序依次为：分区 2>分区 1>分区 4>分区 3>分区 5；分区 5>分区 4>分区 3>分区 1>分区 2；分区 2>分区 3>分区 1>分区 4>分区 5；分区 2>分区 4>分区 5>分区 3>分区 1。

可见，五个分区的降水集中期（PCP）与大豆单产的绝对关联度均最大，分别达到了 0.791、0.805、0.792、0.780 和 0.696，故五个分区 PCP 对大豆单产的影响也最大；各分区与大豆单产绝对关联度最小的降水因子中，分区 2 为降水集中度（PCD），分区 1、分区 3 和分区 4 均为雨水资源化潜力，分区 5 为降水量，故各分区的这些因子对大豆单产的影响也最小。

与水稻单产和玉米单产相比，除了分区 1 和分区 5 以外，其他几个分区绝对关联度最大的降水因子均相同，均为 PCP；而影响最小的降水因子则差异较大。另外，PCP 与水稻单产、玉米单产和大豆单产的绝对关联度在五个分区的排序完全一致。

10.5　松嫩平原不同分区降水因子对作物单产影响的对比分析

根据前述 10.2 节计算结果，计算每个分区生育期降水量、降水集中度、降水集中期和雨水资源化潜力等降水因子与三种作物单产绝对关联度的平均值，具体结果如表 10-9 所示。

表 10-9　不同分区降水因子与作物单产的绝对关联对比分析

分区	生育期降水量	PCD	PCP	雨水资源化潜力
分区 1	0.783	0.625	0.788	0.549
分区 2	0.773	0.600	0.824	0.707
分区 3	0.690	0.641	0.800	0.588
分区 4	0.702	0.571	0.752	0.605
分区 5	0.718	0.670	0.701	0.679
松嫩平原	0.733	0.622	0.773	0.625

由表 10-9 可知：各分区 PCP 与作物单产的绝对关联度均最大，表明 PCP 对作物产量影响最大；其次为生育期降水量；除分区 3 的雨水资源化潜力相对较小外，其余各分区的雨水资源化潜力对作物单产的影响均超过了 PCD。从松嫩平原整体来看，各分区的降水因子对作物单产的影响大小顺序基本一致。

因此，本书认为：降水集中期（PCP）反映了降水量与作物生育期需水之间在时间上的耦合程度，当降水能按照作物需求降落在作物不同生育期时，对作物的生长是最有利的,故 PCP 对作物单产的影响最大;生育期降水量是补充作物生育期需水的重要来源,故其对作物产量的影响也较大;PCD 反映了雨水量的不均匀性,雨水资源化潜力反映了一个区域降水资源可利用的程度,与作物生长的关系相对较弱,故对作物单产影响也相对较小。

10.6　研究区雨水资源利用策略分析

有效地开发和利用雨水资源,不仅可以拦蓄和截留地表径流,减弱水土流失的原动力[205],而且可以提高土壤肥力,为大规模植树造林、退耕还草等工程的实施提供了水源。尤其是黑龙江省松嫩平原西部的泰来县等地区,是典型的风沙土(图 10-20),水土流失严重,如何高效利用雨水资源,对于缓解区域生态危机,促进区域可持续发展具有重要的理论和实践意义。

图 10-20　黑龙江省泰来县风沙土

从资源利用的角度来看,只要有降水的地区,均可以实施雨水资源利用,实施的核心在于雨水资源化工程建设的投入与其产生效应之间的关系是否合理,如果投入大于产出,则没有必要开展雨水资源化工程建设。因此,不同的区域要具体情况具体分析。

从农业用水的角度分析,根据前述各章的分析可知:黑龙江省松嫩平原各个分区的多年生育期平均降水量在 420~500mm,多年生育期平均雨水资源化潜力在 43.07 亿~93.24 亿 m³。经计算各分区 2017 年农业用水量分别为 73.90 亿 m³、95.78 亿 m³、77.99 亿 m³、110.18 亿 m³ 和 130.72 亿 m³,除分区 3 外农业用水量均大于各分区的雨水资源化潜力,即单纯依靠雨水资源无法满足农业用水的需求,因此,黑龙江省松嫩平原首先应该大力发展灌溉,提高灌溉效率,以保证农作物的正常用水需求,尤其是分区 4 齐齐哈尔市、泰来县等地区,雨水资源化潜力与农业用水量需求的差值达到了 67.10 亿 m³,应进一步加大农业节水灌溉设施的投入力度;对于分区 3 大庆市、肇源县等地区,虽然雨水资源化潜力大于农业用水量,但由于石油的开采,需要大量回灌地表水补给地下水以防止地面沉降,根据前述分析可知:分区 3 雨水资源化潜力中地下水补给量占比达到了 40%，因此，扣除雨水资源化潜力中补给地下水的量，剩余的雨水资源化潜力尚有 22.4 亿 m³ 不满足农业用水的需求，故也应大力发展农业灌溉，提高灌水效率。

从生态环境保护的角度分析，整个松嫩平原水土流失均比较严重。对于分区 4 齐齐哈尔市、泰来县等地区，气候相对干燥，风沙天气较多，土壤沙化严重，由于降水量相对较少，现有雨水资源化潜力不仅不能满足农业用水需求，更无法满足生态环境的用水需求，因此应设法增强有限降水的就地入渗能力，开发雨水就地利用技术，而不宜发展集流和截流灌溉农业，应重点发展常规灌溉农业，并配以相应的农业综合配套技术，尽量提高水资源利用效率；而对于其他分区，土壤沙化相对较轻，根据前述分析，分区 1、分区 2、分区 3 和分区 5 的地表水产流量比例均较高，尤其是分区 2，地表水产流量达到了雨水资源化潜力的 80%以上，因此，应以雨水集流和截留补灌为重点，通过地表径流调控，一方面可以削弱地表径流对土壤的冲刷力，另一方面也可提高有限雨水资源的利用效率。

参 考 文 献

[1] 高希超. 气候变化对钱塘江流域水资源的影响[D]. 杭州: 浙江大学, 2014.

[2] Intergovernmental Panel on Climate Change. IPCC fifth assessment report[J]. Weather, 2013, 68(12): 310.

[3] Williamson R. IPCC releases fifth assessment report[J]. Carbon Management, 2013, 4(6): 583.

[4] Pasten-Zapata E, Sonnenborg T O, Refsgaard J C. Climate change: Sources of uncertainty in precipitation and temperature projections for Denmark[J]. Geological Survey of Denmark and Greenland Bulletin, 2019, 43: e2019430102.

[5] Carlson A K, Taylor W W, Infante D M. Developing precipitation- and groundwater-corrected stream temperature models to improve brook charr management amid climate change[J]. Hydrobiologia, 2019, 840(1): 379-398.

[6] Xiong Z F, Li T G, Chang F M, et al. Rapid precipitation changes in the tropical West Pacific linked to North Atlantic climate forcing during the last deglaciation[J]. Quaternary Science Reviews, 2018, 197: 288-306.

[7] Peltier W R, D'orgeville M, Erler A R, et al. Uncertainty in future summer precipitation in the Laurentian Great Lakes Basin: Dynamical downscaling and the influence of continental-scale processes on regional climate change[J]. Journal of Climate, 2018, 31(7): 2651-2673.

[8] 张葆蔚. 2014 年全国洪涝灾情[J]. 中国防汛抗旱, 2015, 25(1): 19-20, 38.

[9] 张葆蔚. 2015 年洪涝灾情综述[J]. 中国防汛抗旱, 2016, 26(1): 24-26.

[10] Bechmann M, Chen X L, Oygarden L. Special Issue: Nutrient status, yields and water quality in Norway and the Heilongjiang province in China Preface[J]. Acta Agriculturae Scandinavica Section B-Soil and Plant Science, 2014, 63(1): 97-99.

[11] Dai X P, Chen J, Chen D, et al. Factors affecting adoption of agricultural water-saving technologies in Heilongjiang Province, China[J]. Water Policy, 2015, 17(4): 581-594.

[12] 黑龙江省发展和改革委员会. 国家统计局关于 2016 年粮食产量的公告[Z]. 2016-12-08.

[13] Barnett K L, Facey S L. Grasslands, invertebrates, and precipitation: A review of the effects of climate change[J]. Frontiers in Plant Science, 2016, 7: 1196.

[14] 刘卫林. 漳河观台站降雨径流时间序列的混沌特性分析[J]. 河海大学学报(自然科学版), 2011, 39(4): 384-390.

[15] 王倩. 气候变化背景下黑龙江省黑土区大豆气候生产潜力研究[D]. 哈尔滨: 东北农业大学, 2014.

[16] Zarenistanak M, Dhorde A G, Kripalani R H. Trend analysis and change point detection of annual and seasonal precipitation and temperature series over southwest Iran[J]. Journal of earth system science, 2014, 123(2): 281-295.

[17] Fischer E M, Knutti R. Detection of spatially aggregated changes in temperature and precipitation extremes[J]. Geophysical Research Letters, 2014, 41(2): 547-554.

[18] Borges P D A, Franke J, Silva F D S, et al. Differences between two climatological periods (2001-2010 vs. 1971-2000) and trend analysis of temperature and precipitation in Central Brazil[J]. Theoretical and Applied Climatology, 2014, 116(1-2): 191-202.

[19] Robinson S A, David J E. Not just about sunburn—the ozone hole's profound effect on climate has significant implications for Southern Hemisphere ecosystems[J]. Global Change Biology, 2015, 21(2): 515-527.

[20] De Laat A T J, Van Der A R J, Van W M. Tracing the second stage of ozone recovery in the Antarctic ozone-hole with a "big data" approach to multivariate regressions[J]. Atmospheric Chemistry and Physics, 2015, 15(1): 79-97.

[21] Bornman J F, Paul N, Shao M. Environmental effects of ozone depletion and its interactions with climate change: 2014 assessment introduction[J]. Photochemical and Photobiological Sciences, 2015, 14(1): 9.

[22] Almazroui M, Saeed F, Islam M N, et al. Assessing the robustness and uncertainties of projected changes in temperature and precipitation in AR4 Global Climate Models over the Arabian Peninsula[J]. Atmospheric Research, 2016, 182: 163-175.

[23] Hu Z Y, Li Q X, Chen X, et al. Climate changes in temperature and precipitation extremes in an alpine grassland of Central Asia[J]. Theoretical and Applied Climatology, 2016, 126(3-4): 519-531.

[24] Hacket-Pain A J, Cavin L, Friend A D, et al. Consistent limitation of growth by high temperature and low precipitation from range core to southern edge of European beech indicates widespread vulnerability to changing climate[J]. European Journal of Forest Research, 2016, 135(5): 897-909.

[25] Sarkar J, Chicholikar J R, Rathore L S. Predicting future changes in temperature and precipitation in arid climate of Kutch, Gujarat: Analyses based on LARS-WG model[J]. Current Science, 2015, 109(11): 2084-2093.

[26] Bai H, Dong X, Zeng S Y, et al. Assessing the potential impact of future precipitation trends on urban drainage systems under multiple climate change scenarios[J]. International Journal of Global Warming, 2016, 10(4): 437-453.

[27] Chang W, Stein M L, Wang J L, et al. Changes in spatiotemporal precipitation patterns in changing climate conditions[J]. Journal of Climate, 2016, 29(23): 8355-8376.

[28] Djebou D C S, Singh V P. Impact of climate change on precipitation patterns: A comparative approach[J]. International Journal of Climatology, 2016, 36(10): 3588-3606.

[29] 武秋晨, 刘东. 等概率粗粒化 LZC 算法在降水变化复杂性研究中的应用[J]. 中国农村水利水电, 2013(5): 1-5, 10.

[30] 孟凡香, 徐淑琴, 李天霄, 等. 基于离散小波变换的水稻生育期降水量多时间尺度特征分析[J]. 黑龙江水专学报, 2010, 37(1): 104-106.

[31] 刘东, 付强. 基于小波变换的三江平原低湿地井灌区年降水序列变化趋势分析[J]. 地理科学, 2008, 28(3): 380-384.

[32] 刘东, 付强. 基于小波变换的三江平原井灌区主汛期降水序列多时间尺度分析[J]. 水土保持研究, 2008, 15(6): 42-45.

[33] 曹永旺, 延军平, 李敏敏, 等. 晋陕峡谷区气候变化与旱涝灾害响应研究[J]. 干旱区资源与环境, 2015(4): 113-118.

[34] 雷廷, 张兆吉, 费宇红, 等. 海河平原 1956 年～2011 年降水特征分析[J]. 南水北调与水利科技, 2014, 12(1): 32-36, 41.

[35] 王楠, 李栋梁, 张杰. 黄河中上游季节内强降水的时间非均匀性特征及其对大气环流的响应[J]. 中国沙漠, 2013, 33(1): 239-248.

[36] 白静漪. 华东区域夏季不同等级降水的异常变化规律及异常环流特征分析[D]. 南京: 南京信息工程大学, 2013.

[37] Tanaka D, Anderson R. Soil water storage and precipitation storage efficiency of conservation tillage systems[J]. Journal of Soil and Water Conservation, 1997, 52(5): 363-367.

[38] 王政友, 马喜来, 陈卫星. 降水对土壤水资源的影响[J]. 山西水利, 1999(5): 39-40.

[39] 郭元裕. 农田水利工程施工[M]. 3 版. 北京: 中国水利水电出版社, 1992.

[40] 李莉. 甘肃省 "121" 雨水集流工程经济后评价[J]. 中国农村水利水电, 2007(9): 50-52.

[41] 李恒山, 杨国华. 西北干旱地区雨水集流工程浅析[J]. 中国农村水利水电, 1997(12): 15-16.

[42] Baouab M H, Cherif S. Climate change and water resources: Trends, fluctuations and projections for a case study of potable water in Tunisia[J]. Houille Blanche-Revue Internationale De L Eau, 2015(5): 99-107.

[43] Deng H J, Chen Y N, Wang H J, et al. Climate change with elevation and its potential impact on water resources in the Tianshan Mountains, Central Asia[J]. Global and Planetary Change, 2015, 135: 28-37.

[44] Melkonyan A. Climate change impact on water resources and crop production in Armenia[J]. Agricultural Water Management, 2015, 161: 86-101.

[45] Adhikari U, Nejadhashemi A P. Impacts of climate change on water resources in Malawi[J]. Journal of Hydrologic Engineering, 2016, 21(11): 1-5.

[46] Kara F, Yucel I, Akyurek Z. Climate change impacts on extreme precipitation of water supply area in Istanbul: Use of ensemble climate modelling and geo-statistical downscaling[J]. Hydrological Sciences Journal-Journal Des Sciences Hydrologiques, 2016, 61(14): 2481-2495.

[47] Zahmatkesh Z, Karamouz M, Goharian E, et al. Analysis of the effects of climate change on urban storm water runoff using statistically downscaled precipitation data and a change factor approach[J]. Journal of Hydrologic Engineering, 2015, 20(7): 05014022.

[48] 胡昌新. 从江淮地区 1991 年洪水探讨淮河洪灾周期变化[J]. 水资源研究, 2007, 28(4): 31-33.

[49] 谢志强, 姚章民, 李继平, 等. 珠江流域 "94·6"、"98·6" 暴雨洪水特点及其比较分析[J]. 水文, 2002, 22(3): 56-58.

[50] 周庆亮. 长江嫩江松花江流域特大洪灾江南华南少雨高温[J]. 气象, 1998, 24(11): 58-61.

[51] 汤金华, 黄心炎. 闽江 "98·6" 暴雨洪灾分析及其对策[J]. 水利水电科技进展, 1999, 19(3): 16-19, 71.

[52] 李长安, 殷鸿福, 陈德兴, 等. 长江中游的防洪问题和对策——1998 年长江特大洪灾的启示[J]. 地球科学, 1999, 24(4): 329-334.

[53] 黄先龙, 王文科, 褚明华, 等. "2016.7" 长江中下游洪水干堤险情分析及启示[J]. 中国防汛抗旱, 2016, 1(5): 47-49.

[54] 冯建英, 张宇, 王素萍. 2016 年夏季全国干旱分布及其影响与成因[J]. 干旱气象, 2016, 34(5): 912-917.

[55] Zhou Y, Wu W X, Li N, et al. Differential responses of rice yield to climate change between reclamation and general agricultural areas in the Heilongjiang Province of China from 1951 to 2011[J]. Environmental Engineering and Management Journal, 2016, 15(4): 945-951.

[56] Yuan W P, Liu D, Dong W J, et al. Multiyear precipitation reduction strongly decreases carbon uptake over northern China[J]. Journal of Geophysical Research-Biogeosciences, 2014, 119(5): 881-896.

[57] Yue T X, Zhao N, Ramsey R D, et al. Climate change trend in China, with improved accuracy[J]. Climatic Change, 2013, 120(1-2): 137-151.

[58] Tao F L, Yokozawa M, Zhang Z, et al. Variability in climatology and agricultural production in China in association with the East Asian summer monsoon and El Nino Southern Oscillation[J]. Climate Research, 2004, 28(1): 23-30.

[59] Lorenzoni I, Whitmarsh L. Climate change and perceptions, behaviors, and communication research after the IPCC 5th assessment report—aWIREs Editorial[J]. Wiley Interdisciplinary Reviews-Climate Change, 2014, 5(6): 703-708.

[60] Jaagus J, Mandla K. Climate change scenarios for Estonia based on climate models from the IPCC fourth assessment report[J]. Estonian Journal of Earth Sciences, 2014, 63(3): 166-180.

[61] Pearce W, Holmberg K, Hellsten I, et al. Climate change on twitter: Topics, communities and conversations about the 2013 IPCC working group 1 report[J]. PLoS One, 2014, 9(4): e94785.

[62] Revi A, Satterthwaite D, Aragon-Durand F, et al. Towards transformative adaptation in cities: The IPCC's fifth assessment[J]. Environment and Urbanization, 2014, 26(1): 11-28.

[63] 李峰平, 章光新, 董李勤. 气候变化对水循环与水资源的影响研究综述[J]. 地理科学, 2013, 33(4): 457-464.

[64] 王庭芳. 东台之气候[J]. 气象杂志, 1938(3): 19-22.

[65] 朱炳海. 重庆之气候[J]. 气象杂志, 1938(1): 1-26.

[66] 朱岗昆. 变异分析法在气象纪录上之应用[J]. 气象学报, 1942(Z1): 68-77.

[67] 杨鉴初, 刘钟玲. 运用上月各气象要素的特征来预告下月雨量——(沈阳夏季各月雨量实例)[J]. 气象学报, 1953(1): 159-171, 225.

[68] 朱炳海. 中国夏季降水强度的分析[J]. 气象学报, 1955(4): 249-268.

[69] 谢义炳. 中国夏半年几种降水天气系统的分析研究[J]. 气象学报, 1956(1): 1-23.

[70] 谢义炳. 十年来我国降水问题的研究工作[J]. 气象学报, 1959(3): 223-225.

[71] 章淹. 中国地区大范围定量降水数值预告图解法的试验[J]. 气象学报, 1958(1): 7-15.

[72] 乐毓俊, 叶序荣, 李方珍, 等. 降水型相互转变机率的计算在长期预报中的应用[J]. 华中师范学院学报(数学版), 1960(1): 66-71.

[73] 史久恩, 徐群. 长江中下游夏季降水长期预报的初步研究[J]. 气象学报, 1962(2): 129-140.

[74] 郭永润, 徐一鸣. 冬半年降水概率的模式输出统计预报[J]. 气象科技资料, 1978(4): 23-26.

[75] 盛家荣. 距平变量在降水趋势预报中的运用[J]. 气象, 1978(10): 9.

[76] 赵汉光. 西北地区夏季(6~8 月)降水趋势预报及其环流特征分析[J]. 气象科技资料, 1975(2): 17-20.

[77] 周鸣盛. 1974 年盛夏降水趋势长期预报的分析与总结[J]. 气象科技资料, 1975(5): 6-9.

[78] 陈运贤, 陈碧莲, 张秀美. 线性回归集成在汛期降水预报中的应用[J]. 浙江气象科技, 1980(2): 6-9.

[79] 汤懋苍, 钟强, 吴士杰. 一个长期降水预报的热力学模式[J]. 气象学报, 1982(1): 49-58.

[80] 魏伯温, 徐鸿如, 程光熊. 天气周期在我站 6~7 月份降水预报中的应用[J]. 气象, 1980(1): 8-10.

[81] 陆传荣, 林正炎, 姚棣荣, 等. 马氏链在降水预报中的应用[J]. 杭州大学学报(自然科学版), 1977(2): 52-63.

[82] 扶风县气象站. 一种组合型的月降水趋势预报方法[J]. 陕西气象, 1979(2): 12-19.

[83] 孙玉桂, 盛家荣. 试用模糊集理论作汛期降水预报[J]. 气象, 1980(12): 17-18.

[84] 赵汉阳. 运用灰色系统理论做汛期月降水预报[J]. 辽宁气象, 1989(4): 24-26.

[85] 陈烈庭. 华北各区夏季降水年际和年代际变化的地域性特征[J]. 高原气象, 1999, 18(4): 477-485.

[86] 范广洲, 吕世华. 地形对华北地区夏季降水影响的数值模拟研究[J]. 高原气象, 1999, 18(4): 659-667.

[87] 杨广基. 华北地区的降水特征及趋势估计[J]. 高原气象, 1999, 18(4): 668-677.

[88] 黄荣辉, 徐予红, 周连童. 我国夏季降水的年代际变化及华北干旱化趋势[J]. 高原气象, 1999, 18(4): 465-476.

[89] 严中伟. 华北降水年代际振荡及其与全球温度变化的联系[J]. 应用气象学报, 1999, 10(S1): 17-23.

[90] 费亮, 王玉清, 薛宗元, 等. 赤道东太平洋海温与长江下游地区降水异常的相关分析[J]. 气象学报, 1993, 51(4): 442-447.

[91] 李昕, 杨秋明, 吴光. 长江下游夏季降水、气温和北半球 500hPa 高度场的遥相关分析[J]. 气象科学, 1992, 12(4): 430-435.

[92] 柳艳菊, 马开玉, 李永康. 长江中下游地区汛期降水量异常与旱涝趋势[J]. 南京大学学报(自然科学版), 1998, 34(6): 701-711.

[93] 王叶红, 王谦谦, 赵玉春. 长江中下游降水异常特征及其与全国降水和气温异常的关系[J]. 南京气象学院学报, 1999, 22(4): 685-691.

[94] 康玲玲, 王云璋, 王国庆, 等. 黄河中游河龙区间降水分布及其变化特点分析[J]. 人民黄河, 1999, 21(8): 5-7, 48.

[95] 赵庆云, 李栋梁, 李耀辉. 西北降水时空特征分析[J]. 兰州大学学报, 1999, 35(4): 124-128.

[96] 施晓晖, 丁裕国, 屠其璞. 中国东部降水年际变化的随机动力诊断[J]. 南京气象学院学报, 1999, 22(3): 346-351.

[97] 周倩, 周建中, 孙娜, 等. 基于 TOPSIS 的长江上游流域降水模拟与预报研究[J]. 人民长江, 2019, 50(6): 76-81.

[98] 贺成民, 陈元芳, 孙夏利. 嘉陵江流域降水量时空分布特征[J]. 水电能源科学, 2019, 37(6): 5-8.

[99] 李华宏, 王曼, 闵颖, 等. 昆明市雨季短时强降水特征分析及预报研究[J]. 云南大学学报(自然科学版), 2019, 41(3): 518-525.

[100] 刘洁, 王宁练, 花婷. 1960~2016 年中国北方半干旱区盛夏降水时空变化及其水汽输送特征分析[J]. 气候变化研究进展, 2019, 15(3): 257-269.

[101] 周晋红, 赵彩萍, 田晓婷. 太原汛期短时强降水时空分布及影响因素[J]. 中国农学通报, 2019, 35(17): 90-97.

[102] 李娟, 张维江, 马轶. 滑动平均-马尔可夫模型在降水预测中的应用[J]. 水土保持研究, 2005, 12(6): 200-202, 209.

[103] 刘东, 付强. 小波最近邻抽样回归耦合模型在三江平原年降水预测中的应用[J]. 灌溉排水学报, 2007, 26(4): 82-85.

[104] 刘东, 付强. 基于小波消噪的三江平原低湿地月降水时间序列分析[J]. 水土保持研究, 2008, 15(2): 164-167, 172.

[105] 刘东, 付强. 基于小波随机耦合模型的三江平原年降水量预测[J]. 数学的实践与认识, 2008, 38(1): 97-104.

[106] 詹丰兴, 章开美, 何金海, 等. 江南雨季降水季节内演变及其年际、年代际变化特征[J]. 大气科学学报, 2017, 40(6): 759-768.

[107] 潘欣, 尹义星, 王小军. 1960~2010 年长江流域极端降水的时空演变及未来趋势[J]. 长江流域资源与环境, 2017, 26(3): 436-444.

[108] 陈迪, 闵锦忠. 长江中下游夏季极端降水指数的变化特征[J]. 气象科学, 2017, 37(4): 497-504.

[109] 时光训, 刘健, 马力, 等. 1970~2014 年长江流域极端降水过程的时空变化研究[J]. 水文, 2017, 37(4): 77-85.

[110] Laing A G, Carbone R, Levizzani V. Developing a warm season climatology of precipitating systems in Africa[C]. 14th International Conference on Clouds and Precipitation, 2004.

[111] Hastings J R, Turner R M. Seasonal precipitation regimes in Baja California, Mexico[J]. Geografiska Annaler: Series A, Physical Geography, 1965, 47(4): 204-223.

[112] Tucker G. Precipitation over the north Atlantic Ocean[J]. Quarterly Journal of the Royal Meteorological Society, 1961, 87(372): 147-158.

[113] Markham C G. Seasonality of precipitation in the United States[J]. Annals of the Association of American Geographers, 1970, 60(3): 593-597.

[114] Todorovic P, Woolhiser D A. A stochastic model of n-day precipitation[J]. Journal of Applied Meteorology, 1975, 14(1): 17-24.

[115] Katz R W. Precipitation as a chain-dependent process[J]. Journal of Applied Meteorology, 1977, 16(7): 671-676.

[116] Richardson C W. Stochastic simulation of daily precipitation, temperature, and solar radiation[J]. Water resources research, 1981, 17(1): 182-190.

[117] Diaz H F, Bradley Raymond S, Eischeid J K. Precipitation fluctuations over global land areas since the late 1800's[J]. Journal of Geophysical Research: Atmospheres, 1989, 94(D1): 1195-1210.

[118] Wigley T, Lough J, Jones P. Spatial patterns of precipitation in England and Wales and a revised, homogeneous England and Wales precipitation series[J]. Journal of Climatology, 1984, 4(1): 1-25.

[119] Karl T R, Knight R W. Secular trends of precipitation amount, frequency, and intensity in the United States[J]. Bulletin of the American Meteorological Society, 1998, 79(2): 231-242.

[120] Cayan D R, Dettinger M D, Diaz Henry F, et al. Decadal variability of precipitation over western North America[J]. Journal of Climate, 1998, 11(12): 3148-3166.

[121] Hennessy K, Gregory J M, Mitchell J. Changes in daily precipitation under enhanced greenhouse conditions[J]. Climate Dynamics, 1997, 13(9): 667-680.

[122] Kunkel K E, Andsager K, Easterling D R. Long-term trends in extreme precipitation events over the conterminous United States and Canada[J]. Journal of Climate, 1999, 12(8): 2515-2527.

[123] Rodriguez-Puebla C, Encinas A, Nieto S, et al. Spatial and temporal patterns of annual precipitation variability over the Iberian Peninsula[J]. International Journal of Climatology: A Journal of the Royal Meteorological Society, 1998, 18(3): 299-316.

[124] Rajagopalan B, Lall U. A k-nearest-neighbor simulator for daily precipitation and other weather variables[J]. Water resources research, 1999, 35(10): 3089-3101.

[125] Esteban-Parra M, Rodrigo F, Castro-Diez Y. Spatial and temporal patterns of precipitation in Spain for the period 1880-1992[J]. International Journal of Climatology: A Journal of the Royal Meteorological Society, 1998, 18(14): 1557-1574.

[126] Donat M G, Lowry A L, Alexander L V, et al. More extreme precipitation in the world's dry and wet regions[J]. Nature Climate Change, 2016, 6(5): 508.

[127] Maussion F, Scherer D, Mölg T, et al. Precipitation seasonality and variability over the Qinghai-Tibet Plateau as resolved by the High Asia Reanalysis[J]. Journal of Climate, 2014, 27(5): 1910-1927.

[128] Bibi U, Kaduk J, Balzter H. Spatial-temporal variation and prediction of rainfall in northeastern Nigeria[J]. Climate, 2014, 2(3): 206-222.

[129] Fathian F, Aliyari H, Kahya E, et al. Temporal trends in precipitation using spatial techniques in GIS over Urmia Lake Basin, Iran[J]. International Journal of Hydrology Science and Technology, 2016, 6(1): 62-81.

[130] Javari M. Spatial-temporal variability of seasonal precipitation in Iran[J]. The Open Atmospheric Science Journal, 2016, 10(1): 84-102.

[131] Ayugi B O, Wen W, Chepkemoi D. Analysis of spatial and temporal patterns of rainfall variations over Kenya[J]. Environmental Earth Sciences, 2016, 6(11): 69-83.

[132] 焦菊英, 王万忠. 黄土高原降雨空间分布的不均匀性研究[J]. 水文, 2001, 21(2): 20-24.

[133] 王万忠, 焦菊英, 郝小品. 黄土高原暴雨空间分布的不均匀性及点面关系[J]. 水科学进展, 1999, 10(2): 66-70.

[134] 丁裕国. 降水量Γ分布模式的普适性研究[J]. 大气科学, 1994, 18(5): 552-560.

[135] 张学文, 马淑红, 马力. 从熵原理得出的雨量时程方程[J]. 大气科学, 1991, 15(6): 17-25.

[136] 张继国, 刘新仁. 降水时空分布不均匀性的信息熵分析——(Ⅰ)基本概念与数据分析[J]. 水科学进展, 2000, 11(2): 133-137.

[137] 张继国, 刘新仁. 降水时空分布不均匀性的信息熵分析——(Ⅱ)模型评价与应用[J]. 水科学进展, 2000, 11(2): 138-143.

[138] 汪成博, 李双双, 延军平, 等. 1970~2015年汉江流域多尺度极端降水时空变化特征[J]. 自然资源学报, 2019, 34(6): 1209-1222.

[139] 朱艳欣, 桑燕芳. 青藏高原降水季节分配的空间变化特征[J]. 地理科学进展, 2018, 37(11): 93-104.

[140] 张文, 张天宇, 刘剑. 东北降水过程年集中度和集中期的时空变化特征[J]. 南京气象学院学报, 2008, 31(3): 403-410.

[141] 戴廷仁, 陆忠艳, 李广霞, 等. 近46年辽宁省降水集中程度研究[J]. 气象, 2007, 33(1): 32-37.

[142] 姜爱军, 杜银, 谢志清, 等. 中国强降水过程时空集中度气候趋势[J]. 地理学报, 2005, 60(6): 1007-1014.

[143] 袁瑞强, 王亚楠, 王鹏, 等. 降水集中度的变化特征及影响因素分析——以山西为例[J]. 气候变化研究进展, 2018, 14(1): 11-20.

[144] 王晓, 陆尔, 赵玮, 等. 一种新的反映我国降水季节内非均匀性特征的方法[J]. 热带气象学报, 2015, 31(5): 81-89.

[145] 郑炎辉, 陈晓宏, 何艳虎, 等. 珠江流域降水集中度时空变化特征及成因分析[J]. 水文, 2016, 36(5): 22-28.

[146] 张然, 张祖强, 孙丞虎, 等. 我国南方降水集中期年际变化特征及机制分析[J]. 气象科学, 2019, 39(3): 336-348.

[147] 张波, 谷晓平, 古书鸿. 贵州山区降水集中度和降水集中期的时空变化特征[J]. 水文, 2017, 37(6): 63-67.

[148] 刘占明, 魏兴琥, 陈子燊, 等. 广东北江流域降水集中度和集中期的时空变化特征[J]. 南水北调与水利科技, 2017, 15(4): 19-25.

[149] Oliver J E. Monthly precipitation distribution: A comparative index[J]. The Professional Geographer, 1980, 32(3): 300-309.

[150] Luis M D, Gonzalez-Hidalgo J, Brunetti M, et al. Precipitation concentration changes in Spain 1946-2005[J]. Natural Hazards and Earth System Sciences, 2011, 11(5): 1259-1265.

[151] Zubieta R, Saavedra M, Silva Y, et al. Spatial analysis and temporal trends of daily precipitation concentration in the Mantaro River Basin: Central Andes of Peru[J]. Stochastic Environmental Research and Risk Assessment, 2017, 31(6): 1305-1318.

[152] Cortesi N, González-Hidalgo J C, Brunetti M, et al. Daily precipitation concentration across Europe 1971-2010[J]. Natural Hazards and Earth System Sciences, 2012, 12(9): 2799-2810.

[153] Monjo R, Martin-Vide J. Daily precipitation concentration around the world according to several indices[J]. International Journal of Climatology, 2016, 36(11): 3828-3838.

[154] Zamani R, Mirabbasi R, Nazeri M, et al. Spatio-temporal analysis of daily, seasonal and annual precipitation concentration in Jharkhand State, India[J]. Stochastic Environmental Research and Risk Assessment, 2018, 32(4): 1085-1097.

[155] Serrano-Notivoli R, Martín-Vide J, Saz M, et al. Spatio-temporal variability of daily precipitation concentration in Spain based on a high-resolution gridded data set[J]. International Journal of Climatology, 2018, 38(S1): 518-530.

[156] 刘小宁. 我国暴雨极端事件的气候变化特征[J]. 灾害学, 1999, 14(1): 54-59.

[157] 山崎信雄, 何金海. 中国和日本气候极端降水研究[J]. 大气科学学报, 1999, 22(1): 32-38.

[158] 杨莲梅. 新疆极端降水的气候变化[J]. 地理学报, 2003, 58(4): 577-583.

[159] 李佳秀, 杜春丽, 杜世飞, 等. 新疆极端降水事件的时空变化及趋势预测[J]. 干旱区研究, 2015, 32(6): 1103-1112.

[160] 张延伟, 魏文寿, 姜逢清. 1961~2008年新疆极端降水事件的变化趋势[J]. 山地学报, 2012, 30(4): 417-424.

[161] 翟盘茂, 王萃萃, 李威. 极端降水事件变化的观测研究[J]. 气候变化研究进展, 2007(3): 24-28.

[162] 孙凤华, 杨素英, 任国玉. 东北地区降水日数、强度和持续时间的年代际变化[J]. 应用气象学报, 2007, 18(5): 610-618.

[163] 陈峪, 陈鲜艳, 任国玉. 中国主要河流流域极端降水变化特征[J]. 气候变化研究进展, 2010(4): 35-39.

[164] 李志, 郑粉莉, 刘文兆. 1961~2007年黄土高原极端降水事件的时空变化分析[J]. 自然资源学报, 2010, 25(2): 291-299.

[165] 李志, 刘文兆, 郑粉莉. 1965年至2005年泾河流域极端降水事件的变化趋势分析[J]. 资源科学, 2010(8): 97-102.

[166] 任玉玉, 任国玉. 1960~2008年江西省极端降水变化趋势[J]. 气候与环境研究, 2010, 15(4): 462-469.

[167] 陆虹, 何慧, 陈思蓉. 华南地区1961~2008年夏季极端降水频次的时空变化[J]. 生态学杂志, 2010(6): 1213-1220.

[168] 刘学锋, 任国玉, 范增禄. 海河流域近47年极端强降水时空变化趋势分析[J]. 干旱区资源与环境, 2010, 24(8): 85-90.

[169] 李玲萍, 李岩瑛, 钱莉, 等. 1961~2005年河西走廊东部极端降水事件变化研究[J]. 冰川冻土, 2010, 32(3): 497-504.

[170] 赵勇, 邓学良, 李秦, 等. 天山地区夏季极端降水特征及气候变化[J]. 冰川冻土, 2010, 32(5): 927-934.

[171] 姜创业, 蔡新玲, 吴素良, 等. 1961~2009年陕西省极端强降水事件的时空演变[J]. 干旱区研究, 2011, 28(1): 151-157.

[172] 王兴梅, 张勃, 戴声佩, 等. 甘肃省黄土高原区夏季极端降水的时空特征[J]. 中国沙漠, 2011, 31(1): 223-229.

[173] 张强, 李剑锋, 陈晓宏, 等. 基于 Copula 函数的新疆极端降水概率时空变化特征[J]. 地理学报, 2011, 66(1): 3-12.

[174] 李斌, 李丽娟, 李海滨, 等. 1960~2005 年澜沧江流域极端降水变化特征[J]. 地理科学进展, 2011, 30(3): 290-298.

[175] 余敦先, 夏军, 张永勇, 等. 近 50 年来淮河流域极端降水的时空变化及统计特征[J]. 地理学报, 2011, 66(9): 1200-1210.

[176] 荣艳淑, 王文, 王鹏, 等. 淮河流域极端降水特征及不同重现期降水量估计[J]. 河海大学学报(自然科学版), 2012(1): 5-12.

[177] 李小亚, 张勃. 1960~2011 年甘肃河东地区极端降水变化[J]. 中国沙漠, 2013, 33(6): 1884-1890.

[178] 任正果, 张明军, 王圣杰, 等. 1961~2011 年中国南方地区极端降水事件变化[J]. 地理学报, 2014, 69(5): 640-649.

[179] 李双双, 杨赛霓, 刘宪锋. 1960~2013 年秦岭—淮河南北极端降水时空变化特征及其影响因素[J]. 地理科学进展, 2015, 34(3): 354-363.

[180] Levermore G J. A review of the IPCC assessment report four, part 2: Mitigation options for residential and commercial buildings[J]. Building Services Engineering Research & Technology, 2008, 29(4): 363-374.

[181] Levermore G J. A review of the IPCC assessment report four, part 1: The IPCC process and greenhouse gas emission trends from buildings worldwide[J]. Building Services Engineering Research & Technology, 2008, 29(4): 349-361.

[182] Kothavala Z. Extreme precipitation events and the applicability of global climate models to the study of floods and droughts[J]. Mathematics & Computers in Simulation, 1997, 43(3): 261-268.

[183] Gellens D. Extreme precipitation of December 1993 and January 1995 in Belgium: A homogenization procedure for estimating fractiles corresponding to long return periods[J]. Physics and Chemistry of the Earth, 1995, 20(5): 451-454.

[184] Arnbjerg-Nielsen K, Harremos P, Spliid H. Interpretation of regional variation of extreme values of point precipitation in Denmark[J]. Atmospheric Research, 1996, 42(1): 99-111.

[185] Madsen H, Mikkelsen P S, Rosbjerg D, et al. Estimation of regional intensity-duration-frequency curves for extreme precipitation[J]. Water Science and Technology, 1998, 37(11): 29-36.

[186] Katz R W. Extreme value theory for precipitation: Sensitivity analysis for climate change[J]. Advances in Water Resources, 1999, 23(2): 133-139.

[187] Osborn T J, Mike H, Jones P D, et al. Observed trends in the daily intensity of United Kingdom precipitation[J]. International Journal of Climatology, 2000, 20(4): 347-364.

[188] Frich P, Alexander L V, Dellamarta P, et al. Observed coherent changes in climatic extremes during the second half of the twentieth century[J]. Climate Research, 2002, 19(3): 193-212.

[189] Kunkel K E, Easterling D R, Redmond K, et al. Temporal variations of extreme precipitation events in the United States: 1895-2000[J]. Geophysical Research Letters, 2003, 30(17): 307-336.

[190] Sanchez-Gomez E, Terray L, Joly B. Intra-seasonal atmospheric variability and extreme precipitation events in the European-Mediterranean region[J]. Journal of Raman Spectroscopy, 2008, 35(15): 4-12.

[191] Päädam K, Post P. Temporal variability of precipitation extremes in Estonia 1961-2008[J]. Oceanologia, 2011, 53(11): 245-257.

[192] Karagiannidis A F, Karacostas T, Maheras P, et al. Climatological aspects of extreme precipitation in Europe, related to mid-latitude cyclonic systems[J]. Theoretical and Applied Climatology, 2012, 107(1): 165-174.

[193] Gajić-Čapka M, Cindrić K, Pasarić Z. Trends in precipitation indices in Croatia, 1961-2010[J]. Theoretical and Applied Climatology, 2015, 121(1): 167-177.

[194] Croitoru A E, Piticar A, Burada D C. Changes in precipitation extremes in Romania[J]. Georeview Scientific Annals of Stefan Cel Mare University of Suceava Geography, 2015, 415: 325-335.

[195] Erler A R, Peltier W R. Projected changes in precipitation extremes for Western Canada based on high-resolution regional climate simulations[J]. Journal of Climate, 2016, 29: 8841-8863.

[196] Tabari H, Troch R D, Giot O, et al. Local impact analysis of climate change on precipitation extremes: Are high-resolution climate models needed for realistic simulations[J]. Hydrology and Earth System Sciences Discussions, 2016, 20(9): 3843-3857.

[197] Siswanto S, Oldenborgh G J, Schrier G, et al. Temperature, extreme precipitation, and diurnal rainfall changes in the

urbanized Jakarta city during the past 130 years[J]. International Journal of Climatology, 2015, 36: 3207-3225.

[198] 牟海省. 雨水资源化:理论与应用[J]. 地理研究, 1995, 14(3): 108.

[199] 徐学选, 穆兴民, 王文龙. 黄土高原(陕西部分)雨水资源化潜力初步分析[J]. 资源科学, 2000, 22(1): 33-36.

[200] 冯浩, 邵明安, 吴普特. 黄土高原小流域雨水资源化潜力计算与评价初探[J]. 自然资源学报, 2001, 16(2): 140-144.

[201] 赵西宁, 冯浩, 吴普特, 等. 黄土高原小流域雨水资源化综合效益评价体系研究[J]. 自然资源学报, 2005, 20(3): 354-360.

[202] 蔡进军, 张源润, 李生宝, 等. 宁夏南部山区坡地雨水资源化潜力及降水再分配研究[J]. 水土保持研究, 2004, 11(3): 257-259, 280.

[203] 杨启良, 张富仓, 刘小刚. 黄土高原路面雨水的农业资源化利用技术[J]. 干旱地区农业研究, 2007, 25(4): 134-140.

[204] 赵西宁, 吴普特, 冯浩, 等. 基于 GIS 的区域雨水资源化潜力评价模型研究[J]. 农业工程学报, 2007, 23(2): 6-10.

[205] 吴普特, 赵西宁, 张宝庆, 等. 黄土高原雨水资源化潜力及其对生态恢复的支撑作用[J]. 水力发电学报, 2017, 36(8): 3-13.

[206] Aladenola O O, Adeboye O B. Assessing the potential for rainwater harvesting[J]. Water Resources Management, 2010, 24(10): 2129-2137.

[207] Handia L, Tembo J M, Mwiindwa C. Potential of rainwater harvesting in urban Zambia[J]. Physics and Chemistry of the Earth, 2003, 28(20-27): 893-896.

[208] Imteaz M A, Adeboye O B, Rayburg S, et al. Rainwater harvesting potential for southwest Nigeria using daily water balance model[J]. Resources Conservation & Recycling, 2012, 62(4): 51-55.

[209] Sharma B R, Rao K, Vittal K, et al. Estimating the potential of rainfed agriculture in India: Prospects for water productivity improvements[J]. Agricultural Water Management, 2010, 97(1): 23-30.

[210] Kahinda J M, Lillie E, Taigbenu A, et al. Developing suitability maps for rainwater harvesting in South Africa[J]. Physics and Chemistry of the Earth, Parts A/B/C, 2008, 33(8-13): 788-799.

[211] Nnaji C C, Mama N C. Preliminary assessment of rainwater harvesting potential in Nigeria: Focus on flood mitigation and domestic water supply[J]. Water Resources Management, 2014, 28(7): 1907-1920.

[212] Islam M T, Ullah M M, Amin M G M, et al. Rainwater harvesting potential for farming system development in a hilly watershed of Bangladesh[J]. Applied Water Science, 2017, 7(5): 2523-2532.

[213] Ghimire S R, Johnston J M, Ingwersen W W, et al. Life cycle assessment of domestic and agricultural rainwater harvesting systems[J]. Environmental Science and Technology, 2014, 48(7): 4069-4077.

[214] Baipusi W J, Kayombo B, Patrick C. Evaluating different soil tillage surface conditions on their rainwater harvesting potential in Botswana[J]. American Research Journal of Agriculture, 2016, 1(2): 7-13.

[215] 邱克让. 就"灌溉制度设计中的几个问题"的讨论[J]. 中国水利, 1956(5): 43-47.

[216] 白肇烨, 余优森. 充分利用降水资源发展甘肃旱作农业[J]. 甘肃气象, 1990(3): 14-19.

[217] 龚绍先, 郑剑非, 王砚田. 内蒙古后山地区旱地农业降水利用效率提高途径的探讨[J]. 北京农业大学学报, 1990, 16(2): 221-227.

[218] 姚盛华, 庞庭颐. 桂西北冬种降水资源的农业气候评价[J]. 广西气象, 1991(3): 41-45.

[219] 王声锋, 段爱旺, 张展羽, 等. 基于随机降水的冬小麦灌溉制度制定[J]. 农业工程学报, 2010, 26(12): 47-52.

[220] 姜纪峰, 顾芹芹. 青浦夏季气温和降水变化特征及对农业生产的影响和对策[J]. 上海农业科技, 2012(6): 30-31, 34.

[221] 孙瑞英, 宁瑞斌, 张寅. 2011 年聊城降水变化特征及对农业影响分析[J]. 安徽农业科学, 2012, 40(29): 14383-14384, 14520.

[222] 潘仕梅, 史淑一, 李琳, 等. 山东省烟台市近年降水资源变化对农业的影响[J]. 中国农学通报, 2012, 28(26): 267-271.

[223] 瞿汶, 刘德祥, 赵红岩, 等. 甘肃省近 43 年降水资源变化对农业的影响[J]. 干旱区研究, 2007, 24(1): 56-60.

[224] 杨轩, 王自奎, 曹铨, 等. 陇东地区几种旱作作物产量对降水与气温变化的响应[J]. 农业工程学报, 2016, 32(9): 106-114.

[225] 韩秀君, 杨青, 孙晓巍, 等. 辽宁西部地区玉米作物生长季降水特征及对作物的影响[J]. 江苏农业科学, 2015, 43(1): 77-81.

[226] 姜丽霞, 陈可心, 刘丹, 等. 2013 年黑龙江省主汛期降水异常特征及其对作物产量影响的分析[J]. 气象, 2015, 41(1):

105-112.

[227] 杨璐, 张兵兵, 杨扬, 等. 降水总量和降水频率对玉米产量及产量构成因素的影响[J]. 安徽农学通报, 2018, 24(12): 122-123.

[228] Beirne B P. Effects of precipitation on crop insects[J]. The Canadian Entomologist, 1970, 102(11): 1360-1373.

[229] Army T, Bond J, Van D C. Precipitation-yield relationships in dryland wheat production on medium to fine textured soils of the Southern High Plains 1[J]. Agronomy Journal, 1959, 51(12): 721-724.

[230] Williams G, Robertson G W. Estimating most probable prairie wheat production from precipitation data[J]. Canadian Journal of Plant Science, 1965, 45(1): 34-47.

[231] Currie P O, Peterson G. Using growing-season precipitation to predict crested wheatgrass yields[J]. Journal of Range Management, 1966, 19(5): 284-288.

[232] Rogler G A, Haas H J. Range production as related to soil moisture and precipitation on the Northern Great Plains[J]. Journal of The American Society of Agronomy, 1947, 39: 378-389.

[233] Staple W, Lehane J, Wenhardt A. Conservation of soil moisture from fall and winter precipitation[J]. Canadian Journal of Soil Science, 1960, 40(1): 80-88.

[234] Baier W, Robertson G W. The performance of soil moisture estimates as compared with the direct use of climatological data for estimating crop yields[J]. Agricultural Meteorology, 1968, 5(1): 17-31.

[235] Alway F, Marsh A, Methley W. Sufficiency of atmospheric sulfur for maximum crop yields[J]. Soil Science Society of America Journal, 1937, 2(C): 229.

[236] Bronson F H, Tiemeier O W. The relationship of precipitation and black-tailed jack rabbit populations in Kansas[J]. Ecology, 1959, 40(2): 194-198.

[237] Morgan J J. Use of weather factors in short-run forecasts of crop yields[J]. Journal of Farm Economics, 1961, 43(5): 1172-1178.

[238] Riha S J, Wilks D S, Simoens P. Impact of temperature and precipitation variability on crop model predictions[J]. Climatic Change, 1996, 32(3): 293-311.

[239] Mearns L. Research issues in determining the effects of changing climate variability on crop yields[J]. Climate Change and Agriculture: Analysis of Potential International Impacts, 1995, 59: 123-143.

[240] Nicol D L, Finlayson J, Colmer T D, et al. Opportunistic mediterranean agriculture—using ephemeral pasture legumes to utilize summer rainfall[J]. Agricultural Systems, 2013, 120: 76-84.

[241] Rosenzweig C, Tubiello F N, Goldberg R, et al. Increased crop damage in the US from excess precipitation under climate change[J]. Global Environmental Change, 2002, 12(3): 197-202.

[242] Pirttioja N, Carter T R, Fronzek S, et al. Temperature and precipitation effects on wheat yield across a European transect: A crop model ensemble analysis using impact response surfaces[J]. Climate Research, 2015, 65: 87-105.

[243] Fishman R. More uneven distributions overturn benefits of higher precipitation for crop yields[J]. Environmental Research Letters, 2016, 11(2): 024004.

[244] Halder D, Panda R, Srivastava R, et al. Stochastic analysis of rainfall and its application in appropriate planning and management for Eastern India agriculture[J]. Water Policy, 2016, 18(5): 1155-1173.

[245] Prasanna V. Impact of monsoon rainfall on the total foodgrain yield over India[J]. Journal of Earth System Science, 2014, 123(5): 1129-1145.

[246] Falkenmark M, Lundqvist J, Widstrand C. Macro-scale water scarcity requires micro-scale approaches. Aspects of vulnerability in semi-arid development[J]. Natural Resources Forum, 1989, 13(4): 258-267.

[247] Clarkson C, Bellas A. Mapping stone: Using GIS spatial modelling to predict lithic source zones[J]. Journal of Archaeological Science, 2014, 46: 324-333.

[248] Tayyebi A, Perry P C, Tayyebi A H. Predicting the expansion of an urban boundary using spatial logistic regression and hybrid raster-vector routines with remote sensing and GIS[J]. International Journal of Geographical Information Science, 2014, 28(4): 639-659.

[249] Chen B B, Gong H L, Li X J, et al. Spatial-temporal evolution characterization of land subsidence by multi-temporal

InSAR method and GIS technology[J]. Spectroscopy & Spectral Analysis, 2014, 34(4): 1017-1025.

[250] Khormi H M, Kumar L. Climate change and the potential global distribution of Aedes aegypti: Spatial modelling using GIS and CLIMEX[J]. Geospatial Health, 2014, 8(2): 405-415.

[251] Valiakos G, Papaspyropoulos K, Giannakopoulos A, et al. Use of wild bird surveillance, human case data and GIS spatial analysis for predicting spatial distributions of west nile virus in Greece[J]. PLoS One, 2014, 9(5): e96935.

[252] Zulu L C, Kalipeni E, Johannes E. Analyzing spatial clustering and the spatiotemporal nature and trends of HIV/AIDS prevalence using GIS: The case of Malawi, 1994-2010[J]. BMC Infectious Diseases, 2014, 14: 285.

[253] Hamed K H. Trend detection in hydrologic data: The Mann-Kendall trend test under the scaling hypothesis[J]. Journal of Hydrology, 2008, 349(3-4): 350-363.

[254] Miao C Y, Ni J R. Implement of filter to remove the autocorrelation's influence on the Mann-Kendall test: A case in hydrological series[J]. Journal of Food Agriculture & Environment, 2010, 8(3-4): 1241-1246.

[255] Shadmani M, Marofi S, Roknian M. Trend analysis in reference evapotranspiration using Mann-Kendall and Spearman's rho tests in arid regions of Iran[J]. Water Resources Management, 2012, 26(1): 211-224.

[256] Yue S, Wang C Y. The Mann-Kendall test modified by effective sample size to detect trend in serially correlated hydrological series[J]. Water Resources Management, 2004, 18(3): 201-218.

[257] Chang S, Huang F, Zhao J J, et al. Identifying influential climate factors of land surface phenology changes in Songnen Plain of China using grid-based grey relational analysis[J]. Journal of Grey System, 2018, 30(4): 18-33.

[258] Hamed K H, Rao A R. A modified Mann-Kendall trend test for autocorrelated data[J]. Journal of Hydrology, 1998, 204(1-4): 182-196.

[259] 余红梅, 罗艳虹, 萨建, 等. 组内相关系数及其软件实现[J]. 中国卫生统计, 2011, 28(5): 497-500.

[260] 潘晓平, 倪宗瓒. 组内相关系数在信度评价中的应用[J]. 四川大学学报(医学版), 1999, 30(1): 62-63.

[261] Boulanger J P, Martinez F, Segura E C. Projection of future climate change conditions using IPCC simulations, neural networks and Bayesian statistics. Part 1: Temperature mean state and seasonal cycle in South America[J]. Climate Dynamics, 2006, 27(2-3): 233-259.

[262] 高玉中, 王承伟, 王冀, 等. 黑龙江省气温演变及未来趋势分析[J]. 冰川冻土, 2018, 40(2): 270-278.

[263] Jiang R G, Wang Y P, Xie J C, et al. Multiscale characteristics of Jing-Jin-Ji's seasonal precipitation and their teleconnection with large-scale climate indices[J]. Theoretical and Applied Climatology, 2019, 137(1-2): 1495-1513.

[264] Akhter J, Das L, Meher J K, et al. Evaluation of different large-scale predictor-based statistical downscaling models in simulating zone-wise monsoon precipitation over India[J]. International Journal of Climatology, 2019, 39(1): 465-482.

[265] 吴喜之. 统计学: 从数据到结论[M]. 北京: 中国统计出版社, 2005.

[266] 么枕生. 气候统计学基础:统计气候学理论[M]. 北京: 科学出版社, 1984.

[267] 朱红蕊, 刘赫男, 刘玉莲. 黑龙江省 1961～2011 年可利用降水量的气候变化特征[J]. 中国农学通报, 2014, 30(8): 210-216.

[268] 洪雯, 王毅勇. 非均匀下垫面大气边界层研究进展[J]. 南京信息工程大学学报, 2010, 2(2): 155-161.

[269] 孙建奇, 敖娟. 中国冬季降水和极端降水对变暖的响应[J]. 科学通报, 2013, 58(8): 674-679.

[270] 马洁华, 王会军, 张颖. 我国未来冬季降水会增加吗?北极夏季无海冰情景时的模拟试验[J]. 科学通报, 2012, 57(9): 759-764.

[271] 方思达. 全球变暖背景下中国地区降水强度分布结构变化的特征分析[D]. 南京: 南京信息工程大学, 2012.

[272] Li M, Xia J, Chen Z, et al. Variation analysis of precipitation during past 286 years in Beijing area, China, using non-parametric test and wavelet analysis[J]. Hydrological Processes, 2013, 27(20): 2934-2943.

[273] Partal T, Kucuk M. Long-term trend analysis using discrete wavelet components of annual precipitations measurements in Marmara region (Turkey)[J]. Physics and Chemistry of the Earth, 2006, 31(18): 1189-1200.

[274] Partal T. Wavelet analysis and multi-scale characteristics of the runoff and precipitation series of the Aegean region (Turkey)[J]. International Journal of Climatology, 2012, 32(1): 108-120.

[275] Mishra A K, Ozger M, Singh V P. Wet and dry spell analysis of Global Climate Model-generated precipitation using power laws and wavelet transforms[J]. Stochastic Environmental Research and Risk Assessment, 2011, 25(4): 517-535.

[276] Markovic D, Koch M. Wavelet and scaling analysis of monthly precipitation extremes in Germany in the 20th century: Interannual to interdecadal oscillations and the North Atlantic Oscillation influence[J]. Water resources research, 2005, 41(9): W09420.

[277] Gan T Y, Gobena A K, Wang Q. Precipitation of southwestern Canada: Wavelet, scaling, multifractal analysis, and teleconnection to climate anomalies[J]. Journal of Geophysical Research-Atmospheres, 2007, 112(D10): 1-11.

[278] Guha A, Banik T, Roy R, et al. The effect of El Nino and La Nina on lightning activity: Its relation with meteorological and cloud microphysical parameters[J]. Natural Hazards, 2017, 85(1): 403-424.

[279] Kogan F, Guo W. Strong 2015-2016 El Nino and implication to global ecosystems from space data[J]. International Journal of Remote Sensing, 2017, 38(1): 161-178.

[280] Fisman D N, Tuite A R, Brown K A. Impact of El Nino Southern Oscillation on infectious disease hospitalization risk in the United States[J]. Proceedings of the National Academy of Sciences of the United States of America, 2016, 113(51): 14589-14594.

[281] 袁月平, 黄燕. 灰色自记忆模型在杭州市年降水量序列中的应用[J]. 水电能源科学, 2010, 28(8): 7-8.

[282] 李荣峰, 沈冰, 张金凯. 作物生育期降雨量预测的灰色自记忆模型[J]. 武汉大学学报(工学版), 2005, 38(3): 19-21.

[283] 付强. 数据处理方法及其农业应用[M]. 北京: 科学出版社, 2006.

[284] Tongur V, Ulker E. PSO-based improved multi-flocks migrating birds optimization (IMFMBO) algorithm for solution of discrete problems[J]. Soft Computing, 2019, 23(14): 5469-5484.

[285] Tang H W, Sun W, Yu H S, et al. A novel hybrid algorithm based on PSO and FOA for target searching in unknown environments[J]. Applied Intelligence, 2019, 49(7): 2603-2622.

[286] Iqbal M S, Hofstra N. Modeling Escherichia coli fate and transport in the Kabul River Basin using SWAT[J]. Human and Ecological Risk Assessment, 2019, 25(5): 1279-1297.

[287] Santhi C, Arnold J G, Williams J R, et al. Validation of the swat model on a large river basin with point and nonpoint sources [J]. Journal of the American Water Resources Association, 2001, 37(5): 1169-1188.

[288] 姜燕敏, 吴昊旻. 20 个 CMIP5 模式对中亚地区年平均气温模拟能力评估[J]. 气候变化研究进展, 2013, 9(2): 110-116.

[289] Park J H, Kwark H E, Kwun Y C. Cross-entropy for generalized hesitant fuzzy sets and their use in multi-criteria decision making[J]. Journal of Computational Analysis and Applications, 2017, 22(4): 709-725.

[290] Pincus S M. Approximate entropy as a measure of system complexity[J]. Proceedings of the National Academy of Sciences of the United States of America, 1991, 88(6): 2297-2301.

[291] Richman J S, Mooman J R. Physiological time-series analysis using approximate entropy and sample entropy[J]. American Journal of Physiology. Heart and Circulatory Physiology, 2000, 278(6): 2039-2049.

[292] Kolmogorov A N. From the heritage of A.N. Kolmogorov: The theory of probability[J]. Theory of Probability and Its Applications, 2003, 48(2): 191-220.

[293] Costa M D, Goldberger A L. Generalized multiscale entropy analysis: Application to quantifying the complex volatility of human heartbeat time series[J]. Entropy, 2015, 17(3): 1197-1203.

[294] Costa M D. Multiscale entropy analysis and moving targets[J]. Journal of Critical Care, 2010, 25(3): E8.

[295] Costa M D, Peng C K, Goldberger A L. Multiscale analysis of heart rate dynamics: Entropy and time irreversibility measures[J]. Cardiovascular Engineering, 2008, 8(2): 88-93.

[296] Costa M, Goldberger A L, Peng C K. Multiscale entropy analysis of biological signals[J]. Physical Review E, 2005, 71(2): 021906.

[297] Costa M, Peng C K, Goldberger A L, et al. Multiscale entropy analysis of human gait dynamics[J]. Physica A-Statistical Mechanics and Its Applications, 2003, 330(1-2): 53-60.

[298] Wu S D, Wu C W, Lin S G, et al. Analysis of complex time series using refined composite multiscale entropy[J]. Physics Letters A, 2014, 378(20): 1369-1374.

[299] 付强, 赵小勇. 投影寻踪模型原理及其应用[M]. 北京: 科学出版社, 2006.

[300] Mishra A K, Nagaraju V, Rafiq M, et al. Evidence of links between regional climate change and precipitation extremes over India[J]. Weather, 2019, 74(6): 218-221.

[301]　Balov M N, Altunkaynak A. Frequency analyses of extreme precipitation events in Western Black Sea Basin (Turkey) based on climate change projections[J]. Meteorological Applications, 2019, 26(3): 468-482.

[302]　Mo C X, Ruan Y L, He J Q, et al. Frequency analysis of precipitation extremes under climate change[J]. International Journal of Climatology, 2019, 39(3): 1373-1387.

[303]　苗运玲, 张云惠, 卓世新, 等. 东疆地区汛期降水集中度和集中期的时空变化特征[J]. 干旱气象, 2017, 35(6): 949-956.

[304]　张天宇, 程炳岩, 王记芳, 等. 华北雨季降水集中度和集中期的时空变化特征[J]. 高原气象, 2007, 26(4): 843-853.

[305]　Donat M, Alexander L, Yang H, et al. Global land-based datasets for monitoring climatic extremes[J]. Bulletin of The American Meteorological Society, 2013, 94(7): 997-1006.

[306]　Murray V, Ebi K L. IPCC special report on managing the risks of extreme events and disasters to advance climate change adaptation (SREX)[J]. Journal of Epidemiology and Community Health, 2012, 66(9): 759-760.

[307]　薛联青, 刘晓群, 宋佳佳, 等. 基于百分位法确定流域极端事件阈值[J]. 水力发电学报, 2013, 32(5): 26-29.

[308]　罗梦森, 熊世为, 梁宇飞. 区域极端降水事件阈值计算方法比较分析[J]. 气象科学, 2013(5): 81-86.

[309]　Xiao M Z, Zhang Q, Singh V P. Spatiotemporal variations of extreme precipitation regimes during 1961-2010 and possible teleconnections with climate indices across China[J]. International Journal of Climatology, 2017, 37(1): 468-479.

[310]　Zhou B T, Xu Y, Wu J, et al. Changes in temperature and precipitation extreme indices over China: Analysis of a high-resolution grid dataset[J]. International Journal of Climatology, 2016, 36(3): 1051-1066.

[311]　Yin Y X, Chen H S, Xu C Y, et al. Spatio-temporal characteristics of the extreme precipitation by L-moment-based index-flood method in the Yangtze River Delta region, China[J]. Theoretical and Applied Climatology, 2016, 124(3-4): 1005-1022.

[312]　Guo H, Bao A M, Liu T, et al. Spatial and temporal characteristics of droughts in Central Asia during 1966-2015[J]. Science of the Total Environment, 2018, 624: 1523-1538.

[313]　Ta Z J, Yu R D, Chen X, et al. Analysis of the spatio-temporal patterns of dry and wet conditions in Central Asia[J]. Atmosphere, 2018, 9(1): 7.

[314]　Bacanli G I. Trend analysis of precipitation and drought in the Aegean region, Turkey[J]. Meteorological Applications, 2017, 24(2): 239-249.

[315]　Vergni L, Lena B D, Todisco F, et al. Uncertainty in drought monitoring by the standardized precipitation index: The case study of the Abruzzo region (central Italy)[J]. Theoretical & Applied Climatology, 2015, 128(1): 1-14.

[316]　Li C, Wang R H. Recent changes of precipitation in Gansu, Northwest China: An index-based analysis[J]. Theoretical and Applied Climatology, 2017, 129(1): 397-412.

[317]　Kiely G. Climate change in Ireland from precipitation and streamflow observations[J]. Advances in Water Resources, 1999, 23(2): 141-151.

[318]　Silva W L, Xavier L N R, Maceira M E P, et al. Climatological and hydrological patterns and verified trends in precipitation and streamflow in the basins of Brazilian hydroelectric plants[J]. Theoretical and Applied Climatology, 2019, 137(1-2): 353-371.

[319]　Cao X C, Ren J, Wu M Y, et al. Effective use rate of generalized water resources assessment and to improve agricultural water use efficiency evaluation index system[J]. Ecological Indicators, 2018, 86: 58-66.

[320]　Da C P P R, Gómez Y D, De O I F, et al. A view of the legislative scenario for rainwater harvesting in Brazil[J]. Journal of Cleaner Production, 2017, 141: 290-294.

[321]　Zhang B Q, Wu P T, Zhao X N, et al. Assessing the spatial and temporal variation of the rainwater harvesting potential (1971-2010) on the Chinese Loess Plateau using the VIC model[J]. Hydrological Processes, 2014, 28(3): 534-544.

[322]　郭龙. 甘肃西峰区雨水资源化及利用潜力评价分析[J]. 地下水, 2017, 39(4): 117-118.

[323]　马永强, 李梦华, 郝姗姗, 等. 黄土丘陵沟壑区雨水资源化途径及潜力分析[J]. 中国农村水利水电, 2018(7): 9-14.

[324]　余海龙, 吴普特, 冯浩, 等. 黄土高原小流域雨水资源化途径及效益分析[J]. 节水灌溉, 2004(1): 16-18.

[325]　Zhao X N, Wu P T, Feng H, et al. Towards development of eco-agriculture of rainwater-harvesting for supplemental irrigation in the semi-arid Loess Plateau of China[J]. Journal of Agronomy & Crop Science, 2010, 195(6): 399-407.

[326] 张宝庆. 黄土高原干旱时空变异及雨水资源化潜力研究[D]. 杨凌: 西北农林科技大学, 2014.

[327] 高鹏, 刘刚, 柳京安, 等. 鲁中南山区小流域雨水资源化潜力的定量评价研究[J]. 水土保持学报, 2006, 20(6): 46-49.

[328] 丛璐. 松嫩平原(黑龙江)地下水动态特征及超采区评价研究[D]. 长春: 吉林大学, 2017.

[329] Andrianaki M, Shrestha J, Kobierska F, et al. Assessment of SWAT spatial and temporal transferability for a high-altitude glacierized catchment[J]. Hydrology and Earth System Sciences, 2019, 23(8): 3219-3232.

[330] Merriman K, Russell A, Rachol C, et al. Calibration of a field-scale Soil and Water Assessment Tool (SWAT) model with field placement of best management practices in Alger Creek, Michigan[J]. Sustainability, 2018, 10(3): 851.

[331] Goyal M K, Panchariya V K, Sharma A, et al. Comparative assessment of SWAT model performance in two distinct catchments under various DEM scenarios of varying resolution, sources and resampling methods[J]. Water Resources Management, 2018, 32(2): 805-825.

[332] Kim M, Boithias L, Cho K H, et al. Modeling the impact of land use change on basin-scale transfer of fecal indicator bacteria: SWAT model performance[J]. Journal of Environmental Quality, 2018, 47(5): 1115-1122.

[333] Moriasi D N, Arnold J G, Van L M W, et al. Model evaluation guidelines for systematic quantification of accuracy in watershed simulations[J]. Transactions of the Asabe, 2007, 50(3): 885-900.

[334] Zhang J P, Zhao Y, Ding Z H. Research on the relationships between rainfall and meteorological yield in irrigation district[J]. Water Resources Management, 2014, 28(6): 1689-1702.

[335] 张金艳, 李小泉, 张镡. 全球粮食气象产量及其与降水量变化的关系[J]. 应用气象学报, 1999, 10(3): 327-332.

[336] 徐倩倩. 淮北市气候变化特征及对冬小麦产量的影响研究[D]. 合肥: 安徽农业大学, 2014.

[337] 马晓群, 陈晓艺, 姚筠. 安徽淮河流域各级降水时空变化及其对农业的影响[J]. 中国农业气象, 2009, 30(1): 25-30.

[338] Khalid R, Khan K S, Akram Z, et al. Relationship of plant available sulphur with soil characteristics, rainfall and yield levels of oilseed crops in Pothwar Pakistan[J]. Pakistan Journal of Botany, 2011, 43(6): 2929-2935.

[339] Gunnula W, Kosittrakun M, Righetti T L, et al. Normalized difference vegetation index relationships with rainfall patterns and yield in small plantings of rain-fed sugarcane[J]. Australian Journal of Crop Science, 2011, 5(13): 1845-1851.

[340] Monti A, Venturi G. A simple method to improve the estimation of the relationship between rainfall and crop yield[J]. Agronomy for Sustainable Development, 2007, 27(3): 255-260.

[341] Westcott N E, Hollinger S E, Kunkel K E. Use of real-time multisensor data to assess the relationship of normalized corn yield with monthly rainfall and heat stress across the central United States[J]. Journal of Applied Meteorology, 2005, 44(11): 1667-1676.

[342] 邓聚龙. 灰色控制系统[J]. 华中工学院学报, 1982, 10(3): 9-18.